基于Proteus的单片机实验与课程设计

主编　魏芬

副主编　戴丽佼 李红霞

清华大学出版社

北京

内容简介

本书从单片机的实际应用角度出发，以功能强大的虚拟仿真工具 Proteus 为基础，介绍单片机基础实验和课程设计的内容。首先介绍了在 Keil μVision4 开发环境下进行 C51 语言程序的开发，接着对 Proteus 的基本功能及特性、如何进行仿真设计和调试进行了详细的说明。全书共给出了 16 个单片机基础实验内容，并精心选择了 6 个具有一定典型性和实用性的单片机课程设计课题，系统地介绍了课程设计的任务与要求、系统设计方案、软件设计等内容。书中所有实验内容及课程设计课题均通过了 Proteus 仿真和实际电路调试，相关程序代码可在 ftp://ftp.tup.tsinghua.edu.cn 下载。

本书内容丰富实用，实践性强，可作为高等院校涉及单片机应用专业的学生进行单片机的基础实验和课程设计环节的教材，也可作为毕业设计的参考教材，对广大工程技术人员进行单片机应用系统设计也具有一定的参考价值。

图书在版编目(CIP)数据

基于 Proteus 的单片机实验与课程设计/魏芬主编. --北京：清华大学出版社，2015(2023.8重印)
ISBN 978-7-302-39494-5

Ⅰ.①基… Ⅱ.①魏… Ⅲ.①单片微型计算机－实验－高等学校－教材 ②单片微型计算机－课程设计－高等学校－教材 Ⅳ.①TP368.1

中国版本图书馆 CIP 数据核字(2015)第 035166 号

责任编辑：庄红权　赵从棉
封面设计：常雪影
责任校对：刘玉霞
责任印制：朱雨萌

出版发行：清华大学出版社
　网　　址：http://www.tup.com.cn，http://www.wqbook.com
　地　　址：北京清华大学学研大厦 A 座　**邮　　编**：100084
　社 总 机：010-83470000　**邮　　购**：010-62786544
　投稿与读者服务：010-62776969，c-service@tup.tsinghua.edu.cn
　质 量 反 馈：010-62772015，zhiliang@tup.tsinghua.edu.cn
印 装 者：三河市君旺印务有限公司
经　　销：全国新华书店
开　　本：185mm×260mm　**印　张**：19　**字　数**：458 千字
版　　次：2015 年 3 月第 1 版　**印　次**：2023 年 8 月第11次印刷
定　　价：48.00 元

产品编号：062950-03

前言

"单片机原理及应用"是各类高校很多专业重要的专业基础课程之一，是一门对实践环节要求较高且与实际应用密切结合的课程，学生只有通过大量的软硬件实验和课程设计实践，才能真正掌握单片机应用系统的软硬件设计方法，提高C51语言的编程能力和单片机系统的综合设计与调试能力。

本书采用Proteus和Keil μVision4作为工具，将软、硬件设计与案例设计有机地结合为一体，使设计调试工作不受时间地点的限制。在基础实验与课程设计教学环节中，可先给学生布置一定数量的基础实验项目与课程设计课题，要求学生尽量先独立完成且虚拟仿真通过，然后再到实验室进行实际电路调试，这样，对巩固基本知识点以及提高实际设计调试能力很有益处。

全书共分5章。第1章阐述μVision4集成开发环境，详细介绍了工作环境、目标程序的仿真调试以及各种应用选项的设置方法；第2章是对Proteus软件平台的功能介绍，包括如何在Proteus ISIS开发环境下完成单片机应用系统的硬件原理电路设计，Proteus和Keil μVision4的在线联调，并对Proteus下的各种虚拟仿真工具和手段进行了介绍；第3章介绍了使用C51进行单片机程序设计的基础知识；第4章介绍了16个单片机基础实验，每个实验都包含实验目的、实验内容、编程的相关知识说明、实验步骤、Proteus电路设计、Proteus仿真和汇编及C51语言程序设计清单等；第5章精心选择了6个具有一定典型性和实用性的单片机课程设计课题，系统地介绍了课程设计的任务与要求、系统设计方案、硬件电路设计原理图、源程序清单等内容，并结合课程设计的课题对目前流行的串行扩展技术，如I^2C、单总线、SPI串行接口进行了详细的介绍。

本书由浅入深精心选择了16个单片机基础实验和6个单片机课程设计课题，这些题目均是近年来在课程教学中学生所完成的基础实验、课程设计和单片机综合实践训练的积累与总结。书中所有实验内容及课程设计课题均通过了Proteus仿真和实际电路调试，并为所有基础实验和课程设计课题提供了详细的电路原理图及C51程序源代码，读者可以从ftp://ftp.tup.tsinghua.edu.cn下载。

本书由魏芬、戴丽佼、李红霞编写，魏芬任主编，负责编写第2章，第5章的5.1、5.2、5.3、5.5、5.6节及内容简介、前言、附录A、参考文献等内容，并进行了全书的策划与统稿。戴丽佼负责编写第3章、第4章的4.1、4.3、4.7、4.8、4.9、4.12、4.13、4.15、4.16节、第5章的5.4节。李红霞负责编写第1章、第4章的4.2、4.4、4.5、4.6、4.10、4.11、4.14节和附录B、附录C。

本书在编写过程中得到了许多专家和老师的大力支持与热情帮助，他们提出了许多宝贵的建议和意见，在此表示衷心的感谢。

由于作者水平有限，书中的错误及疏漏之处在所难免，恳请广大读者批评指正，并请与作者本人(邮箱：wfen1229@126.com)联系。

编　者

2015 年 1 月

目　录

μVision4 集成开发环境

μVision4 集成开发环境是由单片机开发软件制造商 Keil Software 公司于 2009 年推出的产品，它引入了灵活的窗口管理系统，使开发人员能够用多台监视器，并可以更好地利用屏幕空间和有效地组织多个窗口，在一个整洁、高效的环境中开发应用程序。μVision4 中包含了源程序文件编辑器、项目管理器、源程序调试器等，它具有强大的管理功能，包含有一个器件数据库。μVision4 可以进行软件模拟仿真，也可以利用硬件目标板在线调试。

1.1　μVision4 概述

Keil 公司最新推出的集成开发环境 μVision4，是一种 32 位标准的 Windows 应用程序，支持长文件名操作，其界面类似于 MS Visual C++，功能十分强大。μVision4 中包含了源程序文件编辑器、项目管理器(Project)、源程序调试器(Debug)等，并且为 C51 编译器、A51 汇编器、BL51/Lx51 链接定位器、RTX51 实时操作系统、Simulator 软件模拟器以及 Monitor-51 硬件目标调试器提供了统一而灵活的开发环境。

(1) μVision4 提供了强大的项目管理功能，可以十分方便地进行结构化多模块程序设计。μVision4 的源级浏览器功能利用符号数据库使用户可以快速浏览源文件，用户可通过详细的符号信息来优化变量存储器；利用文件查找功能可在指定的若干种文件中进行全局文件搜索；工具菜单功能允许启动指定的用户应用程序。μVision4 还提供了对第三方工具软件的接口。

(2) μVision4 内部集成器件数据库(Device Database)储存了多种不同型号单片机的片上资源信息，通过它可以自动设置 C51 编译器、Ax51 宏汇编器、BL51/Lx51 链接定位器及调试器的默认选项，充分满足用户利用特定单片机集成外围功能的要求。

(3) μVision4 内部集成源程序编辑器，允许用户在编辑源程序文件时(甚至在未经编译和汇编之前)设置程序调试断点，便于在程序调试过程中快速检查和修改程序。

(4) μVision4 提供文件查找功能，能对单一文件或全部项目文件进行指定搜索。此外还提供了用户工具菜单接口，允许在 μVision4 中直接启动用户功能。

(5) μVision4 支持软件模拟仿真(Simulator)和用户目标板调试(Monitor-51)两种工作方式，在软件模拟仿真方式下不需要任何 8051 单片机硬件即可完成用户程序仿真调试，极大地提高了用户程序开发效率，在用户目标板调试方式下，利用硬件目标板中的监控程序可以直接调试目标硬件系统。

1.2 μVision4 安装

双击 μVision4 安装应用程序，用户可以根据提示选择继续安装，单击 Next 按钮后，在弹出的安装询问对话框中选中“I agree to all the terms of the preceding License Agreement”复选框，表示用户同意软件要求的协议中的所有条款。单击 Next 按钮后会继续在弹出的对话框中选择软件安装的路径。根据提示信息单击 Next 按钮直至安装完毕，再单击 Finish 按钮确认。此时可在桌面上看到 Keil μVision4 软件的快捷图标，如图 1-1 所示。

图 1-1 Keil μVision4 快捷图标

双击此快捷图标即可启动运行，启动运行后出现如图 1-2 所示的主窗口。主窗口由标题栏、菜单栏、工具栏、工作区窗口、文件编辑窗口、输出窗口以及状态栏等组成。

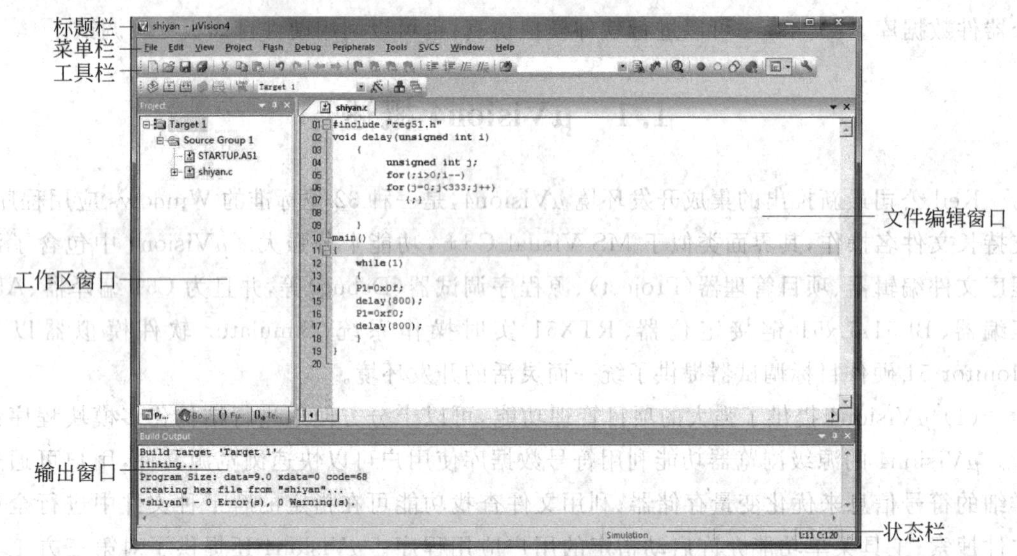

图 1-2 μVision4 的窗口分配

1. 标题栏

标题栏用于显示应用程序名和当前打开的文件名。

2. 菜单栏

菜单栏中提供有多种选项，用户可以根据不同需要选用。

3. 工具栏

工具栏中的按钮分为三组：文件工具按钮、调试工具按钮、编译选项工具按钮，它们是菜单栏中一些重要选项的快捷方式，将光标放在某个工具按钮上稍作停留，屏幕上会自动显示该按钮的功能提示，很多时候使用工具栏中的按钮要比菜单栏方便。

4. 工作区窗口

工作区窗口用于显示当前打开项目的有关信息，包括四个选项卡：Project（项目）、Books（参考书）、Functions（函数）和 Templates（模版）。启动 μVision4 时工作区窗口自动进入 Project 选项卡，双击其中一个文件名，将立即在文件编辑窗口中打开该文件。

（1）Project 选项卡内用不同图标来表示文件的属性，常用的图标及其对应属性的描述如下：

：文件组图标，当文件组中已经添加了文件时，该图标左边将出现一个“＋”号，单击“＋”可以展开该文件组。

：表示被编译、链接到项目中去的文件。

：表示不被编译、链接到项目中去的文件。

利用图标能够快速浏览一个项目中不同目标（Target）的选项设置，Project 窗口中显示的图标总是反映当前所选目标的属性。

（2）Books 选项卡显示 C51 软件包附带的各种参考文档和帮助信息，双击其中某个文件名，即可将其打开进行浏览。

（3）Functions 选项卡显示当前项目所有 C 语言文件中的函数，双击函数名即可找到该函数所在的位置。

（4）Templates 选项卡显示 C51 常用语句，双击语句名即可将其复制到编辑窗口，实现快速编程。

5. 文件编辑窗口

文件编辑窗口用于对当前打开的文件进行编辑。μVision4 提供了一种多功能的文件操作环境，其中包含一个内嵌式编辑器，它是标准的 Windows 文件编辑器，具有十分强大的文件编辑功能。

在 μVision4 文件编辑窗口中可以同时打开多个不同类型的文件分别进行处理，这一点对结构化多模块程序设计特别方便。编辑器还提供一种可选的彩色语句显示功能，对于 C51 程序中的变量、关键字、语句等采用不同颜色显示，提高了程序的可读性。

6. 输出窗口

输出窗口（Build Output）用于显示编译链接提示信息，当编译链接出错时，双击该窗口中某个错误提示信息，光标将自动跳转到文件编辑窗口对应文件发生错误的地方，方便用户分析错误原因和修改源文件。

7. 状态栏

状态栏用于显示当前项目所配置的调试器以及文件编辑窗口中当前光标所在的行号、列号等信息。

1.3　μVision4 的下拉菜单

μVision4 提供了下拉菜单和快捷工具按钮两种操作方式。下拉菜单中有多种选项，可根据不同需要选用。下面对经常用到的菜单项的具体功能进行介绍。

1.3.1 File 菜单

File 菜单如图 1-3 所示，共分为 5 栏。

(1) 文件操作

New：创建一个新文件，快捷键为 Ctrl＋N。

Open：打开已有的文件，快捷键为 Ctrl＋O。

Close：关闭当前的文件。

Save：保存当前的文件，快捷键为 Ctrl＋S。

Save As：保存并重新命名当前的文件。

Save All：将打开的多个文件同时保存。

(2) μVision4 器件库管理(Device Database)及许可证管理(License Management)

Device Database：维护 μVision4 器件数据库，在这个选项中可以查询到单片机的型号和器件生产的厂商以及对器件的简单介绍等。

License Management：许可证管理，在这个选项中的 New License ID Code 栏中输入新的许可证 ID 码后单击 Add LIC 选项，可以完成注册。

(3) 文件打印处理

Print Setup：设置打印机。

Print：将当前编辑的文件打印输出，快捷键为 Ctrl＋P。

Print Preview：用来进行文件打印预览。

(4) 此栏保存有最近打开过的文件名，单击文件名可立即打开该文件。

(5) Exit 选项：退出 μVision4 环境，返回 Windows。

1.3.2 Edit 菜单

Edit 菜单如图 1-4 所示，主要用于对当前已打开的文件进行编辑处理，共分为 7 栏。

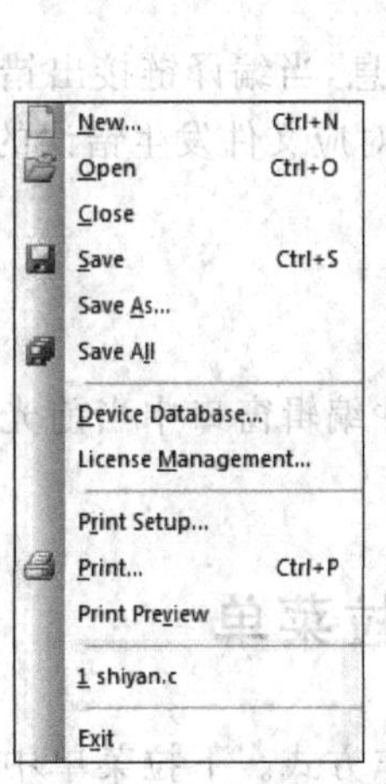

图 1-3 File 菜单

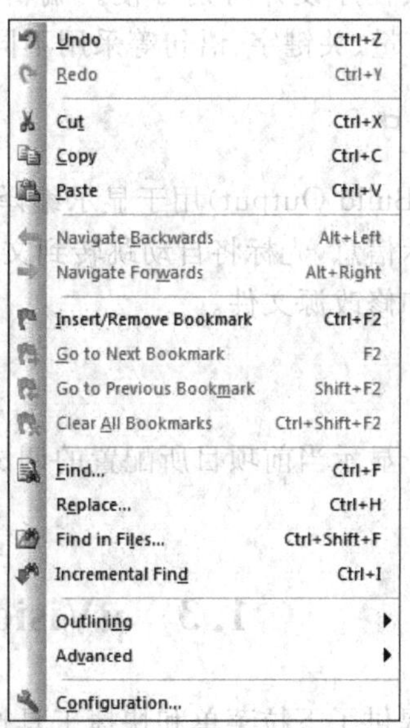

图 1-4 Edit 菜单

1. 撤销与恢复操作

Undo：对在文件编辑处理过程中发生的误操作进行撤销，快捷键为 Ctrl+Z。

Redo：对于误撤销的编辑文本进行恢复，快捷键为 Ctrl+Y。

2. 剪切、复制及粘贴操作

Cut：将当前编辑窗口中所选定的文本剪切到 Windows 剪贴板中，快捷键为 Ctrl+X。

Copy：将当前编辑窗口中选定的文本复制到 Windows 剪贴板中，快捷键为 Ctrl+C。

Past：将剪贴板中的内容粘贴到当前编辑的文件中，快捷键为 Ctrl+V。

3. 文本导航操作

Navigate Backwards：将光标定位到编辑窗口以前使用"Find"功能所找到的文本处，快捷键为 Alt+Left。

Navigate Forwards：将光标按照反方向定位到由"Find"查找到的文本处，快捷键为 Alt+Right。

4. 文本标记操作

Insert/Remove Bookmark：插入/取消标记行，快捷键为 Ctrl+F2。

Go to Next Bookmark：将光标快速定位到下一个标记点，快捷键为 F2。

Go to Previous Bookmark：将光标快速定位到上一个标记点，快捷键为 Shift+F2。

Clear All Bookmarks：清除所有标记，快捷键为 Ctrl+ Shift+F2。

5. 查找与替换操作

Find：从当前文件光标所在行开始查找指定的字符串。快捷键为 Ctrl+F。

Replace：对指定的字符串进行替换，快捷键为 Ctrl+H。

Find in Files：在多个文件中进行查找，快捷键为 Ctrl+ Shift+F。

Incremental Find：根据输入字符逐个进行查找，快捷键为 Ctrl+I。

6. 函数外廓线和编辑器扩展操作，包括 Outline 和 Advanced 两个选项。

(1) 光标指向 Outline 选项显示如图 1-5 所示的 Outline 菜单。

Show All Outlining：用于显示所有函数的外廓线。

Hide All Outlining：用于隐藏所有函数的外廓线。

Expand All Defintions：用于展开所有函数的外廓线。

Collapse All Definitions：用于收缩所有函数的外廓线。

Collapse Current Block 和 Collapse Current Procedure：用于收缩当前光标所指向函数的外廓线。

(2) 光标指向 Advanced 选项显示如图 1-6 所示的 Advanced 菜单。

Go To Line：用于跳转到程序文件的指定行，快捷键为 Ctrl+G。

Go To Matching Brace：查找文件中函数匹配的括号，快捷键为 Ctrl+E。

Show All Outlining
Hide All Outlining
Expand All Definitions
Collapse All Definitions
Collapse Current Block
Collapse Current Procedure

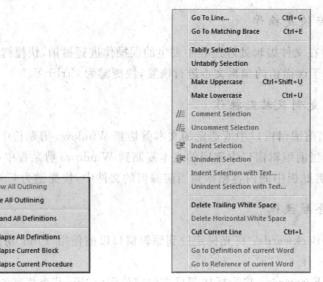

图 1-5　Outline 菜单

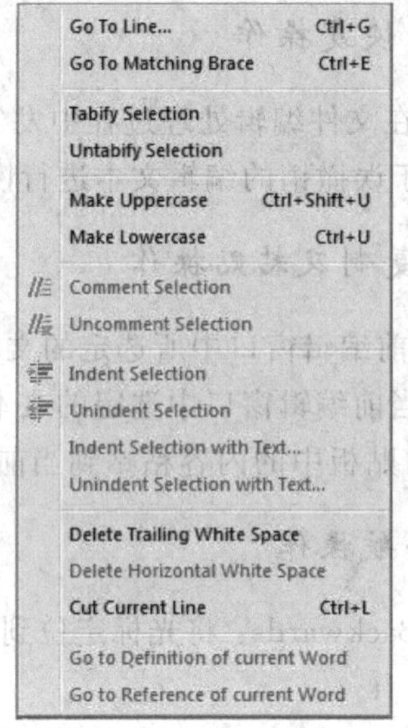

图 1-6　Advanced 菜单

Tabify Selection：在选定文本中以 Tab 替换空格。

Untabify Selection：在选定文本中以空格代替 Tab。

Make Uppercase：将选定的字符转换为大写形式，快捷键为 Ctrl＋Shift＋U。

Make Lowercase：将选定的字符转换为小写形式，快捷键为 Ctrl ＋U。

Comment Selection：将选定的程序行转换为注释行。

Uncomment Selection：将选定的注释行转换为程序行。

Indent Selection：将选定的文本右移一个 Tab 键距离。

Unindent Selection：将选定的文本左移一个 Tab 键距离。

Indent Selection with Text：对选定的文本行增加缩进。

Unindent Selection with Text：对选定的文本行减少缩进。

Go to Definition of current Word：跳转到对当前文字的定义处。

Go to Reference of current Word：跳转到对当前文字的引用处。

7. Configuration

它用于对 μVision4 内建编辑器重新进行配置。另外，μVision4 还提供了丰富的右键功能，在文件编辑窗口内右击可弹出如图 1-7 所示的右键菜单。单击菜单内的各选项可完成一些特定功能，其中对文本编辑的撤销、恢复、剪切、复制、粘贴与文本标记等操作与 Edit 下拉菜单类似。

Split Window horizontally：该选项用于将当前窗口按水平方向一分为二。

Insert '#include＜P89V51Rx2. H＞'：该选项用于插入当前项目所选定单片机器件的包含头文件。

Insert/Remove Breakpoint：插入/删除断点。μVision4

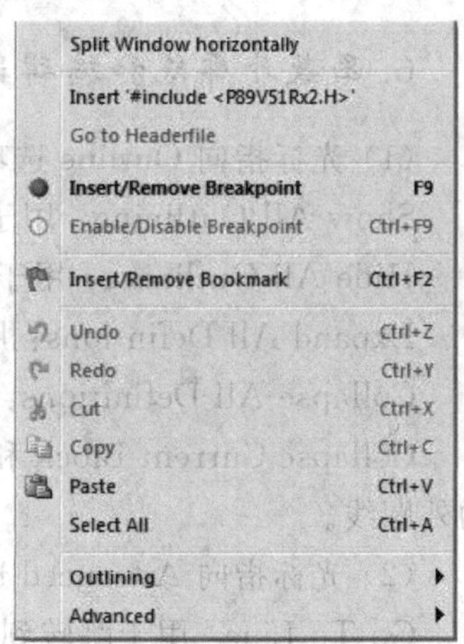

图 1-7　编辑窗口中的右键菜单

允许在编辑状态下进行断点插入操作，先将光标定位在希望插入断点的行上，单击 Insert/Remove Breakpoint 选项，可在选定行插入/删除一个程序调试断点，插入一个断点后，该行最左端将出现一个红点，并且当进入调试状态后该断点位置不变。单击 Enable/Disable Breakpoint 选项可激活/禁止选定的一个断点。

1.3.3 View 菜单

View 菜单如图 1-8 所示，共分为 3 栏。

1. 状态栏和工具栏按钮的显示/隐藏切换

Status Bar：状态栏的显示/隐藏切换。

Toolbars：工具栏按钮的显示/隐藏切换。

2. μVision4 中各种窗口的显示/隐藏切换

Project Window：项目窗口。

Books Window：参考书籍窗口。

Functions Window：函数窗口。

Templates Window：模板窗口。

Source Browser Window：浏览窗口。

Build Output Window：创建输出窗口。

Error List Window：错误显示窗口。

Find In Files Window：多文件查找窗口。

另外，在项目窗口中右击弹出如图 1-9 所示的右键菜单。

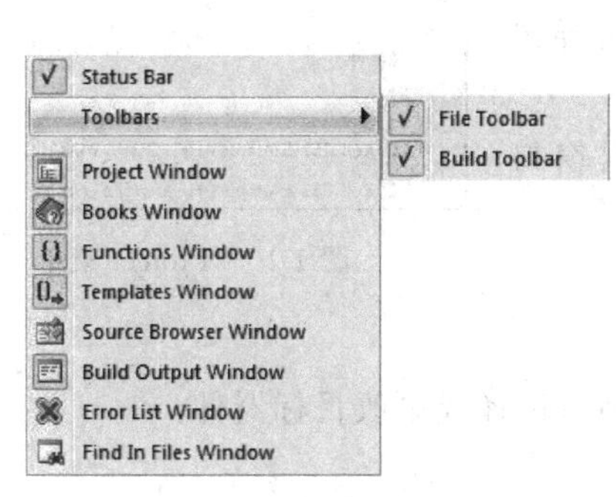

图 1-8 View 菜单

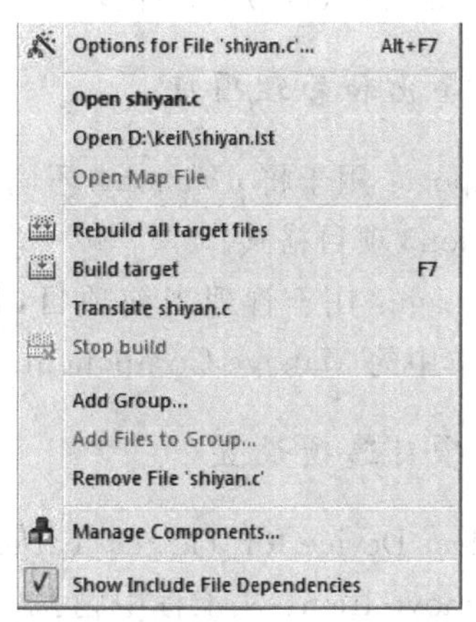

图 1-9 项目窗口中的右键菜单

项目窗口中的右键菜单共分 6 栏。

(1) Options for File：设定文件(或项目)属性。

(2) 3 个"open"选项用于打开文件。

(3) 用于编译的相关选项。

Rebuild all target files：重新编译并创建目标文件。

Build target：编译并创建目标文件。

Translate File：编译程序文件。

Stop build：停止创建。

(4) 添加组或文件相关选项

Add Group：添加组。

Add Files to Group：添加组文件。

Remove Files：删除文件。

(5) Manage Components：项目管理选项。

(6) Show Include File Dependencies：项目窗口中包含文件的显示/隐藏切换。

1.3.4 Project 菜单

μVision4 集成开发环境提供了强大的项目(Project)管理功能，一个项目可以包括各种文件，如源程序文件、头文件、说明文件等。通过项目管理操作用户能够随时新建、打开或关闭项目、导出项目、调整项目组件、选择目标 CPU、目标配置、目标创建等。

Project 菜单如图 1-10 所示，共分为 5 栏，主要是对工程相关的文件进行操作。

1. 创建新项目或打开已有项目

New μVision Projcet：新建一个项目。

New Multi-Projcet Workspace：新建多项目工作区。

Open Project：打开一个已有的项目文件。

Close Project：关闭当前项目文件。

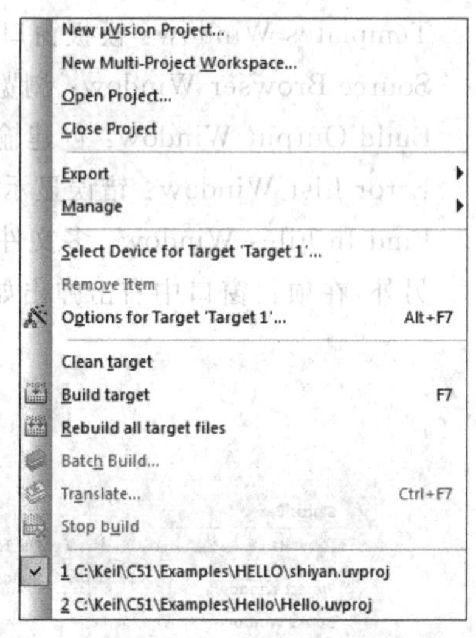

图 1-10　Project 菜单

2. 导出和管理项目

Export：用于将 μVision4 环境中创建的项目导出为 μVision3 项目格式。

Manage：用于管理当前项目，其功能与项目窗口右键菜单中的 Manage Components 选项相同。

3. 项目选项设置

Select Device for Target 'Target1'：为当前项目选择或更改目标器件。

Remove Item：从工程中删去一个组或文件。

Options for Target 'Target1'：是一个十分重要的选项，很多有关编译、链接、定位、输出文件等控制命令都需要利用该选项来完成，快捷键为 Alt＋F7。下面主要对其中的 Target、Output 和 Debug 选项卡进行介绍。

(1) Options 选项中的 Target 选项卡如图 1-11 所示。

- Xtal(MHz)栏用于设定模拟仿真时单片机的振荡器频率。

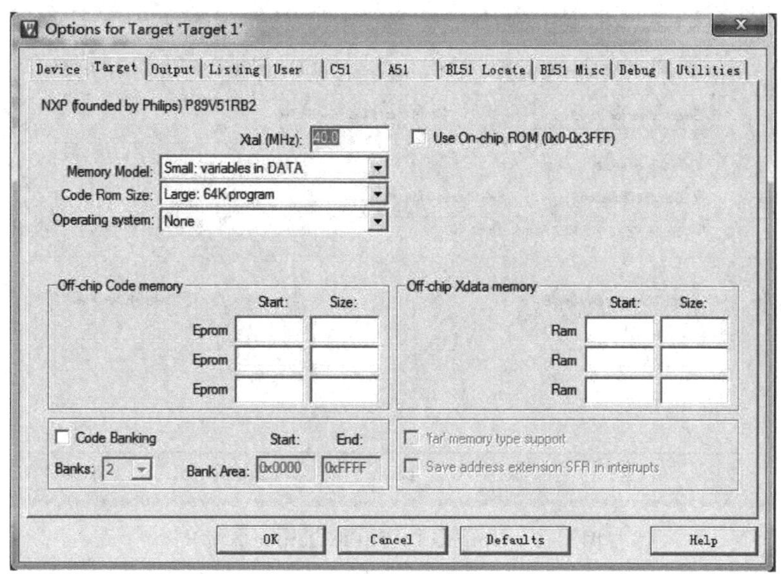

图 1-11 Options 选项中的 Target 选项卡

- Memory Model 栏用于设定编译模式(Small、Compat、Large)。
- Code Rom Size 栏用于设定 ROM 空间大小(Small、Compact、Large)。
- Operating system 栏用于设定是否使用 RTX 实时操作系统(None、RTX-51 Tiny、RTX-51 Full)。
- Off-chip Code memory 栏和 Off-chip Xdata memory 栏分别用于设置单片机片外 ROM 和片外 RAM 存储器空间的起点及大小,如果在选择器件时采用了具有片内 ROM 的单片机,并且希望使用片内 ROM,则可以选中窗口内的复选框 Use On-chip ROM(0x0-0x3FFF)。
- Code Banking 复选框用于存储器分组设置,分组数最大为 64;Bank Area 用于设定每个存储器分组的起始地址与终止地址。

(2) Options 选项中的 Output 选项卡如图 1-12 所示,用于设置当前项目经创建之后生成的可执行代码文件输出。

- Selection Folder for Objects 按钮用于设定存放目标代码文件的目录。
- Name of Executable 栏用于输入将生成的可执行代码文件名(默认值就是当前项目名)。
- Create Executable:生成可执行代码文件。下面还有 3 个复选框:Debug Information(调试信息)、Browse Information(浏览信息)、Create HEX File(生成 HEX 文件)。
- Create Library:用于生成库文件,和上面的 Create Executable 两者只能选其一。
- Create Batch File:用于生成批处理编译文件。

(3) Options 选项中的 Debug 选项卡如图 1-13 所示,用于设置用户程序的调试方法。

- Use Simulator:用于设定 μVision4 模拟器进行调试;右边的单选按钮 Use,配合后面的下拉列表框用于设定 μVision4 提供的各种监控驱动进行调试。前者在 μVision4 环境中仅用软件方式即可完成对用户程序的调试工作,后者则需要相应监

Options for Target 'Target 1'
Device | Target | Output | Listing | User | C51 | A51 | BL51 Locate | BL51 Misc | Debug | Utilities
Select Folder for Objects...
Name of Executable: shiyan
Create Executable: .\shiyan
Debug Information
Browse Information
Create HEX File
HEX Format: HEX-80
Create Library: .\shiyan.LIB
Create Batch File
OK
Cancel
Defaults
Help

图 1-12　Options 选项中的 Output 选项卡

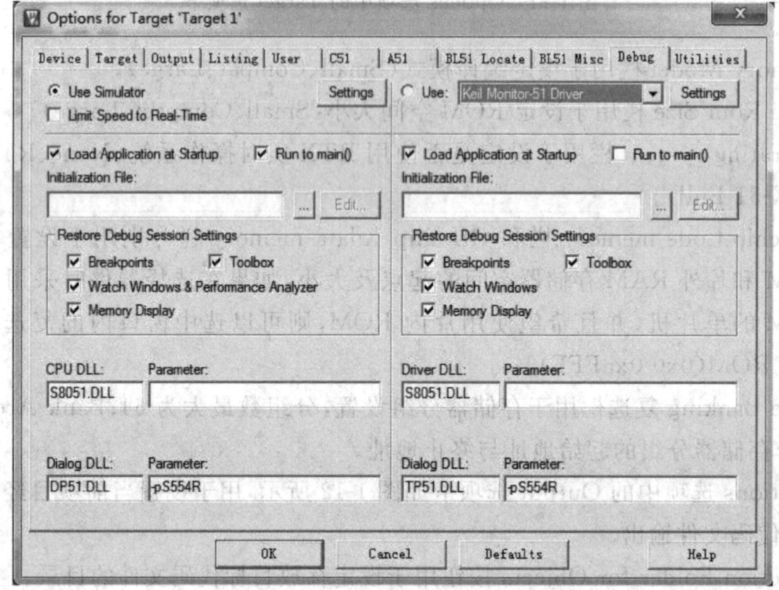

图 1-13　Options 选项中的 Debug 选项卡

控驱动的支持。两者都可通过复选框 Load Application at Startup 来决定是否在启动调试器时装入用户程序。

- Run to Main：用于是否在装入用户程序后自动运行到 Main 函数处。
- Initialization File 栏中可直接输入调试初始化文件名，也可以单击“...”按钮从弹出的窗口中按目录路径搜寻该文件。
- Restore Debug Session Settings 栏用于恢复上次调试对话设置，有 4 个复选框：Breakpoints（断点）、Toolbox（工具盒）、Watch Windows & Performance Analyzer（观察点与性能分析）、Memory Display（存储器显示）。

- CPU DLL 栏和 Driver DLL 栏用于显示 CPU 驱动动态链接库文件名，通常为 S8051.DLL，用户不要改动这个 DLL 文件及其参数。
- Dialog DLL 栏用于显示对话驱动动态链接库文件名，采用 μVision4 模拟器时通常为 DP51.DLL，采用监控驱动时通常为 TP51.DLL，用户不要改动这个 DLL 文件及其参数。

4. 项目目标代码创建

Clean target：清除项目创建时生成的各种代码文件。

Build target：对项目中的源文件进行编译链接并生成可执行目标代码，如果在项目中添加了新的源文件或者修改过源文件，则仅对新文件或修改过的源文件进行编译链接，以便加快创建速度。快捷键为 F7。

Rebuild all target files：对项目中所有源文件（无论是否新文件）重新进行编译链接并生成可执行目标代码。

Batch Build：编译选中的多个项目目标。

Translate：对项目中选定的源文件进行编译，但不链接生成可执行目标代码。快捷键为 Ctrl＋F7。

Stop build：停止当前正在进行的目标代码创建。

Project 菜单最后一栏用于快速打开项目，该栏内保存有最近 10 个曾经打开的项目名及其路径，单击其中任意一个将立即打开该项目。

μVision4 集成开发环境提供了丰富的右键功能，上述 Project 菜单中的各种选项功能都可以从 Project（项目）窗口的右键菜单中找到，实际应用中往往采用右键功能可以简化操作。

1.3.5　Flash 菜单

Flash 菜单如图 1-14 所示，共分为 2 栏。

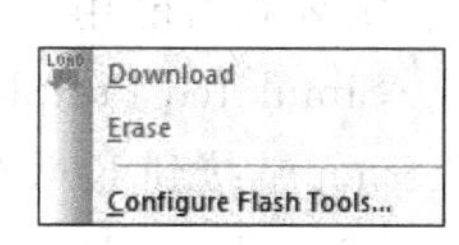

图 1-14　Flash 菜单

1. 用于下载和删除单片机内的 Flash

Download：将项目创建所生成的可执行目标代码下载到单片机片内 Flash。

Erase：删除 Flash 中的内容。

2. 用于配置 Flash 编程工具

Configure Flash Tools：用于设置单片机片内 Flash 编程方式。

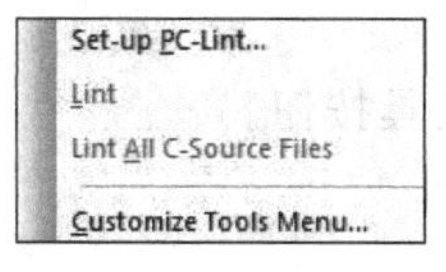

图 1-15　Tools 菜单

1.3.6　Tools 菜单

Tools 菜单如图 1-15 所示，共分 2 栏。

(1) Set-up PC-Lint：用于设置 Gimpel Software 公司的 PC-Lint 软件。PC-Lint 是一种对 C 语言源程序进行快速详细语法查错的工具软件，一些编译器不能识别的错误可由 PC-Lint 查出。

(2) Customize Tools Menu：用于扩展 Tools 菜单，添加用户自己的应用工具。

1.3.7　SVCS 菜单

SVCS 菜单如图 1-16 所示，用于配置并添加 SVCS 命令。

1.3.8　Window 菜单

Window 菜单如图 1-17 所示，共分为 3 栏。

(1) Reset View to Defaults：将 μVision4 的各个窗口复位到默认状态。

(2) Split：用于分割当前文件编辑窗口。

Close All：关闭所有打开的文件编辑窗口。

(3) 此栏保存着当前项目中已打开的文件名，单击文件名可快速切换到该文件的编辑窗口。

1.3.9　Help 菜单

Help 菜单如图 1-18 所示，共分 2 栏。

Configure Software Version Control...

图 1-16　SVCS 菜单

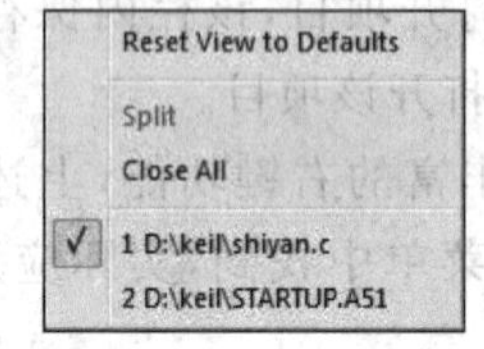

图 1-17　Window 菜单

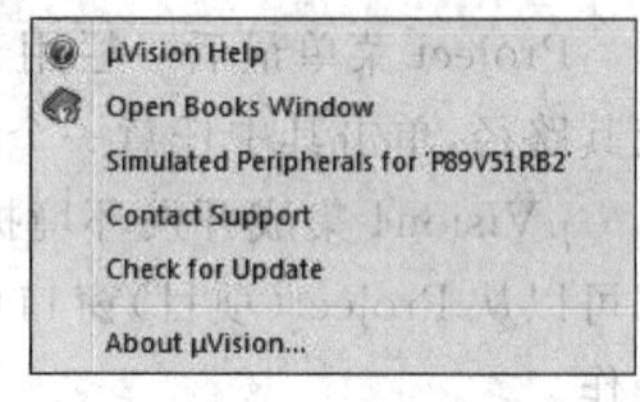

图 1-18　Help 菜单

(1) μVision Help：单击该选项后将弹出帮助主题窗口。

Open Books Window：单击该选项后可以打开项目窗口中的 Books 选项卡，从中可以选择需要查看的用户手册等书籍。

Simulated Peripherals for 'P89V51RB2'、Contact Support、Check for Update：可通过 Internet 链接到 Keil 公司的技术支持网站，从中可以找到许多有用的技术资料。

(2) About μVision：单击该选项后将弹出一个有关 μVision4 版本信息的窗口。

1.4　μVision4 的工具栏按钮

工具栏按钮实际上是下拉菜单中一些重要选项的快捷方式，将光标放在某个工具按钮上稍作停留，屏幕上会自动显示该按钮的功能提示，很多时候使用工具栏按钮要比下拉菜单方便。

工具栏按钮分为三组：文件工具按钮、编译选项工具按钮和调试工具按钮。

1.4.1　文件工具按钮

μVision4 的文件工具按钮如图 1-19 所示，其图标及功能说明如表 1-1 所示。

图1-19 μVision4的文件工具按钮

表1-1 μVision4文件工具栏图标及功能说明

图标	功能说明
	创建一个新文件
	打开已有的文件
	保存文件
	将打开的多个文件同时保存
	将当前编辑窗口中所选定的文本剪切到Windows剪贴板中
	将选定的文本复制到Windows剪贴板中
	将剪贴板中的内容粘贴到当前编辑的文件中去
	对文件编辑处理过程中发生的误操作进行撤销
	对于误撤销的编辑文本进行恢复
	将光标定位到编辑窗口以前使用"Find"功能所找到的文本处
	将光标按与 定位方向反向定位
	在希望标记的某一行处标定记号,再次单击将取消标记
	将光标快速定位到上一个标记点
	将光标快速定位到下一个标记点
	清除所有标记
	将选定的文本右移一个Tab键距离
	将选定的文本左移一个Tab键距离
	将选定的程序行转换为注释行
	将选定的注释行转换为程序行
	同时在多个文件中进行查找
	从当前文件光标所在行开始查找指定的字符串
	多文件查找窗口
	根据输入的字符逐个进行查找
	启动或停止μVision4调试功能
	在主调试窗口当前光标所在行上插入/删除一个断点
	激活/禁止当前断点
	禁止所有已经设置的断点

1.4.2 编译选项工具按钮

μVision4 的编译选项工具按钮如图 1-20 所示，其图标及功能说明如表 1-2 所示。

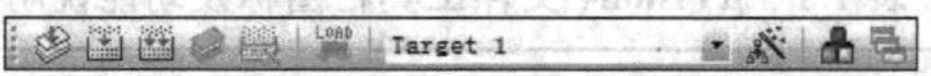

图 1-20 μVision4 的编译选项工具按钮

表 1-2 μVision4 的编译选项按钮工具栏图标及功能说明

图　标	功 能 说 明
	对项目中选定的源文件进行编译，但不链接生成可执行目标代码
	对项目中的源文件进行编译链接并生成可执行目标代码
	对项目中所有源文件重新进行编译链接并生成可执行目标代码
	编译选中的多个项目目标
	停止当前正在进行的目标代码创建
LOAD	将项目创建所生成的可执行目标代码下载到单片机内 Flash
Target 1	选择项目文件
	设置项目文件的设备、输出文件、编译、链接、定位等
	配置文件的扩展名、在线参考书和环境
	在当前多项目工作区的多项目管理

1.4.3 调试工具按钮

μVision4 的调试工具按钮如图 1-21 所示，其图标及功能说明如表 1-3 所示。

图 1-21 μVision4 的调试工具按钮

表 1-3 μVision4 调试工具栏图标及功能说明

图　标	功 能 说 明
RST	复位
	运行
	停止
{}	跟踪执行
{}	单步执行
{}	执行完当前子程序
{}	运行到当前行
	显示下一条将被执行的程序语句

续表

图　标	功能说明
	显示或隐藏命令窗口
	显示或隐藏反汇编窗口
	显示或隐藏当前程序中的各种符号
	显示或隐藏寄存器窗口
	显示或隐藏程序执行过程中对子程序的调用情况
	显示或隐藏观察窗口
	显示或隐藏存储器窗口
	显示或隐藏串行窗口
	显示或隐藏逻辑分析、性能分析、代码覆盖窗口
	可进行指令跟踪、显示汇编记录、允许跟踪记录
	系统查看窗口
	显示或隐藏工具盒窗口
	调试恢复视图

1.5 μVision4 中的调试器

μVision4 中集成了调试器功能(Debug),它可以进行纯软件模拟仿真和硬件目标板在线仿真,使用之前应该先进行适当配置。

1.5.1 调试器功能(Debug)选项配置

在菜单栏中选择 Project→Options for Target/Debug 命令,弹出如图 1-22 所示的 Debug 配置窗口。

1. 纯软件模拟仿真设置

选中单选项 Use Simulator 采用纯软件模拟方式进行仿真,可以在没有任何实际单片机硬件的条件下,仅用一台普通的 PC 即可实现对单片机应用程序的仿真调试。μVision4 根据所选定的 CPU 器件自动设置能够仿真的单片机片内集成功能。

选中复选框 Load Application at Startup,在启动 Debug 时将自动装入用户程序;选中复选框 Run to main(),用户程序将从复位入口一直运行到 main()函数处,通常这两个选项都需要选中以便于调试。在 Initialization File 文本框内可以输入一个带路径的初始化文件名,该文件的内容为 Debug 调试器的各种调试命令,可以在启动调试时依次执行。单击 Edit 按钮可以在编辑窗口打开初始化文件进行编辑。

在 Restore Debug Session Settings 栏中有四个复选框: Breakpoints、Watch Windows & Perfomance Analyzer、Memery Display 和 Toolbox,分别用于在启动 Debug 调试器时自动恢复

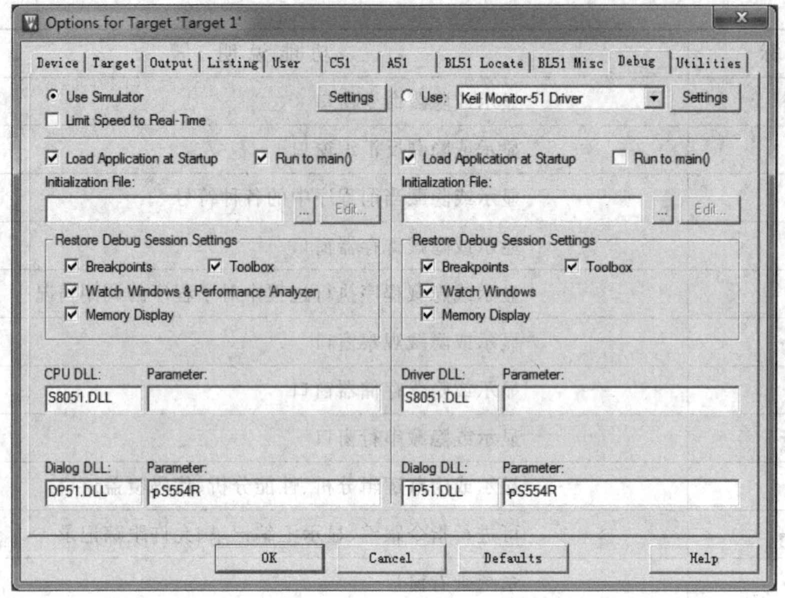

图 1-22 Debug 配置窗口

上次调试过程中所设置的断点、观察点与性能分析器、存储器及工具盒的显示状态，若希望启动 Debug 仿真调试时能够使用在编辑源程序文件时就设置的断点，应该选中这些复选框。

窗口下边还有几栏：CPU DLL、Driver DLL、Dialog DLL 及 Parameter，它们是根据项目配置时从器件库所选择的单片机 CPU 器件，由 μVision4 自动设置的内部驱动程序及参数，一般不要轻易改动。

2. 硬件目标板在线仿真设置

选中单选项 Use 采用专门驱动对用户硬件目标板进行在线仿真时，目标板与 PC 之间通过串行口连接，通信速率可以调整。单击 Settings 按钮弹出如图 1-23 所示的串行通信设置窗口，Comm Port Settings 栏用于通信端口和波特率设置，在 Port 文本框内输入 PC 的 COM 号，在 Baudrate 文本框内输入希望采用的通信波特率。

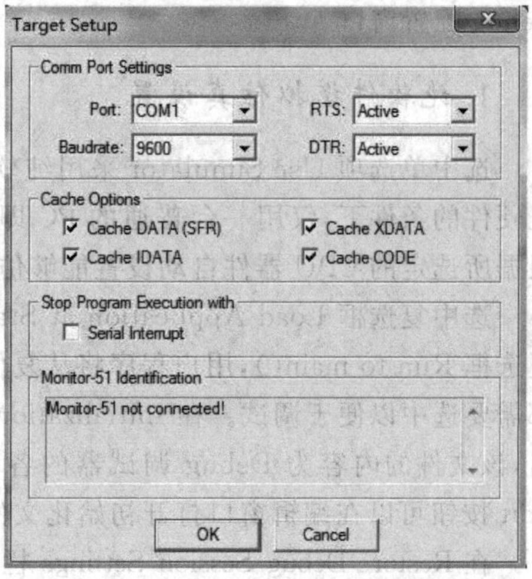

Cache Options 栏中有四个复选框，用于设定调试过程中数据的缓存选项，选中时可以加快数据在 PC 屏幕上的显示速度，但若希望直接观察单片机内部定时/计数器、I/O 引脚电平等功能状况以及外部扩展端口的实际变化，则不要选中这些复选框。

图 1-23 串行通信设置窗口

Stop Program Execution with 栏中还有一个复选框 Serial Interrupt，选中时可以在运行用户程序过程中通过 Debug 调试器的 Stop 按钮或 PC 键盘的 Esc 键停止用户程序的运行，但这时用户程序将不能使用单片机串行口，同时不能禁止特殊功能寄存器 IE 中的 EA 位。

1.5.2　Debug 状态下窗口分配与 View 菜单

Debug 选项配置完成之后，即可启动 Debug 调试器开始仿真调试。进入 Debug 状态后 μVision4 窗口分配如图 1-24 所示，项目窗口自动切换到 Registers 选项卡，用于显示调试过程中单片机内部寄存器状态的变化情况。

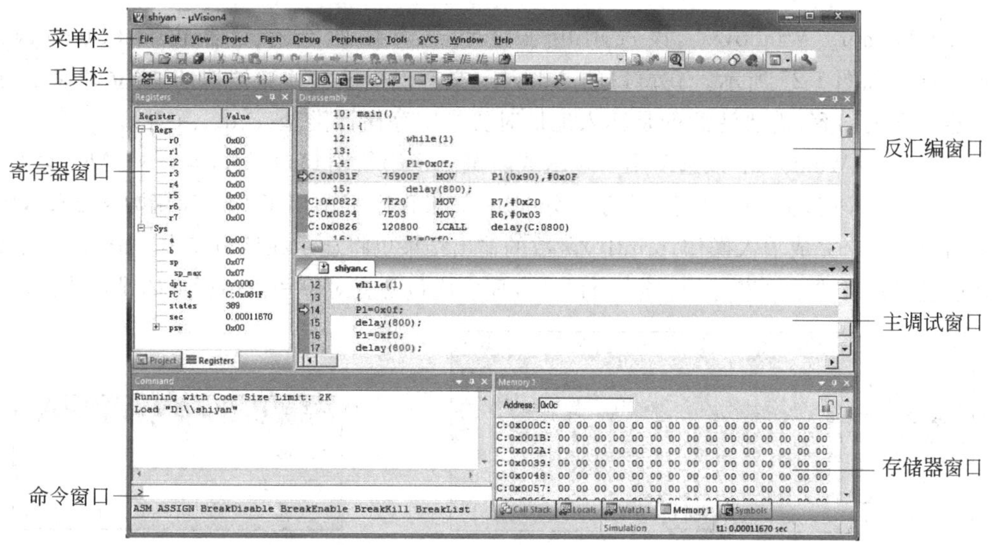

图 1-24　Debug 状态下 μVision4 窗口分配

主调试窗口用于显示用户源程序，窗口左边的箭头指向当前程序语句，每执行一条语句箭头自动向后移动，便于观察程序当前执行点。如果用户创建的项目中包含有多个程序文件，执行过程中将自动切换到不同文件显示。

反汇编窗口用于显示用户源程序的反汇编代码，其中的黄色箭头也会随着程序的执行自动向后移动。

命令窗口用于输入各种调试命令。

存储器窗口用于显示调试过程中单片机的存储器状态。

另外，Debug 状态下 View 菜单如图 1-25 所示，通过单击 View 菜单中的相应选项（或单击工具栏中相应按钮），可以很方便地实现窗口切换。

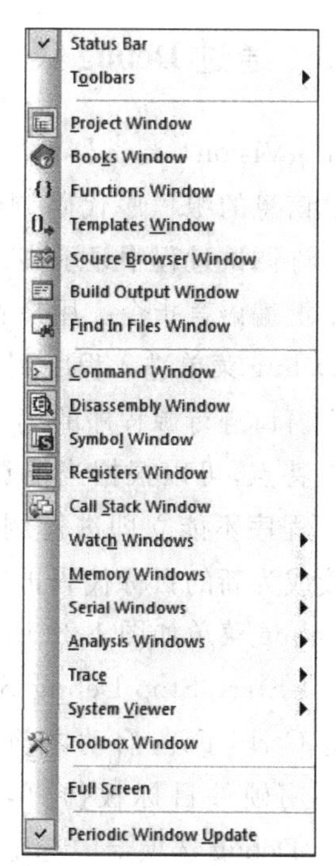

图 1-25　Debug 状态下 View 菜单

下面对 Debug 状态下 View 菜单中常用的 Watch Windows、Memory Windows 和 Serial Windows 窗口进行介绍。

(1) Watch Windows：该选项用于显示或隐藏两个观察窗口（Watch1 和 Watch2），如图 1-26 所示，可显示用户设置的观察点在调试过程中的值。

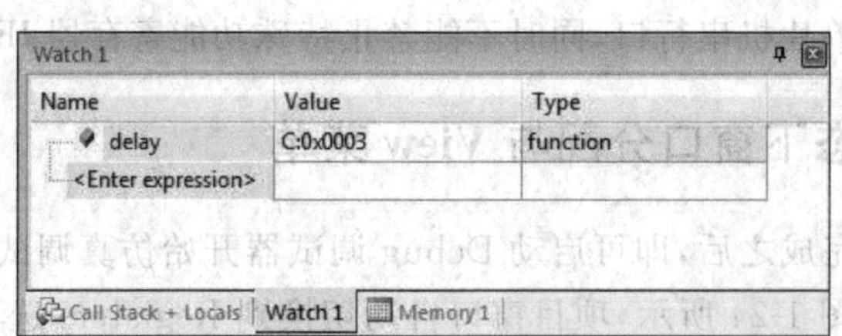

图 1-26　Watch1 窗口

(2) Memory Windows：该选项用于显示或隐藏四个存储器窗口（Memory1～Memory4），如图 1-27 所示。在窗口的 Address 文本框中输入存储器地址，将立即显示对应存储器空间的内容，需要注意的是输入地址时要指定存储器类型（c、d、i、x 等）。

(3) Serial Windows：该选项用于显示或隐藏三个串行窗口（UART＃1～UART＃3），如图 1-28 所示。该选项对用户调试程序十分有用，如果程序中调用了 C51 库函数 scanf()，则必须利用该窗口来完成输入操作，printf()函数的输出结果也将显示在该窗口中。printf()函数一般是通过单片机的串口来打印数据，所以在程序中应包含有对单片机串行口的设置才行。

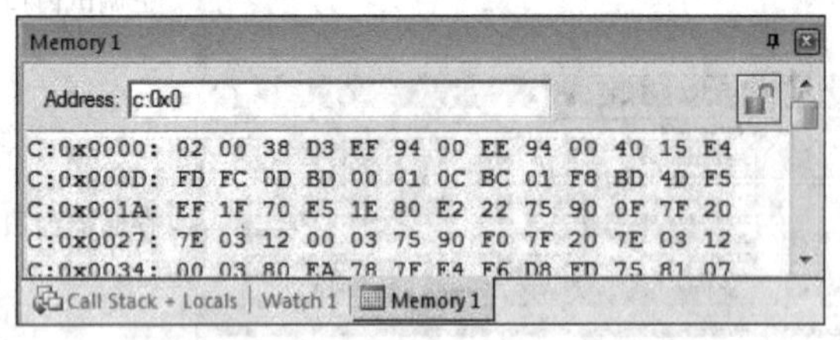

图 1-27　Memory1 窗口

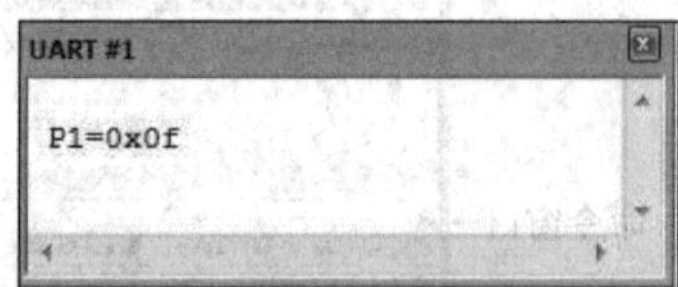

图 1-28　UART＃1 窗口

1.5.3　通过 Debug 菜单进行程序代码调试

在 μVision4 调试器中可以进行两种类型的代码调试：带调试信息的源程序代码调试和十六进制 HEX 代码调试。前者允许调试过程中显示高级语言源程序语句，后者仅能显示基本汇编语言指令。用户在成功完成项目编译链接之后，通过 Debug 菜单进入程序调试状态，在调试状态下仍可通过调试主窗口进行源程序的编辑修改，这也是 μVision4 调试器的一大特点，可以根据当前调试结果修改源程序，不过修改后的源程序不能立即进行调试，要先退出调试状态，重新编译链接成为新的目标代码再次装入之后才能调试。

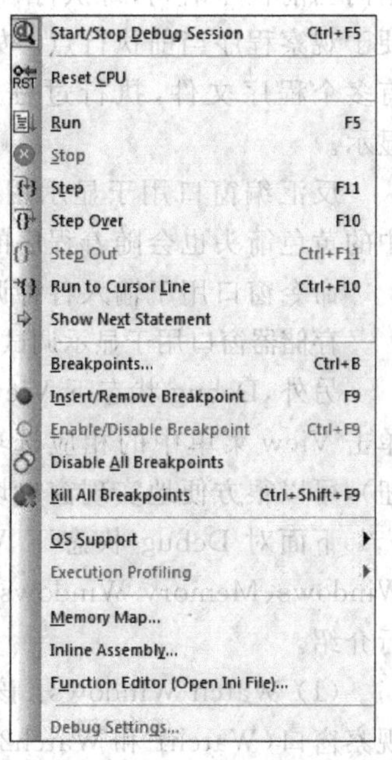

图 1-29　Debug 菜单

Debug 菜单如图 1-29 所示，共分为 7 栏。

(1) Start/Stop Debug Session：启动/停止调试功能，快捷键为 Ctrl＋F5。启动之前应先确定是采用软件模拟仿真还是采用硬件目标板仿真，并在 Project 菜单 Options for Target/Debug 选项卡中选定左边或右边的 Use 单选项。不论采用哪种仿真方式，都应当选定 Load Application at Start

和 Run to main()复选框，这样在启动调试功能时 μVision4 将自动装入用户程序的目标代码，并运行到主函数 main()所在的行上。

启动调试功能之后 μVision4 的项目窗口自动切换到 Register 选项卡，显示 CPU 内部各寄存器的当前状态，寄存器内容将随着程序语句或指令的执行而变化。

(2) Reset CPU：复位操作，单击该选项程序将从 0000H 地址开始运行。

(3) 控制目标代码的执行方式。

Run：启动用户程序从当前地址处开始全速运行，遇到断点或是执行 Stop 选项时停止。快捷键为 F5。

Step：跟踪执行，在高级语言显示方式下单击一次该选项执行一条 C 语言语句，在汇编语言显示方式下则执行一条 8051 指令，遇到函数调用(高级语言方式)或子程序调用(汇编语言方式)语句，将跟踪进入函数或子程序中执行。快捷键为 F11。

Step Over：单步执行，对于函数或子程序调用语句不跟踪进入被调用函数，而是将整个函数或子程序与调用语句一起一次执行。快捷键为 F10。

Step Out：用于在调用函数或子程序中，启动函数或子程序从当前地址处开始执行并返回到调用该函数或子程序的下一条语句，该选项对于非函数或子程序调用以及采用硬件目标板仿真时无效。快捷键为 Ctrl+F11。

Run to Cursor Line：用于启动用户程序从当前地址处开始执行到光标所在行。快捷键为 Ctrl+F10。

Show Next Statement：用于在主调试窗口显示下一条将要被执行的程序语句。

(4) 调试中的断点管理。可以在某个特定地址或是满足某种特定条件下暂停用户程序运行，以便于查找或排除错误。

Breakpoints：单击该选项即可弹出断点设置窗口。快捷键为 Ctrl+B。

Insert/Remove Breakpoint：在主调试窗口当前光标所在行上插入/删除一个断点。快捷键为 F9。

Enable/Disable Breakpoint：激活/禁止当前断点。快捷键为 Ctrl+F9。

Disable All Breakpoints：禁止所有已经设置的断点。

Kill All Breakpoints：删除所有已经设置的断点。快捷键为 Ctrl+Shift+F9。

(5) OS Support：系统支持。

Execution Profiling：执行分析。

(6) Memory Map：在进行软件模拟仿真时设置存储器空间映像。

Inline Assembly：用于程序调试过程中的在线汇编。

Function Editor(Open Ini File)：编辑或创建 μVision4 的初始化文件，初始化文件(Ini File)中可以包含各种 μVision4 命令及调试函数(Debug Function)。

(7) Debug Settings：调试设置。

1.5.4 通过 Peripherals 菜单观察仿真结果

目前 8051 单片机已有 400 多个品种和型号，不同型号单片机具有不同的集成外围功能(Peripherals)，μVision4 通过内部集成器件库实现对各种单片机集成外围功能的模拟仿真，在调试状态下可以通过 Peripherals 下拉菜单来观察仿真结果。Peripherals 菜单如图 1-30

所示，菜单选项内容会根据选用不同器件而有所变化，现以 NXP 厂家生产的单片机 P89V51RB2 为例进行介绍。

(1) Interrupt：单击 Interrupt 选项，弹出如图 1-31 所示的中断系统状态窗口，用于显示单片机 P89V51RB2 的中断系统状态。选中不同的中断源，窗口中 Selected Interrupt 栏将出现与之相应的中断允许和中断标志位的复选框，通过对这些状态位的置位和复位(选中或不选中)操作，很容易实现对单片机中断系统的仿真。对于具有多个中断源的单片机，除了上面叙述的几个基本中断源之外，还可以对其他中断源进行模拟仿真，比如监视定时器(Watchdog Timer)等。

(2) I/O-Ports：该选项用于仿真单片机的并行 I/O 口，选中 Port1 后弹出如图 1-32 所示窗口。

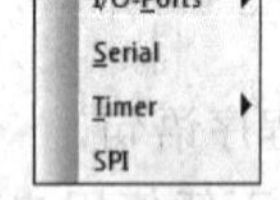

图 1-30　Peripherals 菜单

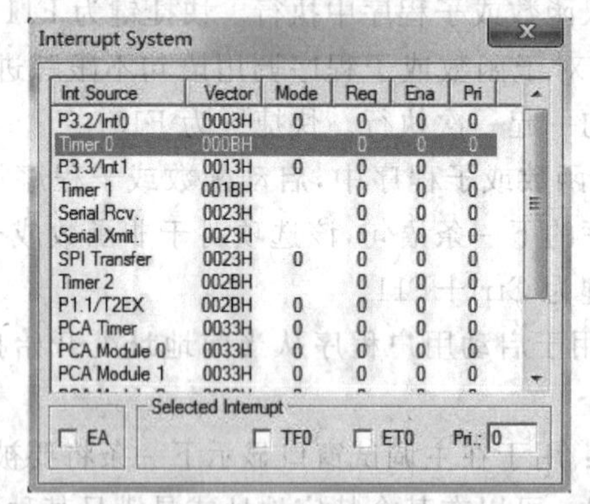

图 1-31　中断系统状态窗口

图 1-32　Port1 窗口

P1 框中显示 P1 口锁存器状态，Pins 框中显示 P1 口各个引脚的状态，仿真时各位引脚的状态可根据需要进行修改。对于具有多个 I/O 口的单片机，其他 I/O 口略有不同。

(3) Serial：单击 Serial 选项，弹出如图 1-33 所示的串行口窗口。

Mode 框用于选择串行口的工作方式，单击其中的下拉箭头可以选择 8 位移位寄存器、8 位/9 位可变波特率 UART、9 位固定波特率 UART 等不同工作方式。选定工作方式后相应特殊功能寄存器 SCON 和 SBUF 的控制字也显示在窗口中。通过对特殊控制位 SM2、TB8、RB8、SMOD0、FE 和 REN 复选框的置位和复位(选中或不选中)操作，很容易实现对单片机内部串行口的仿真。

Baudrate 栏用于显示串行口的工作波特率。

IRQ 栏用于显示串行口的发送和接收中断标志。

(4) Timer：该选项用于仿真单片机内部定时器/计数器，选中 Timer1 后弹出如图 1-34 所示的 Timer/Counter1 窗口。

Mode 栏用于选择定时器/计数器的工作方式。选定工作方式后相应特殊功能寄存器 TCON 和 TMOD 的控制字也显示在窗口中，TH1 和 TL1 用于显示计数初值，T1 Pin 和 TF1 复选框用于显示 T1 引脚和定时器/计数器的溢出状态。

Control 栏用于显示和控制定时器/计数器的工作状态(Run 或 Stop)，TR1、GATE 和 INT1#复选框是启动控制位，通过对这些状态位的置位和复位(选中或不选中)操作，很容易实现对单片机内部定时器/计数器仿真。对于具有多个定时器/计数器的单片机，其

Timer0 和 Timer1 与 8051 是一样的，其他如监视定时器（Watchdog Timer）等状态和控制略有不同。

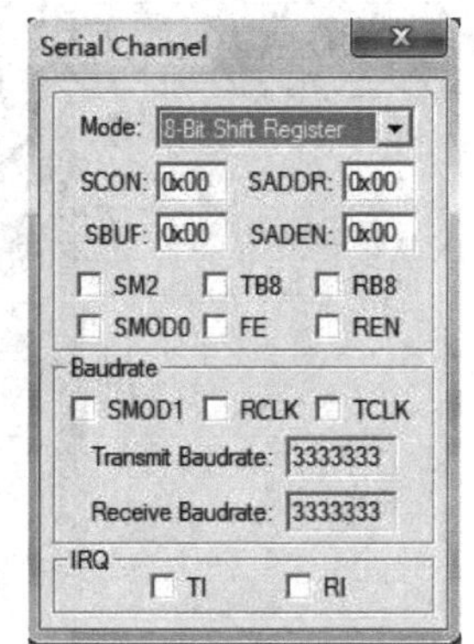

图 1-33　串行口窗口

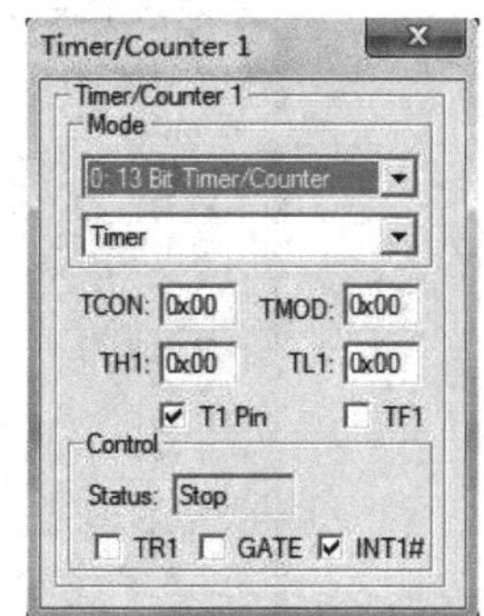

图 1-34　Timer/Counter1 窗口

1.6　C51 简单编程与调试

采用 Keil C51 开发 51 系列单片机应用程序一般需要经过以下步骤：

(1) 在 μVision4 集成开发环境中新建一个项目（Project），并为该项目选定合适的单片机 CPU 器件。

(2) 利用 μVision4 的文件编辑器编写 C 语言（或汇编语言）源程序文件，并将文件添加到项目中去。一个项目可以包含多个文件，除源程序文件外还可以有库文件或文本说明文件。

(3) 通过 μVision4 的各种选项，配置 C51 编译器、Ax51 宏汇编器、BL51/Lx51 链接定位器以及 Debug 调试器的功能。

(4) 利用 μVision4 的创建（Build）功能对项目中的源程序文件进行编译链接，生成绝对目标代码和可选的 HEX 文件，如果出现编译链接错误则返回到第(2)步，修改源程序中的错误后重新创建整个项目。

(5) 将没有错误的绝对目标代码装入 μVision4 调试器进行仿真调试，调试成功后将 HEX 文件写入到单片机应用系统的 EPROM 中正常运行。

下面通过一个简单实例说明以上几个步骤。启动 μVision4 后，按照上述步骤进行操作。

1. 新建一个项目文件

在菜单栏中选择 Project→New μVision Project 命令，在弹出的对话框中输入项目文件名“shiyan”，并选择合适的保存路径（通常为每个项目建一个单独的文件夹），单击“保存”按钮，这样就新建了一个文件名为 shiyan.uvproj 的项目文件，如图 1-35 所示。

项目名保存完毕后，将弹出如图 1-36 所示的器件数据库对话框窗口，用于为新建项目选择一个 CPU 器件，根据需要选择 CPU 器件（例如 NXP 公司的 P89V51RB2），选定后 μVision4 将按所选器件自动设置默认的工具选项，同时弹出如图 1-37 所示的提示框，询问是否将 8051 标准启动代码文件添加到项目中，对于 C51 程序通常是需要启动代码的，单击“是”按钮完成新建项目。

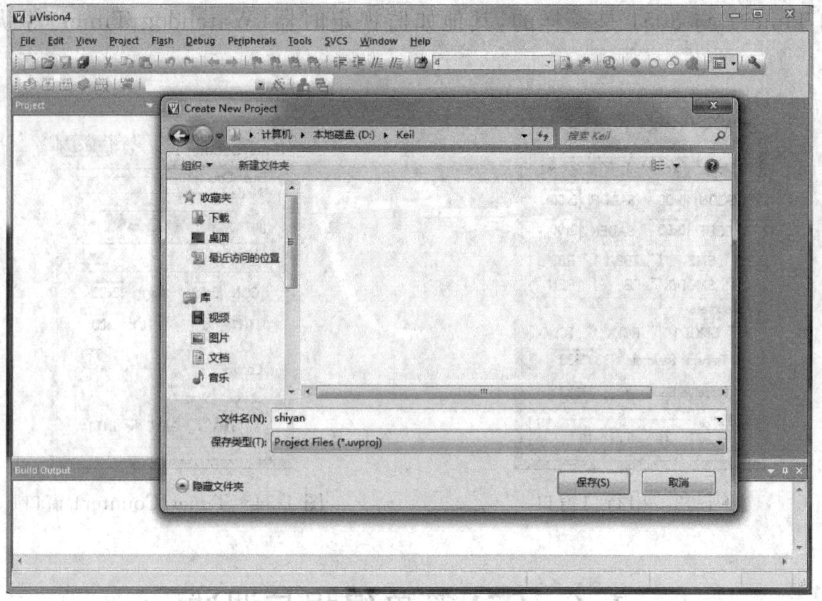

图 1-35　在 μVision4 中新建一个项目

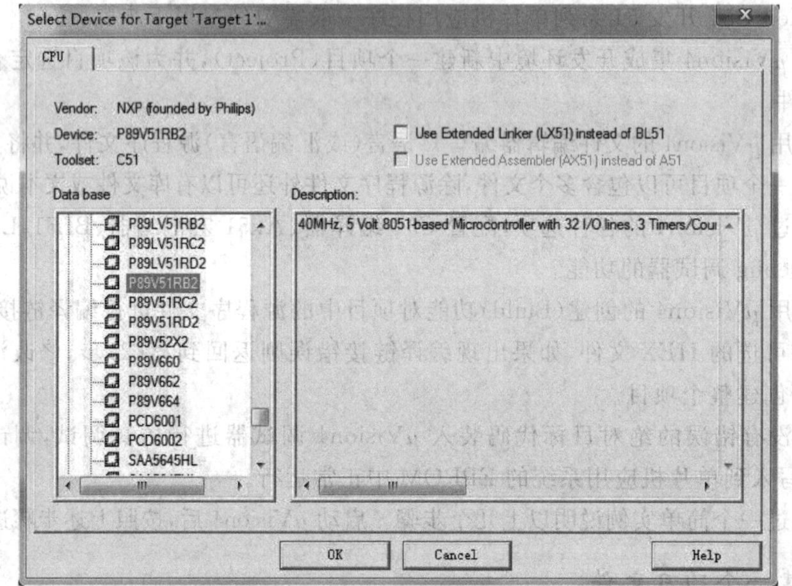

图 1-36　为项目选择 CPU 器件

图 1-37　添加启动代码文件提示框

新建一个项目后，项目中会自动包含一个默认的目标（Target1）和文件组（Source Group1），用户可以给项目添加其他文件组（Group）以及文件组中的源文件，这对于模块化编程特别有用。项目中的目标名、组名以及文件名都显示在 μVision4 的项目窗口 Project 选项卡中。

2. 添加源程序文件到项目中

源程序文件可以是已有的，也可以是新建的，在菜单栏中选择 Files→New 命令，在打开的编辑窗口输入 C51 源程序。下面以 P1 口控制 8 只 LED 交替闪烁为例进行说明，其原理图如图 1-38 所示。

源程序清单如下：

```
#include "reg51.h"
void delay(unsigned int i)
{
    unsigned int j;
    for(;i>0;i--)
      for(j=0;j<333;j++)
        {;}
}
main()
{
    while(1)
    {
        P1=0x0f;
        delay(800);
        P1=0xf0;
        delay(800);
    }
}
```

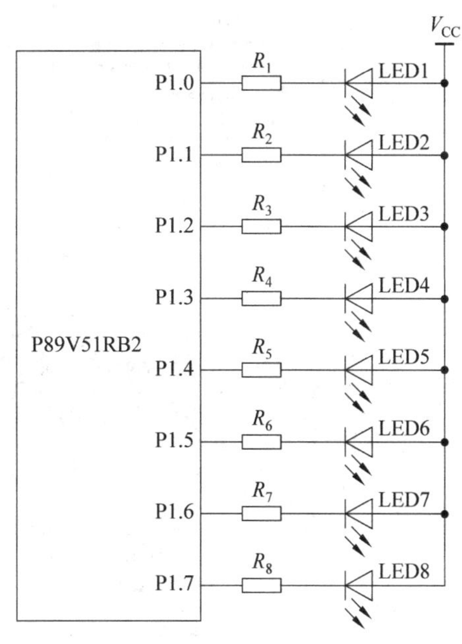

图 1-38 LED 交替闪烁电路原理图

程序输入完成后，在菜单栏中选择 Files→Save As 命令，将其另存为扩展名为.c 的源程序文件 shiyan.c，其存放路径一般与项目文件相同。

将光标指向项目窗口 Project 选项卡中 Source Group1 文件组并右击，弹出如图 1-39 所示的快捷菜单。

单击快捷菜单中的 Add Files to Group 'Source Group1'命令，弹出如图 1-40 所示的添加源文件选择窗口，选中刚才保存的源程序文件 shiyan.c，并单击 Add 按钮，将其添加到新创建的项目中去。

3. 项目参数配置

在菜单栏中选择 Project→Options for Target 命令，弹出如图 1-41 所示的配置 Target 选项卡窗口，包括 Device、Target、Output、Listing、User、C51、A51、BL51 Locate、BL51 Misc、Debug 以及 Utilities 多个选项卡，其中许多选项可以直接用其默认值，必要时可进行适当调整。

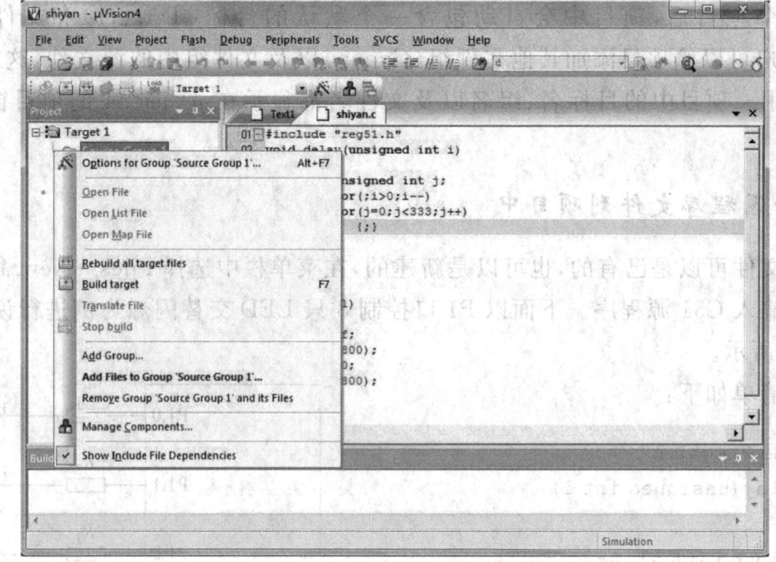

图 1-39 项目窗口的快捷菜单

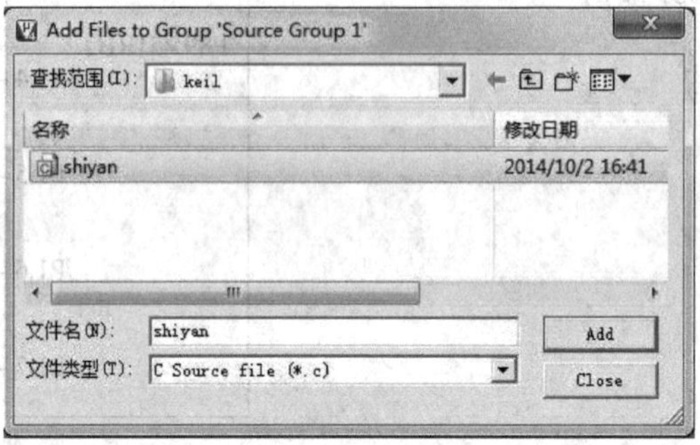

图 1-40 添加源文件选择窗口

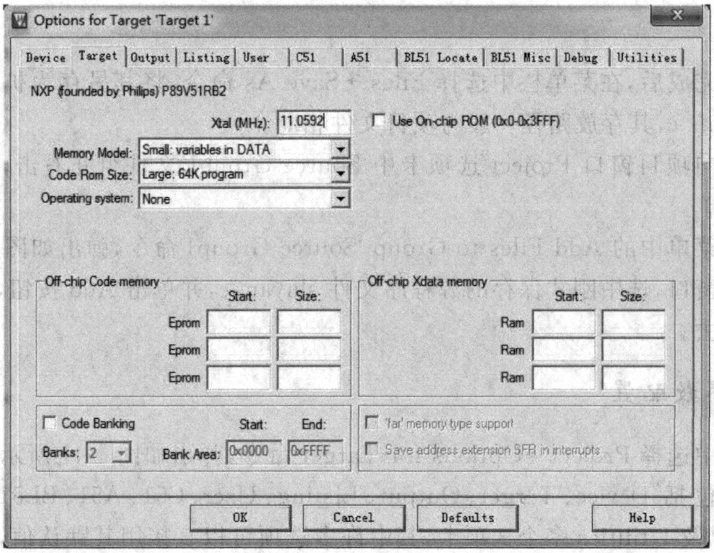

图 1-41 配置 Target 选项卡

Target 选项卡如图 1-41 所示，用于目标硬件系统的时钟频率 Xtal 配置为 11.0592MHz；C51 编译器的存储器模式为 Small(C51 程序中局部变量位于片内数据存储器 DATA 空间)；程序存储器 ROM 的空间设为 Large(使用 64KB 程序存储器)；不采用实时操作系统；不采用片外存储器和代码分组设计。

Output 选项卡如图 1-42 所示，用于配置当前项目在编译链接之后生成的执行代码输出文件。输出文件名默认为与项目文件同名(也可以指定其他文件名)，存放在当前项目文件所在的目录中，也可以单击 Select Folder for Objects 按钮来指定存放输出文件的目录路径。

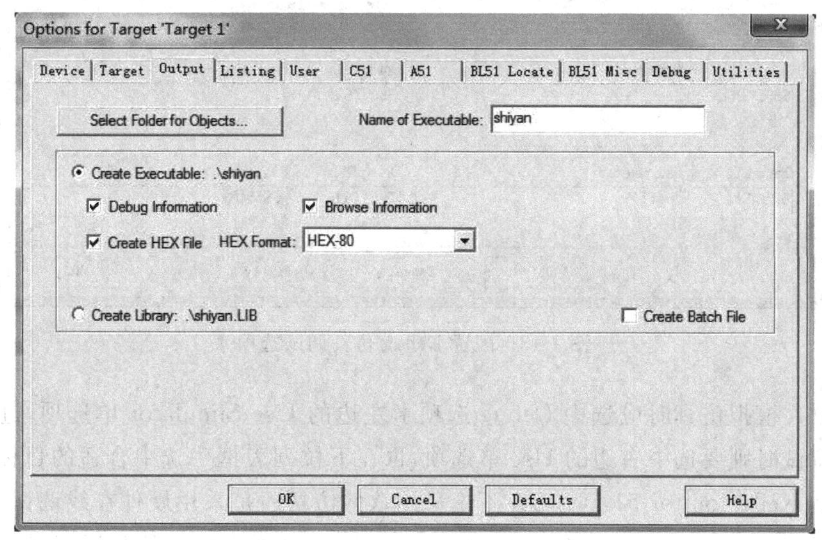

图 1-42 配置 Output 选项卡

- Create Executable：选中表示项目编译链接后生成可执行代码输出文件。
- Debug Information：选中表示在输出文件中将包含源程序调试符号信息。
- Browse Information：选中表示在输出文件中将包含源程序浏览信息。
- Create HEX File：选中表示当前项目编译链接完成之后生成一个 HEX 文件。

Options 选项中的 Debug 选项卡如图 1-43 所示，用于配置 μVision4 调试器选项。在 μVision4 中可以对经编译链接所生成的执行代码进行两种仿真调试：软件模拟仿真调试和硬件目标板在线调试。

软件模拟仿真调试不需要实际的单片机硬件，在 PC 上就可以完成对单片机各种片内资源的仿真，仿真结果可以通过 μVision4 的串行窗口、观察窗口、存储器窗口及其他一些窗口直接输出。

μVision4 提供了多种目标硬件调试驱动，通过它可以实现 μVision4 与用户目标硬件系统相连接，进行在线调试，这种方法可以立即观察到目标硬件的实际动作，有利于分析和排除各种硬件故障。通常可以先对用户程序进行软件模拟仿真，排除一般性错误，然后再进行目标硬件在线调试。Keil 公司还提供了一种 Monitor-51 硬件调试驱动，将其作为用户硬件目标板的监控程序，可以实现与 μVision4 无缝连接，使用非常方便。

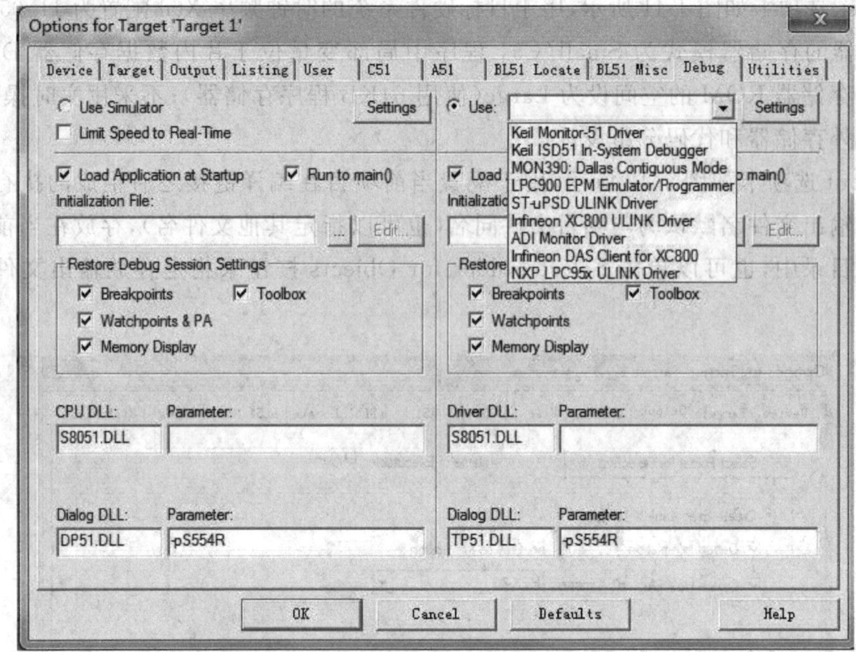

图 1-43　配置 Debug 仿真调试选项

进行软件模拟仿真时应选中 Debug 选项卡左边的 Use Simulator 单选项，进行硬件目标板在线调试时则要选中右边的 Use 单选项，再在下拉列表框中选中合适的目标硬件调试驱动。比如 Keil Monitor-51 Driver。不论采用软件仿真还是采用硬件在线调试，都应选中 Load Application at Startup 和 Run to main()复选框，这样在启动仿真调试时将立即加载当前项目编译链接后生成的可执行代码文件。

所有选项卡中都有一个 Defaults 按钮，用于设定各种默认命令选项，初次使用时可以直接采用这些默认值，熟悉之后再进一步采用其他选项。

4. 编译链接

将编译器、仿真器等选项配置之后，就可以对当前新建项目进行编译、链接。单击按钮对项目中的源文件进行编译链接并生成可执行目标代码，如图 1-44 所示，μVision4 输出窗口将显示编译链接提示信息。如果有编译链接错误，将光标指向窗口内的提示信息并双击，光标将自动跳到编辑窗口源程序文件发生错误的地方，便于修改；如果没有错误，则生成可执行目标代码文件。

5. 调试运行

编译链接完成后，单击按钮启动调试器，μVision4 转入仿真调试状态，在此状态下"项目窗口"自动转到 Registers 选项卡，显示调试过程中单片机内部工作寄存器 R0～R7、累加器 A、堆栈指针 SP、数据指针 DPTR、程序计数器 PC 以及程序状态字 PSW 等值，如图 1-45 所示。

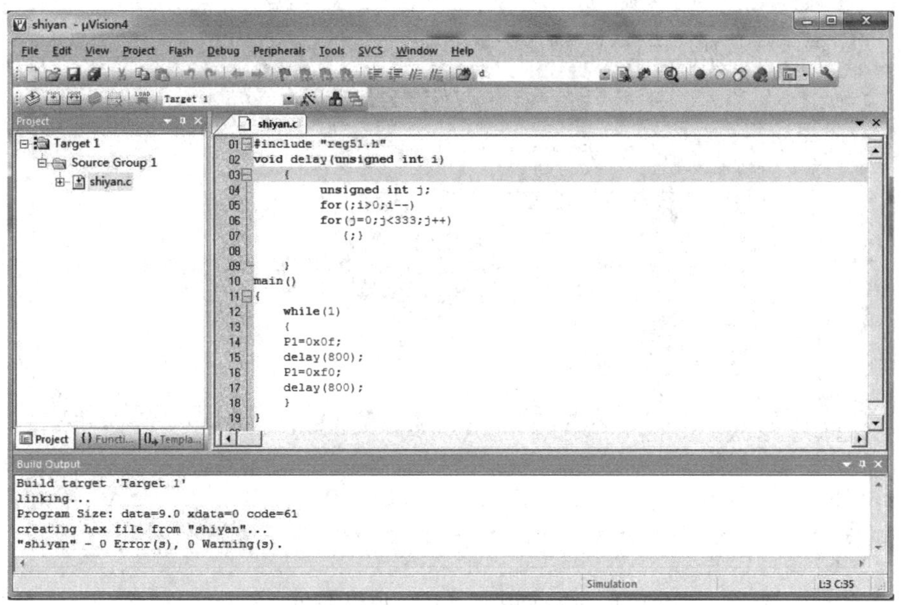

图 1-44 编译链接完成后输出窗口的提示信息

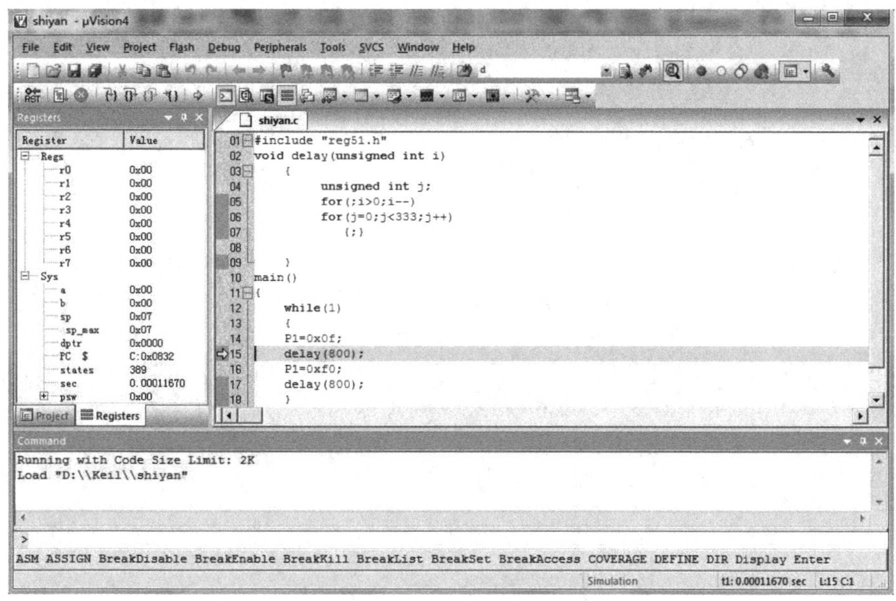

图 1-45 μVision4 的仿真调试状态窗口

在仿真调试状态下单击 Run( )按钮，启动用户程序全速运行，选择 Peripherals 下拉列表框的 I/O-Ports 选项中的 Port1 项，就可以看到如图 1-46 所示的 P1 口的仿真结果。

如果在 Options 选项的 Debug 选项卡选择的是硬件目标板在线调试，目标硬件调试驱动选择为 Keil Monitor-51 Driver，则可在硬件电路上观察到 LED1～LED4 和 LED5～LED8 交替闪烁的现象。

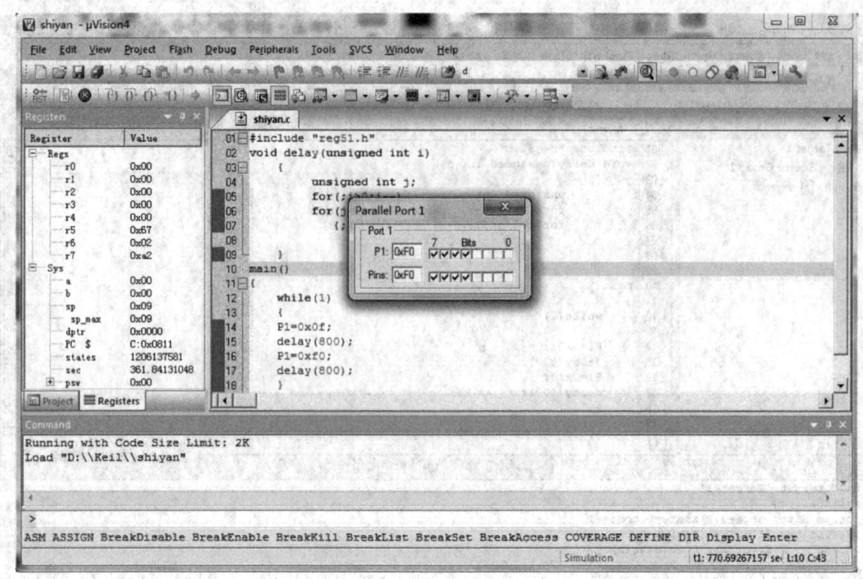

图 1-46 μVision4 调试状态下 P1 口仿真结果

第2章 单片机系统的 Proteus 设计与仿真

2.1 Proteus 功能概述

Proteus 软件是由英国 Labcenter Electronics 公司于 1989 年推出，且备受单片机应用爱好者青睐的单片机系统设计的虚拟仿真工具，已在全球得到广泛应用。Proteus 不仅能实现数字电路、模拟电路及数/模混合电路的设计与仿真，而且能为单片机应用系统提供方便的软、硬件设计和系统运行的虚拟仿真，这是 Proteus 最具特色的功能。

Proteus 软件提供了几十个元件库，涉及数字和模拟、交流和直流等上万种元器件，并提供了各种信号源、测试仪器资源。Proteus 支持目前各种流行的单片机机型以及嵌入式微处理器 ARM7 的仿真，为单片机系统的虚拟仿真提供了功能强大的软硬件调试手段。

Proteus 将单片机(或微处理器)仿真与电路仿真结合，以其完美的仿真功能，直接在基于电路原理图的虚拟原型上进行单片机程序的编写与调试，并进行功能验证。在仿真过程中，用户可以单击开关、按键、电位计、可调电阻等动态外设模型，使单片机系统根据输入信号做出相应的响应，并将响应处理结果实时地在显示器(例如数码管、LED、LCD 等)上显示，并可驱动各种常用电动机等虚拟输出外设，实时看到运行后的输入、输出效果。Proteus 把单片机的程序嵌入到虚拟硬件中，整个过程与真实的软件、硬件调试过程相似，从而实现其他仿真软件所不能实现的仿真效果。当用户在自己的计算机里装上了 Proteus 软件，就如同建立了一个大型的单片机实验室，其中有各种当今流行的单片机芯片，几万种电子元器件和各种测试与测量用的仪器仪表，如示波器、电压表、电流表等，这些即使在真实的实验室中也很难做到。

Proteus 具有的 PCB 电路制板功能可以和 Protel 相媲美，不但功能强大，而且每种功能都毫不逊色于 Protel。

Proteus 的功能模块组成如图 2-1 所示，是一个基于 ProSPICE 混合模式(模拟电路、数字电路以及数/模混合电路)仿真器、完整的嵌入式系统软硬件设计仿真平台。图 2-1 中的各软件模块功能如下：

(1) ISIS(Intelligent Schematic Input System)：智能原理图输入与系统设计仿真平台。

(2) VSM(Virtual System Modelling)：嵌入式虚拟仿真器。

(3) ProSPICE：数字电路与模拟电路混合模式仿真器。

(4) ARES(Advanced Routing and Editing Software)：高级 PCB 布线编辑软件。

使用 Proteus 软件可将许多单片机实例的功能以及运行过程形象化。Proteus 的特点如下：

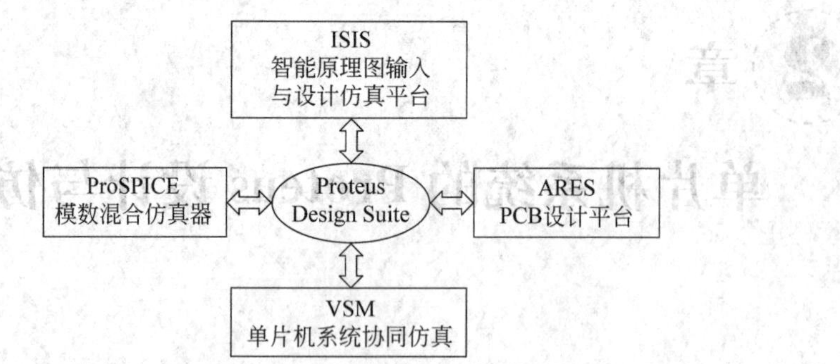

图 2-1 Proteus 基本结构体系

(1) Proteus 既可仿真模拟电路又可仿真数字电路以及数字、模拟混合电路，此外，其独具的特色是能够仿真各种单片机及嵌入式处理器。在单片机仿真模型库里有 51 系列、PIC 系列、AVR 系列、摩托罗拉的 68MH11 系列、MSP430 系列以及 ARM7 等常用的嵌入式控制器和嵌入式处理器。此外，Proteus 还能对单片机的外围电路芯片进行仿真，如 RAM、ROM、总线驱动器、各种可编程外围接口芯片、数码管显示器、LCD 显示模块、矩阵式键盘、实时时钟芯片以及多种 D/A 和 A/D 转换器等，可直接对这些芯片模型进行调用。

(2) 具有各种仿真仪器仪表工具，如示波器、逻辑分析仪、各种信号发生器、计数器、电压源、电流源、电压表、电流表、虚拟终端等，同一种仪器仪表可在同一电路中随意调用。除了仿真现实存在的仪器外，Proteus 还提供了一个与示波器作用相似的图形显示功能，可将线路上变化的信号以图形的方式实时显示出来。仿真时，可以运用这些虚拟仪器仪表及图形显示功能来演示程序和电路的调试过程，从而更清晰地观察到程序和电路设计调试中的细节，更容易发现程序和电路设计过程中的问题。

(3) 可以进行软、硬件结合的系统仿真，且仿真是交互的、可视化的。在虚拟仿真中具有全速、单步、设置断点等调试功能，同时可以观察程序中各个变量、单片机各寄存器的当前状态等。同时也支持第三方的软件编译和调试环境，例如与 Keil μVision4、MPLAB(PIC 系列单片机的 C 语言开发软件)等软件结合使用，可达到更好的仿真效果。在应用设计中，该软件兼顾仿真、调试、制板功能，用它可取代编程器、仿真器、成品前的硬件测试等工作，使得单片机系统调试的时间大为缩短，降低系统开发成本，效益明显。

在 Proteus 中，从原理图设计、单片机编程、系统仿真到 PCB 设计一气呵成，真正实现了从概念到产品的完整设计。Proteus 从原理图设计到 PCB 设计，再到电路板制作的完成，整个过程如图 2-2 所示。

在图 2-2 中，最上面是一个基于单片机的应用电路原理图，显示的画面是系统正处于执行软件的仿真运行状态，是由 ISIS 软件模块与 VSM 模块完成的。设计者可从 Proteus 元件库中调用所需的库元件，然后通过合适的连线即可。可通过单击单片机芯片加入已编译好的可执行的程序文件(. hex 文件)，然后进行仿真运行。中间图片是运用 Proteus 的 ARES 软件模块的 PCB 制板功能设计出的电路板，可通过原理图生成网络表后设计布局而成。下方图片是根据所设计的 PCB 加工而成的电路板和安装焊接完成后的实际电路。

由图 2-2 可见，整个电路从设计到实际电路制作完成，通过 Proteus 一个软件即可完美实现。并且，它的仿真结果与实际误差很小，非常适合电子爱好者和高校学生自学使用，缩

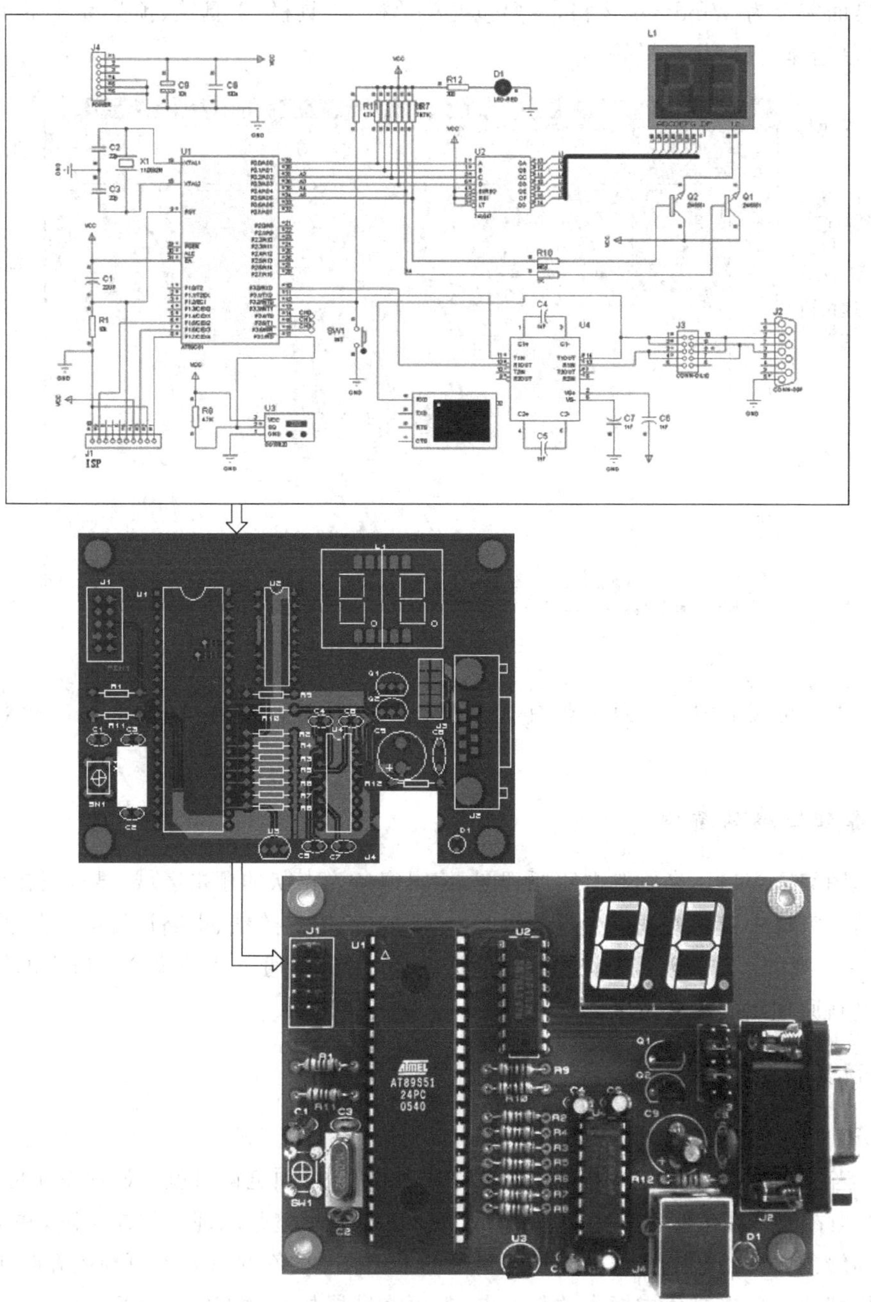

图 2-2　Proteus 设计流程

短了设计周期，降低了生产成本，提高了设计成功率。

2.2　Proteus ISIS 编辑环境

在计算机中安装好 Proteus 后，单击 ISIS 运行界面图标启动 Proteus ISIS，即可进入 Proteus ISIS 电路原理图绘制界面，如图 2-3 所示（本书以 Proteus 7.8 英文版为例）。ISIS

的编辑界面完全为 Windows 风格，主要包括菜单栏、工具栏、工具箱、预览窗口、原理图编辑窗口、对象选择窗口、状态栏等。

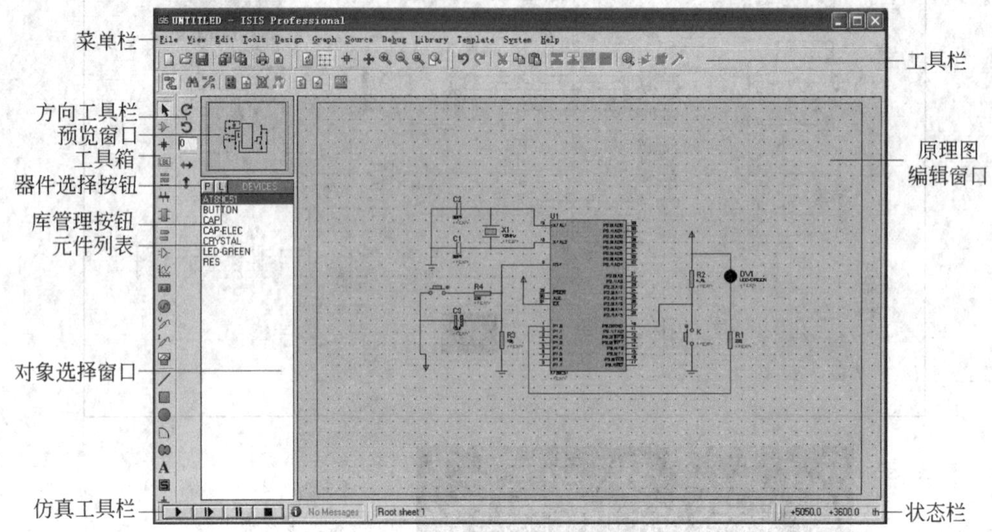

图 2-3　Proteus ISIS 编辑环境界面

由图 2-3 可见，ISIS 界面主要有 3 个窗口：原理图编辑窗口、预览窗口和对象选择窗口。

1. 原理图编辑窗口

原理图编辑窗口用来绘制电路原理图，编辑窗口为点状的栅格区域，显示正在编辑的电路原理图。窗口中蓝色方框内为可编辑区，元件放置、电路连线、电路设置都在此框中完成，是 ISIS 最直观的部分。注意：该窗口没有滚动条，用户可通过移动预览窗口中的绿色方框来改变电路原理图的可视范围。

2. 预览窗口

预览窗口显示的内容可分为两种情况：

(1) 当单击对象选择窗口中元件列表的某个元件时，预览窗口就会显示该元件的符号。

(2) 当在原理图编辑窗口中单击后，预览窗口会显示整张原理图的缩略图，并会出现蓝色方框和绿色方框。蓝色方框内是可编辑区的缩略图，绿色方框内是原理图在当前编辑区中的可见部分。单击绿色方框中的某一点，就可拖动鼠标来改变绿色方框的位置，从而改变原理图的可视范围，最后在绿色方框内单击，绿色方框就不再移动，原理图的可视范围也就固定了。

3. 对象选择窗口

对象选择窗口用来选择元器件、终端、图表、信号发生器、虚拟仪器等。该选择窗口上方还带有一个条形标签，其内表明当前所处的模式及其下所列的对象类型，如图 2-4 所示。在该窗口中还有两个按钮："P"为器件选择按钮，"L"为库管理按钮。单击"P"可从库中选取元器件，并将元器件逐一列在对象选择窗口中。如图 2-4 所示，当前选择的元件有：AT89C51 单片机、按钮、电阻、电容和晶振等。

2.2.1　菜单栏

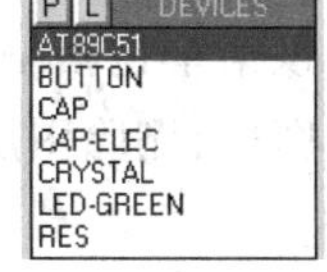

图 2-4　元件列表

ISIS 菜单栏包括各种命令，利用菜单栏中的命令可以实现 ISIS 的所有功能。Proteus ISIS 的菜单栏包括有 File（文件）、View（视图）、Edit（编辑）、Tools（工具）、Design（设计）、Graph（图形）、Source（源代码）、Debug（调试）、Library（库）、Template（模板）、System（系统）和 Help（帮助），如图 2-5 所示。单击任一菜单后都将会弹出相应的下拉菜单。

图 2-5　Proteus ISIS 的菜单栏和工具栏

1. File（文件）菜单

该菜单包括新建设计文件、打开（装载）已有的设计文件、保存文件、导入/导出部分文件、打印设计、显示最近的设计文件，以及退出 ISIS 系统等常用操作。ISIS 的文件类型有：设计文件（Design Files）、部分文件（Section Files）、模块文件（Module Files）和库文件（Library Files）。

设计文件包括一个电路原理图及其所有信息，文件扩展名为.dsn。该文件就是电路原理图文件，用于虚拟仿真。

从部分的原理图可以导出部分文件，然后读入到其他文件里。这部分文件的扩展名为.sec，可以用文件菜单中的 Import Section 和 Export Section 命令来导入/导出部分文件。

模块文件的扩展名为.mod，模块文件可与其他功能一起使用，来实现层次设计。

符号和元器件的库文件扩展名为.lib。

2. View（视图）菜单

该菜单包括重绘当前视图、是否显示栅格、原点、光标显示样式（无样式、“×”号样式、“+”号样式）、捕捉间距设置、原理图缩放、元器件平移以及各个工具栏的显示与否。

3. Edit（编辑）菜单

该菜单包括撤销/恢复操作、通过元器件名查找元器件、剪切、复制、粘贴，以及分层设计原理图时元器件上移或下移一层操作等。

4. Tools（工具）菜单

该菜单包括实时注解、自动布线、搜索标签、属性分配工具、全局注解、导入 ASCII 数据文件、生成元器件清单、电气规则检查、网络表编译、模型编译等操作。

5. Design(设计)菜单

该菜单包括编辑设计属性、编辑当前图层的属性、编辑设计注释、电源端口配置、新建一个图层、删除图层、转到其他图层，以及层次化设计时在父图层与子图层之间的转移等操作。

6. Graph(图形)菜单

该菜单包括编辑图形、添加跟踪曲线、仿真图形、查看日志、一致性分析和某路径下文件批处理模式的一致性分析等操作。

7. Source(源代码)菜单

该菜单包括添加/删除源文件、设定代码生成工具、设置外部文本编辑器和全部编译操作。

8. Debug(调试)菜单

该菜单包括启动/暂停/停止仿真、单步执行、跳进函数、跳出函数、跳至光标处、恢复弹出窗口、恢复模型固化数据、使用远程调试监控、设置诊断、窗口水平对齐、窗口竖直对齐等。

9. Library(库)菜单

该菜单包括从元件库中选择元器件及符号、创建元器件、元器件封装、分解元器件操作、元器件库编辑、验证封装有效性、库管理等操作。

10. Template(模板)菜单

该菜单包括跳转到主图、设置设计默认值、设置图形颜色、设置图形风格、设置文本风格、设置图形文本、设置连接点、从其他设计导入风格等。

11. System(系统)菜单

该菜单包括系统信息、检查更新、文本视图、设置文本清单、设置环境、设置路径、设置属性定义、设置属性、设置图纸大小、设置文本编辑选项、设置快捷键、设置动画选项、设置仿真选项、保存参数等。

12. Help(帮助)菜单

该菜单包括 ISIS 帮助、Proteus VSM 帮助、版本信息、样例设计等。

2.2.2 工具栏

Proteus ISIS 的工具栏位于菜单栏下面两行，以图标形式给出，主要包括 File 工具、View 工具、Edit 工具和 Design 工具。工具栏中每一个图标按钮都对应一个具体的菜单命令，主要目的是为了快捷方便地使用命令。工具栏图标及其功能见表 2-1。

表 2-1　工具栏图标及其功能

图　标	图 标 名 称	图标功能说明
	新建文件	新建一个原理图设计文件
	打开文件	选择打开已有的设计文件
	保存文件	保存当前的设计文件
	导入区域	将一个局部文件导入 ISIS 中
	导出区域	将当前选中的对象导出为一个局部文件
	打印	打印当前设计文件
	设置区域	选择打印的区域
	刷新	刷新编辑窗口和预览窗口
	网格切换	开启/关闭网络显示
	原点	使能/禁止人工原点设定
	光标居中	使光标居于编辑窗口中央
	放大	放大编辑窗口显示范围内的图像
	缩小	缩小编辑窗口显示范围内的图像
	缩放到全图	使编辑窗口显示全部图像
	缩放到区域	显示选中的区域内容
	撤销	撤销最后一步操作
	恢复	恢复最后一步操作
	剪切	剪切选中的内容
	复制	复制选中的内容至剪贴板
	粘贴	粘贴被剪切或被复制的对象
	块复制	以区域形式复制对象区域
	块移动	以区域形式移动对象区域
	块旋转	以区域形式旋转对象区域
	块删除	以区域形式删除对象区域
	从库中选择元件	进入库中选择所需的元件、终端、引脚、端口和图形符号等
	创建元件	将选中的图形/引脚编译成器件并入库
	封装工具	启动可视化封装工具
	分解	将选择的对象拆解成原型
	切换自动布线	使能/禁止自动连线器。启用时直接单击想要连线的元件端点，连线器将会自动编辑路径连线
	查找并标记	根据属性的匹配自动寻找并选择元件
	属性分配工具	通用属性分配工具。单击后将产生属性分配工具

续表

图　标	图 标 名 称	图标功能说明
	新页面	创建一个新的根页面
	移动/删除页面	删除当前页面
	退出到父页面	离开当前页面返回到父页面
	查看 BOM 报告	生成材料清单报告
	查看电气报告	生成电气规则检查报告
	生成网表并输送到 ARES	将原理图内的元件生成网表并输送到 Proteus ARES 进行 PCB 设计

2.2.3 工具箱

图 2-3 最左侧的一列为工具箱，选择相应的工具箱图标按钮，系统将提供不同的操作工具。对象选择器根据不同的工具箱图标决定当前状态显示的内容。需要注意的是，和主工具栏不同，工具箱中的图标没有对应的命令菜单项，并且该工具箱总是呈现在窗口中，无法隐藏。工具箱中每个图标按钮对应的功能见表 2-2。

表 2-2　工具箱图标及其功能

图　标	图 标 名 称	图标功能说明
	选择模式	此模式下可以选择任意元件并编辑元件属性
	元件模式	此模式下可从元件库中添加元件到列表中，从列表中选择相应的元器件
	节点模式	放置连接点。此模式下可以方便地在节点之间或节点到电路中任意点或线之间连线
LBL	连线标号模式	此模式下可以在原理图中为线段命名，名称相同的线段在电气连接上是相通的
	文字脚本模式	此模式下可以在原理图中输入一段文本
	总线模式	此模式下可以在原理图中绘制一段总线
	子电路模式	此模式下可以绘制一个子电路模块
	终端模式	此模式下对象选择器列出各种终端（如普通端口、输入端口、输出端口、双向端口、电源端口、地端口、总线端口等）
	器件引脚模式	此模式下对象选择器列出各种引脚（如普通引脚、时钟引脚、反电压引脚、短接引脚等）
	图表模式	此模式下对象选择器出现各种仿真分析所需的图表（如模拟图表、数字图表、混合图表、频率分析图表等）
	录音机模式	此模式适用于对原理图电路进行分割仿真时，记录前一步仿真的输出，并作为下一步仿真的输入
	激励源模式	此模式下对象选择器出现各种信号源（如 DC 信号源、正弦信号源、脉冲信号源、指数信号源、音频信号源、文件信号源等）

续表

图　标	图 标 名 称	图标功能说明
	电压探针模式	此模式下可在原理图中添加电压探针,用于仿真时显示探针处的电压值
	电流探针模式	此模式下可在原理图中添加电流探针,用于仿真时显示探针处的电流值
	虚拟仪器模式	此模式下对象选择器出现各种仪器(如示波器、逻辑分析仪、定时/计数器、虚拟仪器、SPI 调试器、I^2C 调试器、信号发生器、模式发生器、直流电压计、直流电流计、交流电压计、交流电流计)
	2D 图形直线模式	此模式下对象选择器列出可供选择的连线的各种样式,用于在创建元器件时画线或直接在原理图中画线
	2D 图形框体模式	此模式下对象选择器列出可供选择的方框的各种样式,用于在创建元器件时画方框或直接在原理图中画方框
	2D 图形圆形模式	此模式下对象选择器列出可供选择的圆的各种样式,用于在创建元器件时画圆或直接在原理图中画圆
	2D 图形圆弧模式	此模式下对象选择器列出可供选择的圆弧的各种样式,用于在创建元器件时画圆弧或直接在原理图中画圆弧
	2D 图形闭合路径模式	此模式下对象选择器列出可供选择的任意多边形的各种样式,用于在创建元器件时画任意多边形或直接在原理图中画多边形
A	2D 图形文本模式	此模式下对象选择器列出可供选择的文字的各种样式,用于在原理图中插入文字说明
	2D 图形符号模式	用于从符号库中选择符号元器件
	2D 图形标记模式	此模式下对象选择器列出可供选择的各种标记类型,用于在创建或编辑元器件、符号、各种终端和引脚时产生各种标记图标

2.2.4　方向工具栏

方向工具栏内的按钮及输入窗口是作为旋转对象所使用的,合理地编排对象的角度及位置,可以降低原理图连线的复杂程度,保证电路的正确性。方向工具栏的图标说明见表 2-3。

表 2-3　方向工具栏图标及其功能

图　标	图 标 名 称	图标功能说明
	顺时针旋转	对选中的对象以 90°为间隔顺时针旋转
	逆时针旋转	对选中的对象以 90°为间隔逆时针旋转
0		方框内输入为 90°整数倍的偏差值,如 90°、180°、270°
	X-镜像	对选中的对象以 Y 轴为对称轴进行水平镜像操作
	Y-镜像	对选中的对象以 X 轴为对称轴进行垂直镜像操作

2.2.5　仿真工具栏

交互式电路仿真是 ISIS 的一个重要部分,用户可以通过仿真过程实时观测到电路的状态和各个输出，仿真控制按钮主要用于交互式仿真过程的实时控制。仿真按钮的功能见表 2-4。

表 2-4　仿真工具栏图标及其功能

图标	图标名称	图标功能说明	图标	图标名称	图标功能说明
▶	启动仿真	按下此按钮将启动仿真	❚❚	暂停	按下此按钮将暂停仿真
❙▶	单步	按下此按钮将启动单步仿真	■	停止	按下此按钮将停止仿真

2.3　Proteus 电路原理图设计

用 Proteus ISIS 软件对单片机系统进行电路原理图设计与仿真可分为以下几个步骤：

(1) 新建设计文件并设置图纸参数和相关信息。

(2) 从元件库中选择需要的元件到元件列表，放置元器件，并对元器件的名称、显示状态、标注等进行设定。

(3) 布线。将事先放置好的元器件用导线、网络标号等连接起来，使各元器件之间具有用户所设计的电气连接关系，构成一张完整的电路原理图。

(4) 加载可执行文件(.HEX 文件)到单片机中。

(5) 仿真。

下面以“数码管显示”设计为例，详细介绍电路原理图设计和仿真的操作步骤，电路设计完成后的原理图如图 2-16 所示。

2.3.1　新建一个设计文件

1. 新建设计文件

在菜单栏中选择 File→Design 命令(或单击工具栏中的快捷按钮)来新建一个文件。如果选择前者来新建设计文件，会弹出如图 2-6 所示的 Creat New Design 窗口，在该窗口中提供了多种模板供选择，其中横向图纸为 Landscape，纵向图纸为 Portrait，DEFAULT 为默认模板。单击选择的模板图标，再单击 OK 按钮，即建立一个该模板的空白文件。如果直接

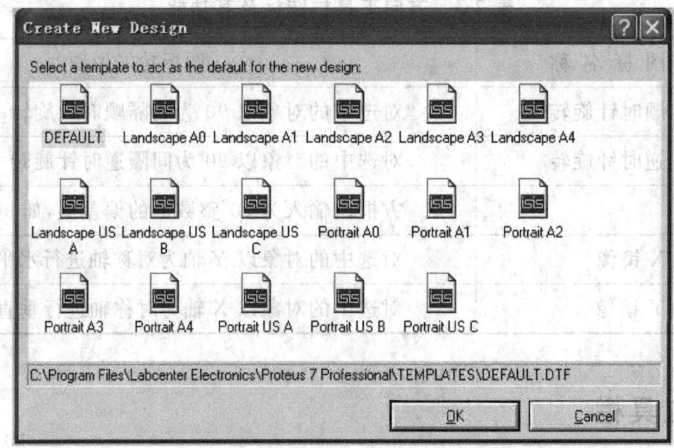

图 2-6　新建设计窗口

单击 OK 按钮，即选用系统默认的 DEFAULT 模板。如果用工具栏的快捷按钮来新建文件，则不会出现如图 2-6 所示的对话框，而直接选择系统默认的 DEFAULT 模板。

2. 设定图纸大小文件

当前的用户图纸大小默认为 A4：长×宽为 10in×7in。若在设计过程中需要改变图纸大小，可在菜单栏中选择 System→Set Sheet Sizes 命令，弹出如图 2-7 所示的对话框，在对话框中可以选择 A0～A4 其中之一，也可以自己设置图纸大小：选中 User 右边的复选框，再按需要更改右边的长和宽的数据。

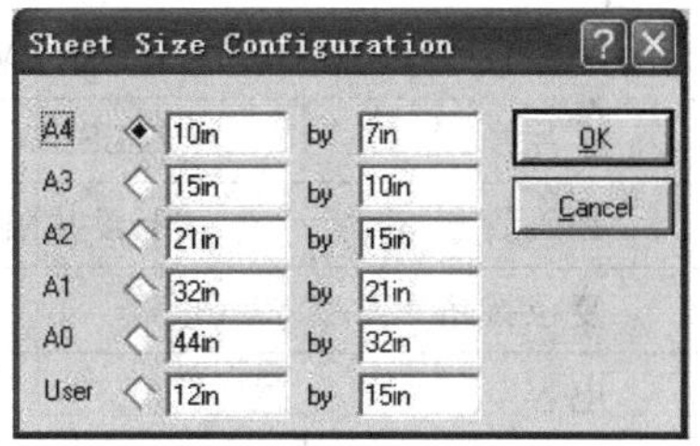

图 2-7　图纸大小设置对话框

3. 保存文件

在菜单栏中选择 File→Save Design As 命令，弹出如图 2-8 所示的对话框。在该对话框选择文件的保存路径并输入文件名“数码管显示”，单击“保存”按钮，就完成了设计文件的保存。图 2-8 所示为在“数码管显示范例”子目录下新建了一个文件名为“数码管显示”的新的设计文件。

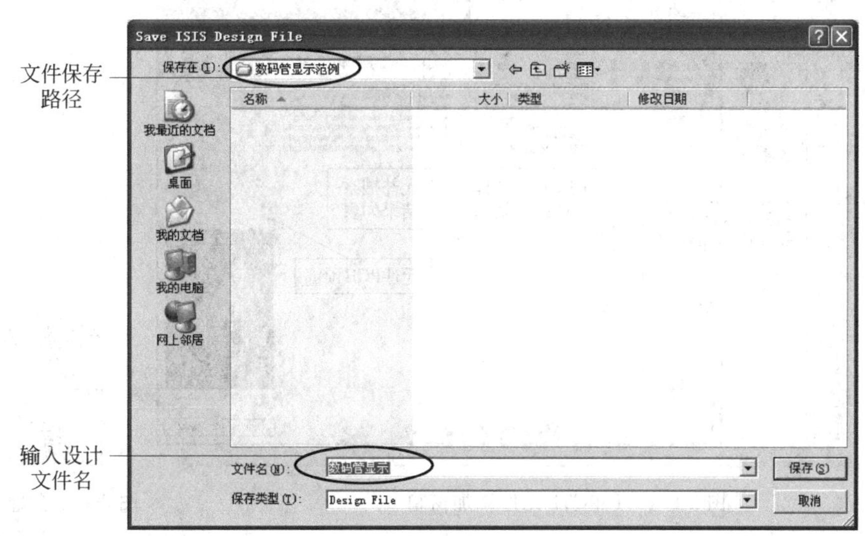

图 2-8　保存设计文件对话框

2.3.2　选择元器件并添加到对象选择器中

在电路设计之前，首先列出设计的电路中所用到的元器件清单，见表 2-5。

下面以添加 AT89C51 单片机为例，说明如何添加元件到对象选择器中。如图 2-9 所示，首先单击左侧工具箱中的按钮，进入元件模式，再单击器件选择按钮 P，弹出 Pick Devices 窗口，在窗口 Keywords 栏中输入关键字 AT89C51，此时在 Results 栏中会出现元件搜索结果列表，并在窗口右侧出现元件 AT89C51 预览和元件 PCB 预览。然后，在元件搜索结果列表中双击所选择的元件 AT89C51，这时在主窗口的对象选择器元件列表中就会添加该元件。用同样的方法将表 2-5 中的元件也添加到元件列表中，“数码管显示”添加的元件列表如图 2-10 所示。

表 2-5 数码管显示所需元件列表

元件名称	型　　号	数量	Proteus 的关键字
单片机	AT89C51	1	AT89C51
晶振	11.0592MHz	1	CRYSTAL
芯片	74LS245	1	74LS245
数码管	七段共阳数码管	1	7SEG-COM-AN-BLUE
复位按钮		1	BUTTON
电容	30pF	2	CAP
电解电容	10μF	1	CAP-ELEC
电阻	10kΩ	1	RES
电阻	220Ω	7	RES

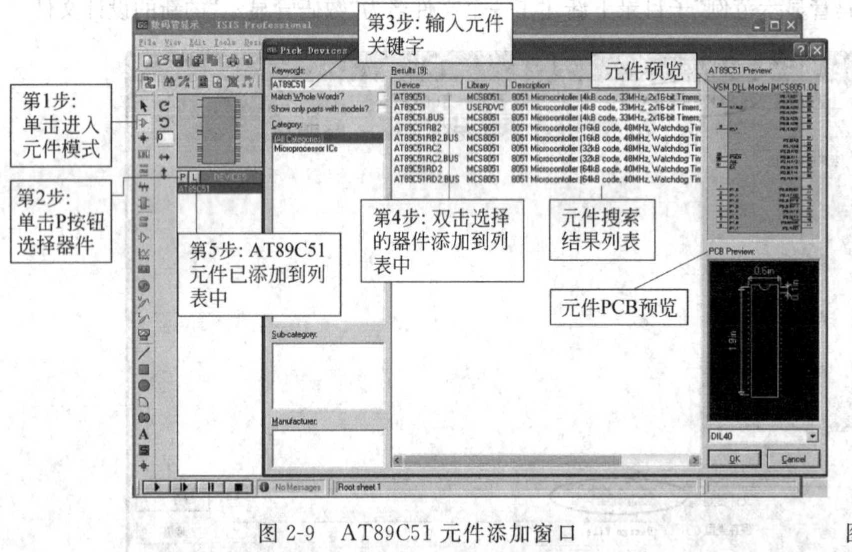

图 2-9　AT89C51 元件添加窗口

图 2-10　全部元件添加到元件列表

2.3.3　元件的放置、调整与编辑

1. 元件的放置

单击元件列表中所需要放置的元件，然后将光标移至原理图编辑窗口中单击，此时就会在光标指针处出现一个粉红色的元件，移动光标指针选择合适的位置单击，此时该元件就被放置在原理图编辑窗口中了。

若要删除已放置的元件，可单击该元件，然后按 Delete 键删除。如果进行了误删除操作，可以单击快捷键恢复。

元器件放置好以后，还需要放置电源和地等终端。单击工具箱中的按钮，在对象选择器的元件列表中会出现各种终端，如图 2-11 所示。

此时可选择合适的终端放置到电路原理图编辑窗口中去，放置的方法与元件的放置方法相同。当再次单击工具箱中的按钮 时，即可切换到用户自己添加的元件列表。

2. 元件的调整

在原理图绘制过程中，如需改变元件在原理图中的位置、调整元件的角度、删除元件等，可先选中该元件，然后右击，此时会弹出一个快捷菜单，如图 2-12 所示，选择快捷菜单中的命令选项进行操作即可。

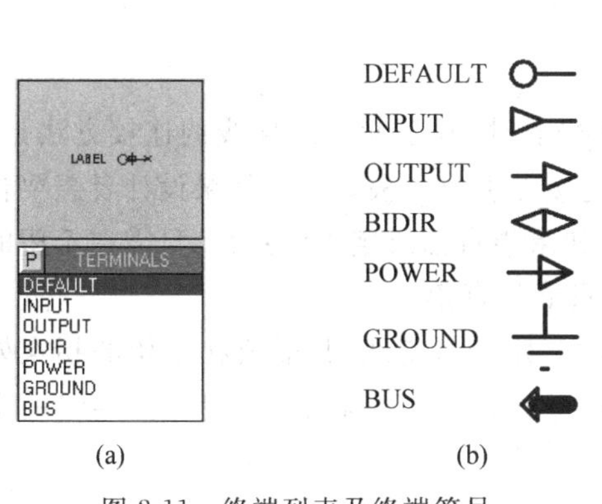

(a)　(b)

图 2-11　终端列表及终端符号

Drag Object	拖曳对象
Edit Properties　Ctrl+E	编辑属性
Delete Object	删除对象
Rotate Clockwise　Num--	顺时针旋转
Rotate Anti-Clockwise　Num-+	逆时针旋转
Rotate 180 degrees	180度旋转
X-Mirror　Ctrl+M	X-镜像
Y-Mirror	Y-镜像
Cut To Clipboard	剪切到剪贴板
Copy To Clipboard	复制到剪贴板
Decompose	分解
Goto Child Sheet　Ctrl+C	转到子页面
Display Model Help　Ctrl+H	显示模型帮助
Display Datasheet　Ctrl+D	显示数据手册
Show in Design Explorer	在设计浏览器中显示
Show Package Allocation	显示封装分配
Operating Point Info	工作点信息
Configure Diagnostics	诊断配置
Make Device	创建器件
Packaging Tool	封装工具
Add/Remove Source Files	添加/移除源文件

图 2-12　快捷菜单

3. 元件的参数设置

以单片机 AT89C51 元件参数设置为例，先双击 AT89C51，弹出 Edit Component 对话框，如图 2-13 所示。其中的参数设置信息如下：

- Component Reference（元件参考）：U1。
- Component Value（元件值）：AT89C51。
- PCB Package（PCB 封装）：DIL40。
- Clock Frequency（晶振频率）：11.0592MHz。
- Hidden：是否隐藏。

设计者可根据设计的需要，双击需要设置参数的元件，进入 Edit Component 对话框完成"数码管显示"原理图中其他元件的参数设置。

2.3.4　对原理图布线

在完成"数码管显示"中所有元件都放置到原理图编辑窗口中后，下一步就是对电路原理图中的元件进行布线。

Edit Component

Component Reference: U1 Hidden:
Component Value: AT89C51 Hidden:
PCB Package: DIL40 Hide All
Program File: Hide All
Clock Frequency: 11.0592MHz Hide All
Advanced Properties:
Enable trace logging No Hide All
Other Properties:
Exclude from Simulation
Exclude from PCB Layout
Edit all properties as text
Attach hierarchy module
Hide common pins
OK
Help
Data
Hidden Pins
Cancel

图 2-13 元件编辑对话框

1. 在两元件间绘制导线

在元件模式按钮与自动布线器按钮同时按下时，两个元件间导线的连接方法是：先单击第一个元件的连接点，移动光标，此时会在连接点引出一根导线。如果设计者想要自动绘制直线，只需单击另一个元件的连接点即可。如果想自己决定走线路径，只需在希望的拐点单击即可。注意：在此状态下，拐点处的走线只能是直角。

在自动布线器按钮松开时，导线可按任意角度（如 45°）走线，只需要在希望的拐点处单击，把光标指针拉向预期角度的目标点，然后再次单击即可。此状态下，拐点处导线的走向只取决于光标指针的移动。

2. 总线的绘制

总线在电路图上表现出来的是一条粗线，它代表的是一组线，如图 2-14 所示。

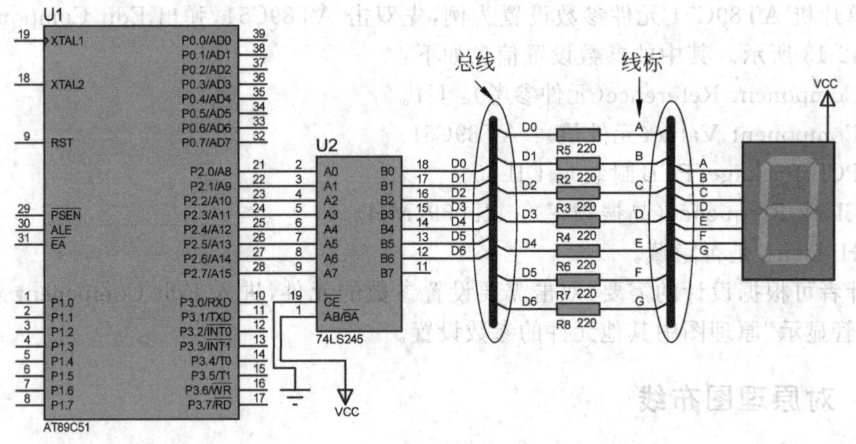

图 2-14 总线与线标的放置

总线的绘制方法：单击工具箱的图标按钮，移动光标到绘制总线的起始位置单击，拖动光标，在期望总线路径的拐点处单击，然后在总线的终点处双击，即可绘制出一条总线。

3. 放置线标(网络标号)

线标在原理图绘制过程中具有非常重要的意义，它可以使电路的连接变得简单化。例如，从单片机的 RST 引脚和电容的负极各画出一条导线，并在各自的导线上标注相同的线标 A，则说明 RST 引脚和电容的负极在电气上是相通的，而不用真的画一条导线把它们连接在一起。

在总线绘制的过程中，连接到总线上的每个分支都需要标注线标，这样连接着相同线标的导线之间才能够导通，如图 2-14 所示。线标的放置方法为：单击工具箱中的按钮LBL，再将光标移到需要放置线标的导线上，此时光标的下方会出现一个“×”符号，单击该导线，弹出 Edit Wire Lable 对话框，如图 2-15 所示，在 String 栏填入线标，例如“A”，单击 OK 按钮完成线标的放置。

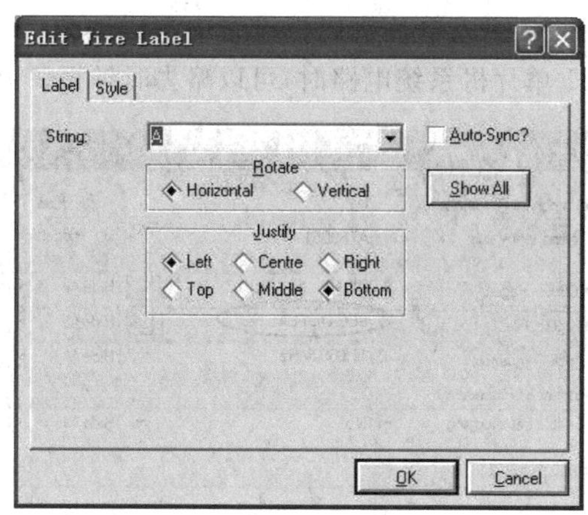

图 2-15　线标放置对话框

经过上述步骤的操作，最终可以完成“数码管显示”电路原理图的设计，如图 2-16 所示。

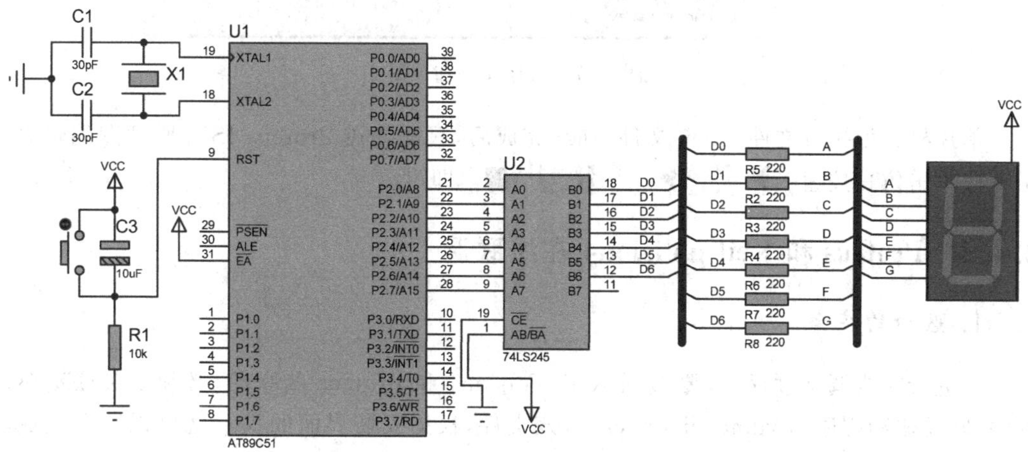

图 2-16　“数码管显示”电路原理图

2.4 Proteus 软件中的 C51 程序运行与调试

通过 Proteus 软件绘制的单片机系统电路原理图，必须要配合单片机的 C51 控制程序才能进行仿真、调试，其调试方法有两种：离线调试和在线联调。

2.4.1 离线调试

离线调试的方法非常简单。在电路原理图绘制完成后，直接加载在 Keil μVision4 软件下编译生成的可执行文件(.hex 文件)到原理图中的单片机内，就可进行仿真了。具体的加载步骤为：在 Proteus ISIS 电路原理图中双击单片机 AT89C51，弹出 Edit Component 对话框，如图 2-17 所示。在 Program File 栏的右侧单击文件打开按钮，选取目标文件，如“数码管显示”系统的可执行文件：SEG-DISPLAY.hex，再在 Clock Frequency 栏中设置单片机系统运行的时钟频率：11.0592MHz。单击 OK 按钮完成程序加载。在加载目标代码时需要特别注意：因为运行时频率以单片机属性设置中的时钟频率(Clock Frequency)为准，所以在设计仿真目标为 51 单片机系统电路时，可以略去时钟振荡电路。

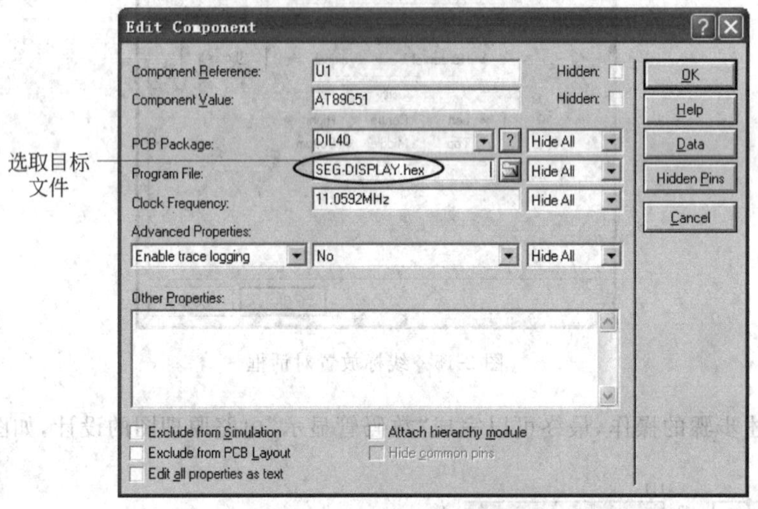

图 2-17 程序文件加载图

单片机的可执行文件(.hex 文件)加载完成后，只需要在 Proteus ISIS 原理图编辑界面中直接单击仿真按钮即可。

2.4.2 Proteus 和 Keil μVision4 在线联调

1. 驱动的安装

在进行在线调试过程中，要做到 Keil μVision4 和 Proteus 的联动，必须安装联动驱动程序，联动驱动程序为 vdmagdi.exe，双击该文件，根据安装界面的提示就可以顺利完成驱动的安装。

2. Proteus 和 Keil μVision4 的配置

驱动程序安装完毕后，需要对 Proteus 和 Keil μVision4 进行一些配置工作，具体如下：

(1) 启动 Proteus，打开需要联调的电路图，但不要运行，然后在菜单栏中选择 Debug→Use Remote Debug Monitor 命令，使得 Keil μVision4 能与 Proteus 进行通信。

(2) 在 Keil μVision4 中打开对应的工程文件，在菜单栏中选择 Project→Options for "Target Target 1"命令，弹出如图 2-18 所示的对话框，在 Debug 选项卡中选中右边的 Use 单选项及其中的选项 Proteus VSM Simulator。再单击右边的 Settings 按钮，弹出如图 2-19 所示的对话框。如果 Proteus 和 Keil μVision4 安装在同一台计算机上，则 Host 和 Port 栏可保持默认值 127.0.0.1 和 8000 不变；如果不在同一台计算机上，则要设定为 Proteus 所安装的计算机的 IP 地址，默认端口号为：8000。

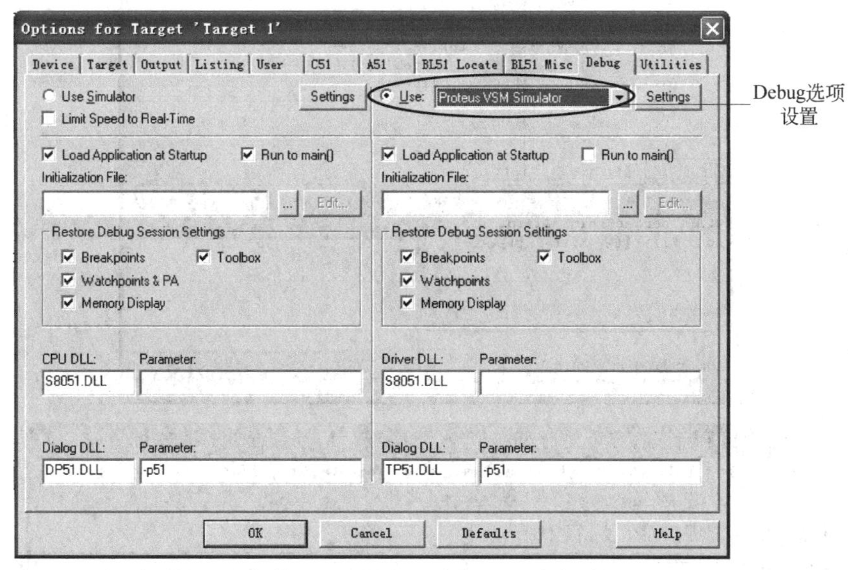

图 2-18　Debug 选项的设定

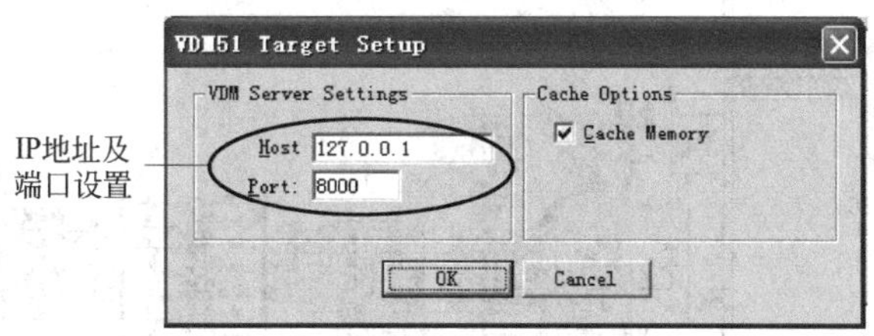

图 2-19　Host 和 Port 的设置

3. Proteus 和 Keil μVision4 的联合调试

完成上述设置后，在 Keil μVision4 中全速运行程序时，Proteus 中的单片机系统也会自动运行，如图 2-20 所示。上半部分为 Keil μVision4 的调试界面，下半部分为 Proteus ISIS 中电路运行的界面。如果希望观察运行过程中某些变量的值或系统的状态，需要在 Keil μVision4 中恰当地使用各种调试方法，如 Step/Step Over/Step Out/Run to Cursor Line 及 Breakpoint 来进行跟踪，同时观察 Proteus ISIS 中电路运行的情况。

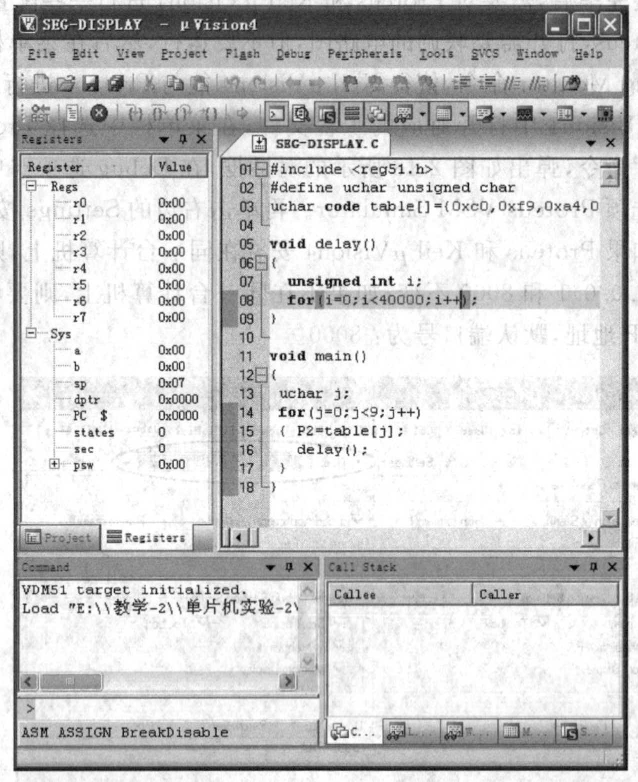

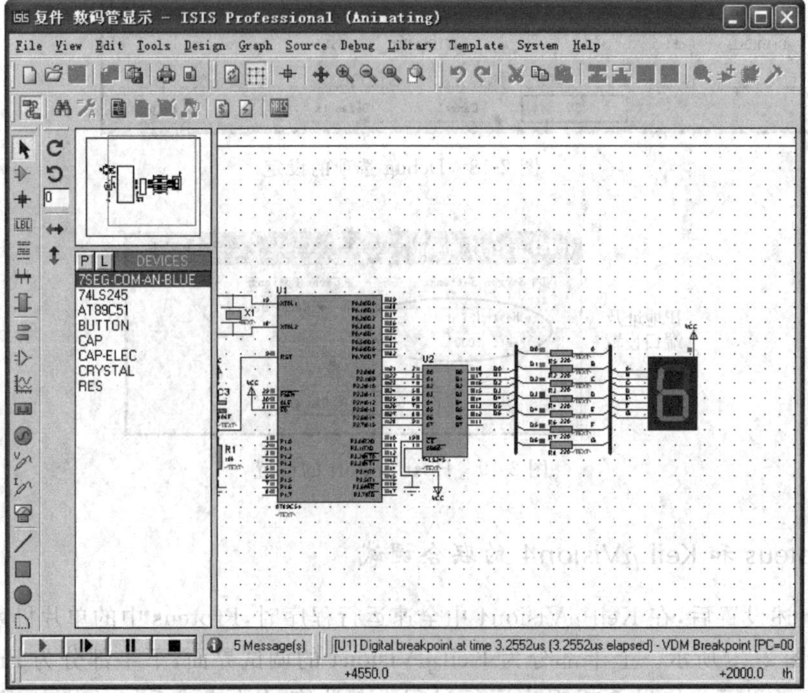

图 2-20　Proteus 和 Keil μVision4 联调界面

需要注意的是，这种联调方式在某些场合并不适用。例如键盘矩阵扫描时，就不能用单步跟踪，因为程序运行到某一步骤时，如果单击按键后，再到 Keil μVision4 中继续单步跟踪，这时按键早已释放了。又如程序中某些函数模拟了访问某个芯片的程序，如果在内部单步跟踪，这样也会失去芯片时序的仿真模拟，跟踪也是达不到效果的。

2.5　Proteus ISIS 的虚拟仿真工具

Proteus ISIS 的 VSM(Virtual Simulation Mode，虚拟仿真模式)包括交互式动态仿真和基于图表的静态仿真。前者用于仿真运行时观看电路的仿真结果；而后者的仿真结果可随时刷新，以图表的形式保留在图中，可供以后分析或随图纸一起打印输出。Proteus 提供了许多种类的虚拟仿真工具，在 ISIS 下的电路原理图设计以及软件编写完成后，还需要利用虚拟仿真工具对其进行仿真和调试，以检查设计的正确性。因此，虚拟仿真工具为单片机系统的电路设计、分析以及软硬件联调测试带来了极大的方便。Proteus 的各种虚拟仿真工具主要有探针、虚拟仪器、虚拟信号源和仿真图表。

2.5.1　探针

探针在电路仿真时被用来记录它所连接网络的状态(也就是端口的电压值或者电路中的电流值)，通常被用于仿真图表分析中，也可用于交互仿真以显示操作点的数据，并可以分割电路。ISIS 提供有两种类型的探针：

(1) 电压探针：它既可以用于模拟仿真电路，又可用于数字仿真电路。在模拟电路中，电压探针用来记录电路两端的真实电压值；而在数字电路中，电压探针记录了逻辑电平及其强度。

(2) 电流探针：它只能用于模拟仿真电路中，并且必须放置在电路中的连线上。也就是连线必须经过电流探针，测量的方向由电流探针中的箭头方向来标明，且箭头不可垂直于连线。需要注意的是，电流探针不能用于数字仿真电路，也不能放置在总线上。

图 2-21　电压探针与电流探针

放置探针的方法：选择工具箱中的(Voltage Probe Mode)或者(Current Probe Mode)进入电压探针或电流探针模式，此时在对象预览窗口可以看到探针，如图 2-21 所示。

2.5.2　虚拟仪器

Proteus VSM 提供的虚拟仪器包括虚拟示波器、逻辑分析仪、信号发生器、定时/计数器、虚拟终端、模拟发生器及电压表、电流表，此外还提供了主/从/监视模式的 SPI 和 I^2C 调试器，仿真器可以通过色点显示每个引脚的状态，在单步调试代码时非常有用。

单击工具箱中的按钮(Virtual Instruments Mode)进入虚拟仪器模式，在对象选择器中会列出所有的虚拟仪器，如图 2-22 所示。

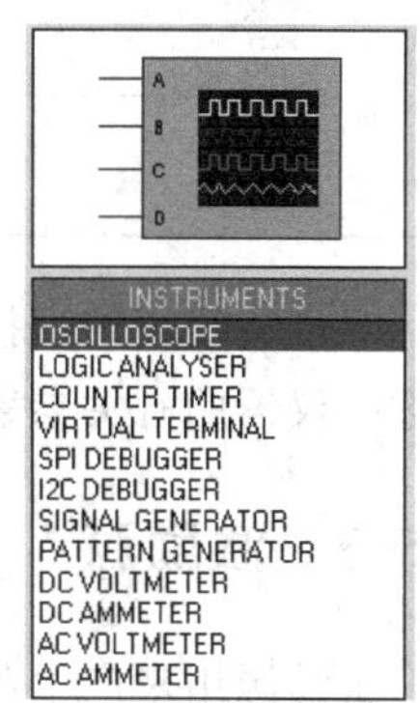

图 2-22　虚拟仪器列表

图 2-22 中列出的虚拟仪器的名称见表 2-6。

表 2-6　虚拟仪器的名称

图　标	符　号	名　称
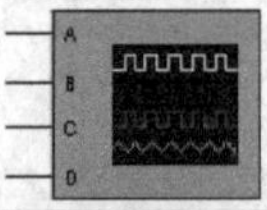	OSCILLOSCOPE	虚拟示波器
	LOGIC ANALYSER	逻辑分析仪
	COUNTER TIMER	定时/计数器
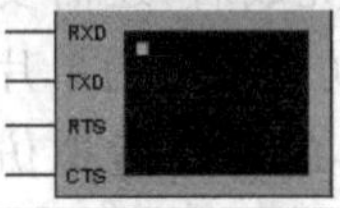	VIRTUAL TERMINAL	虚拟终端
	SPI DEBUGGER	SPI 调试器
	I^2C DEBUGGER	I^2C 调试器
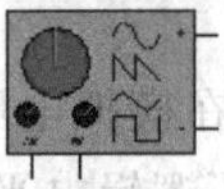	SIGNAL GENERATOR	信号发生器
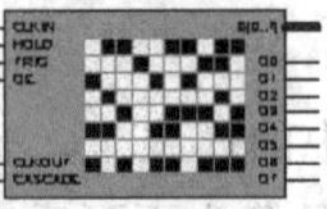	PATTERN GENERATOR	模式发生器
	DC VOLTMETER	直流电压表
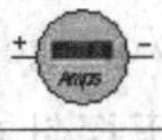	DC AMMETER	直流电流表
	AC VOLTMETER	交流电压表
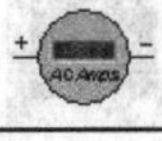	AC AMMETER	交流电流表

双击待编辑的虚拟仪器即可打开该虚拟仪器的编辑对话框，可在对话框中进一步设置该虚拟仪器的有关参数。

2.5.3　激励源

激励源用来产生各种激励信号。单击工具箱中的按钮(Generator Mode)进入激励源模式，在对象选择器中会列出所有的激励源，如图 2-23 所示。

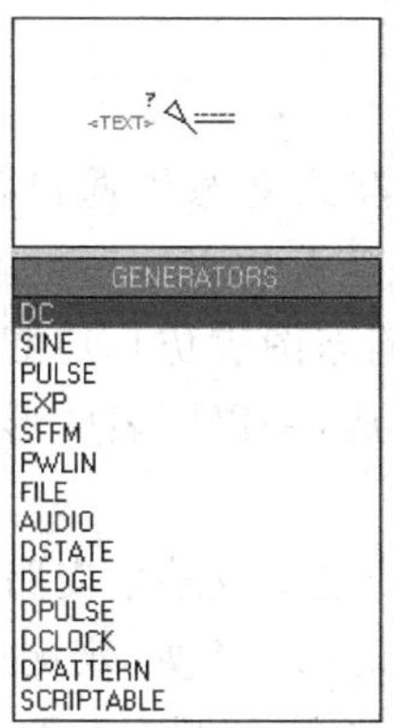

图 2-23　激励源列表

图 2-23 中列出的激励源的名称及作用见表 2-7。

表 2-7　激励源名称及作用

图　　标	符　　号	名　　称	作　　用
<TEXT>	DC	直流信号发生器	产生单一的电流或电压源
<TEXT>	SINE	正弦波信号发生器	产生固定频率的连续正弦波，其幅度、频率、相位可通过参数设置
<TEXT>	PULSE	脉冲发生器	产生各种周期的输入信号，包括方波、锯齿波、三角波及单周期短脉冲
<TEXT>	EXP	指数脉冲发生器	产生指数函数的输入信号
<TEXT>	SFFM	单频率调频波发生器	产生单频率调频波
	PWLIN	分段线性信号发生器	产生任意分段线性信号
	FILE	FILE 信号发生器	产生来源于 ASCII 文件数据的信号
<TEXT>	AUDIO	音频信号发生器	使用 Windows WAV 文件作为输入文件，结合音频分析图表可以听到电路对音频信号处理后的声音
<TEXT>	DSTATE	数字单稳态逻辑电平发生器	产生数字单稳态逻辑电平
<TEXT>	DEDGE	数字单边沿信号发生器	产生从高电平跳变到低电平的信号或从低电平跳变到高电平的信号
<TEXT>	DPULSE	单周期数字脉冲发生器	产生单周期数字脉冲
<TEXT>	DCLOCK	数字时钟信号发生器	产生数字时钟信号
<TEXT>	DPATTERN	数字模式信号发生器	产生任意频率逻辑电平，所具有的功能最灵活、最强大，可产生上述所有数字脉冲
HDL	SCRIPTABLE	HDL 信号激励源	调用 EasyHDL 编写的脚本程序产生一个复杂的测试信号

双击待编辑的激励源即可打开该激励源的编辑对话框，可在对话框中进一步设置该激励源的有关参数。

2.5.4 仿真图表

Proteus VSM 为用户提供了交互式动态仿真和静态图表仿真功能，如果采用动态仿真，这些虚拟仪器的仿真结果和状态随着仿真结束也就消失了，不能满足打印及长时间的分析要求。而静态图表仿真功能随着电路参数的修改，电路中的各点波形将重新生成，并以图表的形式留在电路图中，供以后分析或打印。

图表仿真能把电路中某点对地的电压或某条支路的电流和时间关系的波形自动绘制出来，且能保持记忆。例如，观测单脉冲的产生，如果采用虚拟示波器观察，在单脉冲过后，就观察不到单脉冲波形；如果采用图表仿真，就可把单脉冲波形记忆下来，显示在图表上。

单击工具箱中的按钮进入图表模式，在对象选择器中会列出所有的图表，如图 2-24 所示。表 2-8 中列出了各个仿真图表的符号和名称。

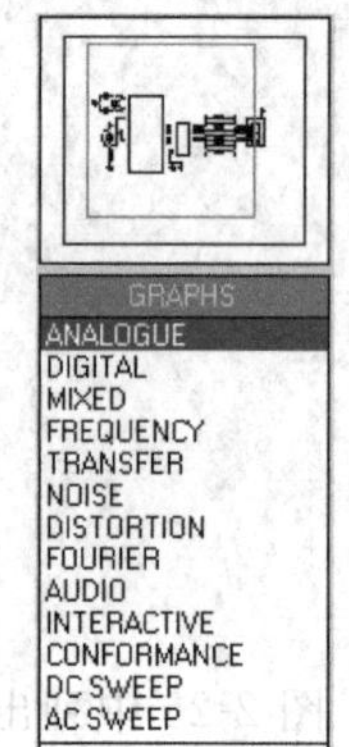

图 2-24 仿真图表

表 2-8 仿真图表符号与名称对照表

符　号	名　称	符　号	名　称
ANALOGUE	模拟图表	FOURIER	傅里叶分析图表
DIGITAL	数字图表	AUDIO	音频图表
MIXED	混合模式图表	INTERACTIVE	交互式分析图表
FREQUENCY	频率图表	CONFORMANCE	性能分析图表
TRANSFER	传输图表	DC SWEEP	DC 扫描分析图表
NOISE	噪声分析图表	AC SWEEP	AC 扫描分析图表
DISTORTION	失真分析图表		

各种图表都可以被移动、缩放，或者通过编辑属性对话框更改具体的属性值。双击相应的图表，即可打开该图表的编辑对话框。每个图表都可以显示一条或几条跟踪线，每条跟踪线对应一个信号发生器或探针。每条跟踪线沿着 Y 轴都有一个标签，表示它显示的是哪个探针的信号。可以通过两种方法确定具体的跟踪对象：一是把信号发生器或探针直接拖放到图表中，二是通过 Add Transient Traces 对话框添加。

第3章 单片机C语言程序设计基础

在进行单片机应用系统设计时，软件设计占有非常重要的地位，汇编语言是一种常用的编程工具，是一种面向机器的程序设计语言，可以直接操作硬件，指令的执行速度快。随着单片机的发展，尤其是嵌入式系统的推广和应用，硬件的集成度越来越高，硬件系统越来越复杂。由于汇编语言程序编写受硬件结构的限制很大，这样程序编写较为复杂，开发周期较长，可读性及可移植性都较差。而 Keil C51 语言既有汇编语言对硬件进行操作的功能，又兼有高级 C 语言的许多优点。Keil C51 一般可简写为 C51，是指 51 系列单片机编程所用的 C 语言。C51 已成为目前单片机最流行的软件编程工具，在单片机应用系统的开发中得到广泛应用。本章主要对 C51 的一些基本知识和特点进行简单阐述。

3.1 C51 程序设计的特点

与汇编语言相比，C51 在功能、结构、可读性及可维护性上有明显的优势。使用 C51 可以缩短开发周期、降低开发成本，可靠性高，学习和应用都较为简单、方便。其特点主要体现在以下几个方面：

(1) 使用 C51 编程无须了解机器硬件结构及其指令系统，只需初步了解单片机内部的存储器的结构即可。同时 C51 也提供了对位、字节以及地址的操作，使程序可以直接对内存及指定寄存器进行操作。

(2) C51 程序规模适中，语言简洁，其编译程序简单、紧凑。C51 语言程序由若干函数组成，具有良好的模块化结构，便于进一步的扩充及改进。

(3) C51 具有丰富的库函数，在编程时，只需添加相应的头文件，因此可以大大减少用户的程序量，缩短开发周期。

(4) C51 提供宏代换 #define 和文件蕴含 #include 的预处理命令。C51 能很方便地与汇编语言连接。在 C51 程序中引用汇编程序与引用 C51 函数一样，这为某些特殊功能程序的设计提供了方便。

(5) C51 程序具有良好的可读性和可移植性，不受机器硬件的结构限制，即可将程序不加修改或稍加修改再移植到另一个硬件上去。

(6) 生成的代码质量高，在代码效率方面可以和汇编语言相媲美。

由于上述几个突出的优点，C51 作为一种通用程序设计语言，使用灵活、方便，学习和使用它的人越来越多。随着 C51 的发展，在代码的使用效率上，也完全可以和汇编语言相比。因此，目前它已成为开发 51 系列单片机的流行软件工具。

3.2 C51语言的数据

数据是具有一定格式的数字或数值，可分为常量数据和变量数据。在对数据进行处理时，需要知道数据的类型、存储区域及作用范围等。

3.2.1 数据类型

C51语言中的数据类型分为基本数据类型和复杂数据类型。基本数据类型如表3-1所列。针对51系列单片机的硬件特点，C51在标准C的基础上，还扩展了4种数据类型，如表3-2所列。（注意：扩展的4种数据类型不能使用指针对它们存取）

表3-1 C51语言的数据类型

数据类型	位数	字节数	取值范围
signed char	8	1	－128～＋127，有符号字符变量
unsigned char	8	1	0～255，无符号字符变量
signed short	16	2	－32768～＋32767，有符号短整型数
unsigned short	16	2	0～＋65535，无符号短整型数
signed int	16	2	－32768～＋32767，有符号整型数
unsigned int	16	2	0～＋65535，无符号整型数
signed long	32	4	－2147483648～＋2147483647，有符号长整型数
unsigned long	32	4	0～＋4294967295，无符号长整型数
float	32	4	1e－37～1e＋38，单精度浮点数
double	64	8	1e－307～1e＋308，双精度浮点数
*	24	1～3	对象指针

表3-2 C51扩展的4种数据类型

数据类型	位数	字节数	取值范围
bit	1		0或1
sfr	8	1	0～255
sfr16	16	2	0～65535
sbit	1		可进行位寻址的特殊功能寄存器的某位的绝对地址

C51在标准C基础上所扩展的4种数据类型分别是bit、sfr、sfr16和sbit，现分别进行说明。

(1) bit：位变量，它的值可以是1(true)，也可以是0(false)，但不能定义为指针，也不能定义为数组。

(2) sfr：特殊功能寄存器，单片机的特殊功能寄存器分别在片内 RAM 区的 80H～FFH 之间，sfr 数据类型占用一个内存单元。利用它可以访问所有特殊功能寄存器。例如："sfr P0＝0x80"这一语句是将 P0 口地址定义为 80H，在后面的语句中可以用"P0＝0xff"(使 P0 口的所有引脚输出为高电平)之类的语句来操作该特殊功能寄存器。

(3) sfr16：16 位特殊功能寄存器，它占用两个内存单元。sfr16 和 sfr 一样用于操作特殊功能寄存器。所不同的是它用于操作占两个字节的特殊功能寄存器。例如："sfr16 DPTR＝0x82"语句定义了片内 16 位数据指针寄存器 DPTR，其低 8 位字节地址为 82H，对应寄存器 DPL。

(4) sbit：可寻址位，可以定义 51 系列单片机内部 RAM 中的可寻址位或特殊功能寄存器中的可寻址位。片内 RAM 从 20H～2FH 中共 128 个位都可以用 sbit 进行定义，而片内 RAM 高地址单元中的某些可位寻址的特殊功能寄存器中的各个位也可用 sbit 进行定义。

例如：

```
sfr PSW=0xD0              /*定义 PSW 寄存器的地址为 0xD0*/
sbit OV=0xD2              /*定义 OV 位的地址为 0xD2*/
sbit OV=0xD0^2            /*定义 OV 位的地址为 0xD0 地址单元的第 2 位*/
sbit OV=PSW^2             /*定义 OV 位的地址为 PSW.2
```

上例中符号"^"前面是特殊功能寄存器的名字，后面数字定义特殊功能寄存器可寻址位在寄存器中的位置，取值必须是 0～7。

注意：不要把 bit 和 sbit 相混淆，bit 是用来定义普通的位变量，它的值只能是二进制 0 或 1。而 sbit 定义的是特殊功能寄存器的可寻址位，它的值是可进行位寻址的特殊功能寄存器的某位的绝对地址。

3.2.2　常量与变量

1. 常量

常量是指固定不变的数，是程序无法修改的。包括整型常量(整型常数)、浮点型常量(分为十进制表示形式和指数表示形式)、字符型常量及字符串常量等任意数据类型。

(1) 整型常量表示

按不同的进制区分，整型常量有十进制、八进制及十六进制 3 种表示方法，如表 3-3 所示。在 C51 程序设计中，常用的是十进制及十六进制数。长整型常量是在数字后面加字母 L，如 24L、0XA36L 等。

表 3-3　整型常量类型表

整型常量类型	表示形式	示　例
十进制	以非 0 开始的数	220，－560，45900
八进制	以 0 开始的数	06，0106，05788
十六进制	以 0x 或 0X 开始的数	0x0D，0XFF，0x4e

(2) 实型常量

实型常量又称浮点常量，可以用十进制表示，如 0.88、45.68 等；也可以用指数形式表示，如 12e5、−6.8e−3 等。

(3) 字符常量

字符常量是用一对单引号括起来的字符，如'a'、'9'、'Z'，也可用该字符的 ASCII 码值表示，一个字符占一个字节。例如十进制数 85 表示大写字母 U，十六进制数 0x5d 表示 J，八进制数 0102 表示大写字母 B。注意字符'8'和常数 8 的区别，前者是字符常量，后者是整型常量，它们的含义和在单片机中的存储方式都是不同的。

(4) 字符串常量

字符串常量是指用一对双引号括起来的一串字符，如"ok"、"1234"等。C51 中，字符串常量在内存中存储时，系统自动在字符串的末尾加一个串结束标志，即 ASCII 码值为 0 的字符 NULL，常用转义字符"\0"表示。因此在程序中，长度为 n 个字符的字符串常量，在内存中占 $n+1$ 个字节的存储空间。字符串常量"A"与字符常量'A'是不一样的，前者在存储时多占一个字节的存储空间。

2. 变量

与常量不同，变量是在程序中可以随时改变的数据。变量是一般的标识符，用来存储各种类型的数据以及指向存储器内部单元的指针。所有的变量在使用之前必须说明，所谓说明是指出该变量的数据类型、长度等信息。变量的定义格式如下：

[存储种类] 数据类型说明符 [存储器类型] 变量名 1[=初值]，变量名 2[=初值]，…

存储种类分为四种：自动(auto)、外部(extern)、静态(static)和寄存器(register)，默认为自动(auto)存储类型。下面分别介绍这四种存储类型。

(1) 自动(auto)变量存储类型：变量是动态分配存储空间，一旦退出该函数，分配给该变量的存储空间将消失。

(2) 外部(extern)变量存储类型：变量可以被程序中所有的函数引用，它的作用域是整个程序。

(3) 静态(static)变量存储类型：可分为局部静态变量及全局静态变量，用关键字 static 进行定义，都是静态分配空间的，局部静态变量作用域仅限于定义它的函数体内部，在第一次调用时被初始化，再次调用时使用上次调用结束时的数值。

(4) 寄存器(register)变量存储类型：用 register 进行定义，由于单片机访问寄存器的速度最快，通常将使用频繁的变量定义为寄存器变量，但它只适用于自动型变量，不适用于外部变量及静态变量。

例如：

```
auto int lower,upper,step;        /* 定义自动整型变量 lower,upper,step */
extern char c;                    /* 定义外部字符型变量 c */
```

根据变量的数据类型，可将变量分为整型变量、实型变量、字符变量及位变量。现分别介绍如下：

(1) 整型变量(int)

整型变量说明的一般形式为:

```
类型说明符 变量名标识符,变量名标识符
```

例如:

```
int a,b,c;                  /* 定义整型变量 a,b,c */
long x,y;                   /* 定义长整型变量 x,y */
unsigned int p,q;           /* 定义无符号整型变量 p,q */
```

允许在一个类型说明符后,说明多个相同类型的变量。各变量名之间用逗号间隔。类型说明符与变量名之间至少用一个空格间隔。最后一个变量名必须以";"号结尾。长整型变量长度为 32b,占用 4B 空间。例如:0x12345678。

(2) 实型变量

实型变量分为单精度(float)型和双精度(double)型。单精度数据(float)在内存中占 4B(32b),而双精度数据(double)在内存中占 8B(64b)。

例如:

```
float x,y;                  /* 定义单精度变量 x,y */
double z;                   /* 定义双精度变量 z */
```

(3) 字符变量(char)

字符变量用来存放字符常量,分为 signed char 和 unsigned char 两种,默认为 signed char,只能存放 1 个字符,长度为 1B。

例如:

```
char c1,c2;                 /* 定义字符变量 c1,c2,各存放 1 个字符 */
```

程序中可以用下面的语句对 c1 和 c2 赋值。

例如:

```
c1='a';c2='b';              /* 定义字符 a 赋值给 c1,字符 b 赋值给 c2 */
```

(4) 位变量(bit)

位变量的格式为:

```
bit 位变量名;
```

其值可以是 1(true)也可以是 0(false),与单片机硬件特性相关的位变量必须定义在片内 RAM 的可位寻址区。

3.2.3 数据的存储类型

在单片机中,程序存储器与数据存储器是完全分开的,且都分为片内和片外;有独立的寻址空间,特殊功能寄存器与片内 RAM 统一编址,数据存储器与 I/O 端口统一编址。C51 编译器通过将变量、常量定义成不同存储类型的方法把它们定义在不同的存储区中。

存储器类型与存储种类不同,C51 编译器能识别的存储器类型有 code、data、idata、

bdata、xdata 和 pdata，详见表 3-4。

表 3-4　存储器类型

存储器类型	描　述
code	程序空间(64KB)；通过 MOVC @A+DPTR 访问
data	直接访问的内部数据存储器；访问速度最快(128B)
idata	间接访问的内部数据存储器；可以访问所有的内部存储器空间(256B)
bdata	可位寻址的内部数据存储器；可以字节方式也可以位方式访问(16B)
xdata	外部数据存储器(64KB)；通过 MOVX @DPTR 访问
pdata	分页的外部数据存储器(256B)；通过 MOVX @Ri 访问

以 AT89C51 单片机为例，有 4 个存储空间：片内程序存储空间、片外程序存储空间、片内数据存储空间、片外数据存储空间。访问不同的存储区有不同的规定。存储器类型分别介绍如下：

(1) code：code 区也称做代码段，用来存放可执行代码。16 位寻址空间可达 64KB。代码段是只读的，数据是不可改变的。编译的时候要对程序存储区中的对象进行存储，否则会出错。C51 编译器可以用 code 标识符来访问程序存储区。

例如：

```
unsigned char code a[ ]={0x00,0x01, 0x02, 0x03, 0x04, 0x05, 0x06, 0x07};
```

(2) data：data 区是直接访问的可寻址的片内 RAM 区域，地址范围是 00H～7FH，一般把使用频繁的变量或局部变量存储在 data 段中，因为它采用直接寻址方式，速度最快，但是必须节省使用 data 段，因为该空间毕竟有限。

例如：

```
unsigned char data system_status=0;
unsigned int data unit_id[2];
char data input_value;
```

只要不超过 data 区的范围，标准变量及自定义变量都可定义在 data 区。data 区中包含 4 个寄存器组，每个寄存器组都是从 R0～R7，可在任何时候通过修改 PSW 寄存器的 RS1 和 RS0 这两位来选择四组寄存器的任意一组作为工作寄存器组，C51 语言也可使用默认的寄存器组来传递参数，这样就至少失去 8B 的存储单元，剩下的区域中要预留足够的存储空间，否则内部堆栈溢出的时候，程序就会复位。

(3) idata：idata 区的地址范围是 00H～FFH，位于 idata 空间的变量以寄存器间接寻址方式操作，速度比 data 空间稍慢，idata 段也可存放使用比较频繁的变量，通过@R0/@R1 间接寻址来进行访问。和外部存储器寻址比较，进行间接寻址的指令执行周期和代码长度都比较短。

例如：

```
unsigned char idata system_status=0;        /*定义无符号字符型变量 system_status,间接
                                              寻址方式操作*/
```

(4) bdata：位寻址段 bdata 包括 16B(20H～2FH)，共 128b，每一位都可以单独寻址，可以在该区域定义变量，这个变量就可进行位寻址并且声明位变量。这对状态寄存器来说是十分有用的，因为它需要单独地使用变量的每一位，不一定要用位变量名来引用位变量。

例如：

```
unsigned char bdata status_byte;        /* 在 bdata 区定义一个字节的状态寄存器 */
unsigned int bdata status_word;         /* 在 bdata 区定义整型的状态寄存器 */
sbit stat_flag=status_byte^4;           /* 将 status_byte 的第 4 位设置为位变量 */
if(status_word^15)                      /* 判断 status_word 的第 15 位 */
{
  …
}
status_flag=1;
```

C51 不允许在 bdata 段中定义 float 和 double 类型的变量。如果想对浮点数的每位寻址，可以通过包含 float 和 long 的联合来实现。

例如：

```
typedef union                           /* 定义联合类型 */
{
  unsigned long lvalue;                 /* 长整型 32 位 */
  float fvalue;                         /* 浮点数 32 位 */
}bit_float;                             /* 联合名 */
bit_float bdata myfloat;                /* 在 bdata 段中声明联合 */
sbit float_ld=myfloat^31;               /* 定义位变量名 */
```

(5) xdata：xdata 区是指整个片外的 RAM 区，地址范围是 0000H～FFFFH，数据总容量为 64KB，数据访问通过@DPTR 间接寻址来实现，但这种方式速度最慢，xdata 区声明的存储类型标识符为 xdata。

例如：

```
unsigned char xdata input_reg;  /* 定义片外 RAM 区的无符号字符型变量 input_reg */
void main(void)
{
  input_reg=P1;                 /* 将 P1 寄存器中数据赋值给变量 input_reg */
}
```

(6) pdata：pdata 区和 xdata 区一样，也属于外部 RAM 数据存储区。pdata 空间又称为片外分页 XRAM 空间，它将 64KB 的空间平均分成 256 页，每页的地址范围是 00H～FFH，定义为 pdata 存储器类型的变量是以 MOVX @R0、MOVX @R1 方式寻址。

例如：

```
unsigned int pdata unit_id[2];
float pdata output_vlaue;
```

对 pdata 段寻址比对 xdata 段寻址要快，因为对 pdata 段寻址只要装入 8 位地址，而对 xdata 段寻址需装入 16 位地址，所以尽量把外部数据存储在 pdata 段中。对 pdata 和 xdata

寻址要使用 MOVX 指令，都需要两个处理周期。

3.2.4 数据存储模式与绝对地址访问

1. 存储模式

C51 编译器支持的三种存储模式如表 3-5 所列，变量在定义时若省略了存储器类型这一选项，C51 编译器会按照 SMALL、COMPACT 或 LARGE 这三种编译模式所规定的默认存储器类型去指定变量的存储区域。

表 3-5 存储模式

存储模式	默认存储器类型
SMALL	参数和局部变量均为片内 RAM，即 data 存储类型，也包含堆栈
COMPACT	参数和局部变量均为片外分页 RAM，pdata 存储类型
LARGE	参数和局部变量均为片外 64KB 的 RAM，xdata 存储类型

在 SMALL 模式中所有变量都默认位于 AT89C51 内部数据存储器。这和使用 data 设置存储器类型的方式一样，此模式对于变量访问的效率很高，但所有的数据对象和堆栈必须适合内部 RAM。但 SMALL 存储模式的地址空间有限，因此，为了使访问速度加快，在写小型的应用程序时，变量和数据应放在 data 内部 RAM 中，在较复杂的应用程序中，data 区最好存放常用的变量或数据。

使用 COMPACT 模式所有变量都默认在外部数据存储器的一页内，这和使用 pdata 制定存储器类型一样，用寄存器 R0 或 R1 来寻址，若访问高于 256B 的地址空间可以通过 P2 寄存器设置，该存储器模式的效率低于 SMALL 模式，对变量访问的速度要慢一些。

在 LARGE 模式中，所有变量都默认位于外部数据存储器。外部数据区最多可达 64KB，这和使用 xdata 制定存储器类型相同，使用数据指针 DPTR 进行寻址，通过数据指针访问外部数据存储器的效率最低，而且增加程序的代码长度，特别当变量为 2B 或更多字节时，该模型的数据访问比 SMALL 和 COMPACT 产生更多的代码。

2. 绝对地址访问

绝对地址访问包括片内 RAM、片外 RAM 及 I/O 的访问，为了能够在 C51 程序中直接对任意指定的存储器地址进行操作，可以采用关键字“_at_”、预定义宏等控制命令。

(1) 关键字_at_

使用关键字 at 时只需在数据定义后加上_at_const 即可，其中 const 为地址常数。

例如：

```
#define uchar unsigned char          /*定义符号 uchar 为数据类型符 unsigned char*/
uchar data x1_at_0x50;               /*在 data 区中定义字节变量 x1，它的地址为 50H*/
unsigned int xdata x2_at_0x1000;     /*在 xdata 区中定义字变量 x2，它的地址为 1000H*/
```

若省略存储器类型，则按存储模式规定的默认存储器类型确定变量的存储器区域，绝对地址常数必须在有效的存储器空间内，bit 型函数及变量不能使用“_at_”指定绝对地址，还

要注意使用“_at_”定义的变量必须为全局变量。

(2) 绝对宏

头文件 absacc.h 中定义了许多可以访问绝对地址的宏，这些宏包括：CBYTE、CWORD、DBYTE、DWORD、PBYTE、PWORD、XBYTE、XWORD 等。这些宏定义可以对 code、data、pdata 和 xdata 空间进行绝对寻址，但只能以无符号数访问。CBYTE 以字节形式寻址 code 区，DBYTE 以字节形式寻址 data 区，PBYTE 以字节形式寻址 xdata 区，XBYTE 以字节形式寻址 xdata 区。CWORD、DWORD、PWORD 和 XWORD 以字形式分别寻址相应区域。使用这些预定义宏时，先把该头文件包含到文件中，如 #include <absacc.h>，然后在 C51 程序中可以直接使用这些宏。

例如：

```
var=CBYTE[0x0100];              /* 指向程序存储器的 0100H 地址 */
var1=XWORD[0x0020];             /* 访问片外 RAM 的 0020H 和 0021H 一个字单元 */
```

3.3　C51 运算符

运算符是特定的算术或逻辑操作的符号。C51 的运算符主要包括算术运算符、关系运算符及逻辑运算符等。

3.3.1　算术运算符

算术运算符是 C51 语言最基本的操作符号，如表 3-6 所列。

表 3-6　算术运算符

操作符	作　用	操作符	作　用
+	加法或取正值运算	-	减法或取负值运算
*	乘法运算	/	除法运算
%	模运算或取余运算	++	自增运算
--	自减运算		

对于加、减和乘法运算符都符合一般的算术运算规则，而对于除法有所不同，两个整数相除，结果为整数；若两个浮点数相除，则结果为浮点数。

自增(++)、自减(--)运算符的作用是对运算对象作加 1 或减 1 操作，它们都只能用于变量，不能用于常数或表达式，在使用时，要特别注意运算符的位置，++j 表示先加 1，再取值；j++表示先取值，再加 1。自减运算符也是如此。

例如：

```
#include <stdio.h>
void main()
{
    int i=5,j=5,p,q;
    p=(i++)+(i++)+(i++);
```

```
    q=(++j)+(++j)+(++j);
    prinf("%d, %d, %d, %d",p,q,i,j);
}
```

上述这个程序中,对 p=(i++)+(i++)+(i++)应理解为每个 i 赋给 p 后加 1,故 p 值为 18。然后 i 再自增 1,三次相当于加 3,故 i 的最后值为 8。而对于 q 的值则不然,q=(++j)+(++j)+(++j)应理解为 q 先自增 1,再参与运算,三次运算后相加的和为 21,j 的最后值仍为 8。

3.3.2 关系运算符

关系运算符主要用来比较两个操作数的大小。C51 中有六种关系运算符,如表 3-7 所列。

表 3-7 关系运算符

操作符	作　用	操作符	作　用
>	大于	<=	小于等于
>=	大于等于	==	等于
<	小于	!=	不等于

其中,<、<=、>、>=这 4 个运算符的优先级相同,处于高优先级;==和!=这两个运算符的优先级相同,处于低优先级。此外,关系运算符的优先级低于算术运算符,而高于赋值运算符。关系运算符的运算结果只有真、假两种值。若表达式的值为真(即 true),则返回 1,否则返回 0。用关系运算符将运算对象连接起来即称为关系表达式,如"a>b"、"(a=2)<(b=3)"等。

3.3.3 逻辑运算符

逻辑运算符是指用形式逻辑原则来建立数值间关系的符号。逻辑运算符如表 3-8 所列。

表 3-8 逻辑运算符

操作符	作　用	操作符	作　用
&&	逻辑与	!	逻辑非
||	逻辑或		

其中,非运算符的优先级最高,高于算术运算符;或运算符的优先级最低,低于关系运算符,但高于赋值运算符。用逻辑运算符将运算对象连接起来即称为逻辑表达式,与关系运算符相同,逻辑运算的结果也是只有 0 或 1,如 a=!0,则 a=1;若 b=2&&3,则 b=1。

3.3.4 位运算符

C51 支持按位运算,与汇编语言的位操作有相同之处。所谓的位运算是指按位对变量进行运算，不能改变变量的值，位运算操作对象不能是浮点数据，只能是 C51 中的 int 和 char 类型。位运算符如表 3-9 所列。

表 3-9　位运算符

操作符	作　用	操作符	作　用
&	按位逻辑与	~	按位逻辑反
|	按位逻辑或	>>	右移
^	按位异或	<<	左移

这 6 种按位运算符的优先级从高到低的顺序：按位取反（～）、左移（<<）和右移（>>）、按位与（&）、按位异或（^）、按位或（|）。

例如：若 a=11000011B。

```
void main()
{
    unsigned char a=0xc3,b,c;
    int n=2;
    b=a<<(8-n);             /*a 的值左移 6 位,即 b=0xc0*/
    c=a>>n;                 /*a 的值右移 2 位,即 c=0x30*/
    a=b|c;                  /*b 与 c 的值按位或运算,即 a=0xf0*/
}
```

变量 b 是 a 左移 6 位所得，移出的 6 位数据 110000 丢失，移进的数据用 0 填充，即 b=0xc0；同样，变量 c 是 a 右移 2 位所得，即 c=0x30。对于二进制数来说，左移 1 位相当于该数乘以 2，而右移 1 位相当于该数除以 2。

3.3.5　复合赋值运算符

在赋值运算符“=”的前面加上其他运算符，就构成了所谓的复合赋值运算符。复合运算符如表 3-10 所列。复合赋值运算时先对变量进行某种运算，然后再赋值给该变量。

表 3-10　复合赋值运算符

操作符	作　用	操作符	作　用
+=	加法赋值	-=	减法赋值
*=	乘法赋值	/=	除法赋值
%=	取模赋值	<<=	左移位赋值
>>=	右移位赋值	&=	逻辑与赋值
|=	逻辑或赋值	^=	逻辑异或赋值
~=	逻辑非赋值		

3.4 C51 程序的基本语句

C51 程序由数据定义和执行语句两部分组成，一条完整的语句必须以分号“;”结束。程序语句可分为表达式语句、复合语句、条件语句、开关与跳转语句、循环语句、函数调用语句及空语句等。

3.4.1 表达式语句

表达式语句是最基本的一种语句，所谓表达式语句就是由一个表达式构成的一个程序语句，用来描述算术运算、逻辑运算或产生某种特定动作。最典型的用法是由赋值表达式构成的一个赋值语句。如：“a=3”是一个赋值表达式，而“a=3;”就是一个赋值语句。分号是程序语句中不可缺少的一部分。表达式语句也可仅由一个分号“;”组成，这种语句即为空语句。

3.4.2 复合语句

复合语句是由多条语句用一个大括号“{}”组合而成的一种语句。复合语句不需要以分号“;”结束，但它内部的各条单语句仍需以分号“;”结束。在程序中应把复合语句看成是单条语句，而不是多条语句。对于一个函数而言，函数体本身就是一个复合语句。复合语句的一般形式如下：

```
{
    局部变量定义;
    语句 1;
    …
    语句 2;
    …
    语句 n;
}
```

复合语句可由若干语句组成，这些语句可以是简单语句，还可以是复合语句，从而使 C51 的语句形成一种层次结构。原则上可以不断地扩大这种层次，复合语句在程序上是一种十分重要的结构。

3.4.3 条件语句

条件语句又称为分支语句，可以改变程序的流程，它是用关键字“if”构成的。条件语句有如下 3 种形式。

(1)

```
if(表达式)
{
    语句;
}
```

若表达式的结果为真(非零),则执行{}中的语句;否则,不执行该语句。这里的语句也可以是复合语句。

(2)

```
if(表达式)
{
    语句 1;
}
else
{
语句 2;
}
```

若表达式的值是真(非零),则执行语句 1,然后跳过语句 2,继续执行语句 2 后面的语句;如果表达式的值为假(零),则跳过语句 1,直接执行语句 2。语句 1 和语句 2 均可以是复合语句。

(3)

```
if(表达式 1)
{
    语句 1;
}
else if(表达式 2)
{
    语句 2;
}
…
else
{
    语句 n;
}
```

这种结构是从上到下逐个条件进行判断,一旦发现条件满足就执行与它有关的语句,并跳过其他 else 语句;若没有一个条件满足,则执行最后一个 else 语句 n;最后这个 else 常起着“默认条件”的作用。

例如:

```
if(x>1000)
{
    y=1;
}
else if (x=500)
{
    y=2;
}
else if (x=100)
```

```
{
    y=3;
}
else
{
    y=4;
}
```

3.4.4 开关语句

开关语句也称 switch 语句，是多分支选择语句。switch-case 语句的格式如下：

```
switch(表达式)
{
    case 常量表达式 1: {语句 1;}break;
    case 常量表达式 2: {语句 2;}break;
    …
    case 常量表达式 n: {语句 n;}break;
    default:{语句 n+1;}
}
```

在执行 switch-case 语句时，首先计算 switch 语句后面表达式的值，然后将该值依次和 case 语句后面的常量表达式进行比较，若比较的结果相等，则执行该 case 后面相应的语句，并通过 break 语句退出 switch 语句；若表达式的值与所有 case 语句中的常量表达式都不相等，则执行 default 后面的语句 n＋1，然后退出 switch 语句。

例如：

```
a=0x03;
switch (a)
{
    case 0:P2=0x0e;break;
    case 1:P2=0x0d;break;
    case 2:P2=0x0b;break;
    default:P2=0x07;
}
```

上述例子中，将 a 依次与 case 后面的常量值 0、1、2 相比较，由于 a 的值为 0x03，与每个常量值都不相等，则执行 default 后面的语句“P2＝0x07”，并退出 switch 语句。

对于 switch 语句要注意以下几点：

(1) switch 括号内的表达式，可以是整型、字符型或枚举类型数据。

(2) switch 括号后不能加分号。

(3) 每个 case 后面常量表达式的值必须是整型、字符型或枚举类型。

(4) 每个 case 的常量表达式必须是互不相同的，否则将出错。

(5) switch 括号中表达式的值若与某 case 后面的常量表达式的值相同时，则执行该 case 后面的语句，遇到 break 语句则退出 switch 语句；若不与任何一个常量表达式相等，就执行 default 后面的语句。

(6) 每个 case 和 default 出现的次序,不影响程序的执行结果。

(7) 若 case 语句中遗忘了 break 语句,则程序执行了本行之后,不会按规定退出 switch 语句,而是将执行后续的 case 语句。

3.4.5 循环语句

在实际问题中,常需要大量的重复处理,对于这样的重复操作,可以使用循环控制语句,简化程序结构。C51 提供了三种基本的循环语句:for 语句、while 语句和 do-while 语句。

1. for 循环语句

for 循环的一般格式:

```
for(<初始化>;<条件表达式>;<增量>)
{
    语句;
}
```

初始化总是一个赋值语句,它用来给循环控制变量赋初值;条件表达式是一个关系表达式,它决定什么时候退出循环;增量定义循环控制变量每循环一次后按什么方式变化。这三个部分之间用";"分开。for 语句的执行过程是先执行初始化部分,然后判断条件表达式是否成立,若成立,则执行 for 循环体内的语句,最后执行增量部分语句;若条件表达式不成立,则直接退出循环体。

例如:

```
for(y=0;y<=99;y=y+3)
{
    delay(33);
    px=~px;
}
```

for 循环中语句可以为语句体,但要用"{"和"}"将参加循环的语句括起来。for 循环中的"初始化"、"条件表达式"和"增量"都是选择项,可以缺省,但";"不能缺省。

2. while 循环语句

while 循环语句的一般格式:

```
while(表达式)
{
    语句;            /*可以是复合语句*/
}
```

表达式是 while 循环能否继续的条件,语句部分是循环体,是执行重复操作的部分,只要表达式为真,就重复执行循环体内的语句;反之,则终止 while 循环,执行循环之外的下一行语句。这种循环结构是先判断表达式是否成立,然后再决定是否执行循环体中的语句。

3. do-while 循环语句

do-while 循环的一般格式为：

```
do
{
    语句;
}while(条件)
```

这种循环结构的特点是先执行循环体内的语句，再计算条件表达式，如果表达式的值为非 0，则继续执行循环体内的语句，直到表达式的值为 0 时结束循环。

3.5 C51 语言函数

3.5.1 C51 函数的定义

函数是一个自我包含的完成一定相关功能的执行代码段。C51 程序设计是由若干模块化的函数构成的，包括主函数 main 和其他子函数，通过主函数来实现其他子函数的调用。使用函数可使得程序结构模块化，程序设计变得简单明了。

C51 程序中所有函数与变量一样在使用之前必须说明，即说明函数是什么类型的函数。有些函数属于标准库函数，函数的说明包含在相应的头文件<＊.h>中，不需要用户进行定义，可直接调用。例如 AT89C51 特殊寄存器函数包含在 reg51.h 中，数学函数包含在 math.h 中，以后在使用库函数时必须先知道该函数包含在什么样的头文件中，在程序的开头用＃include <＊.h>或＃include "＊.h"说明。只有这样，程序在编译、链接时 C51 才知道它是提供的库函数。

在 C51 程序中进行函数定义的一般格式如下：

```
函数类型 函数名(形式参数表);
{
    局部变量定义;
    函数体语句;
}
```

函数定义指定了一个函数名和函数类型。其中，“函数类型”说明了自定义函数返回值的类型。“函数名”是用标识符表示的自定义函数名字。“形式参数表”中列出了在主调用函数与被调用函数之间传递数据的形式参数，形式参数的类型必须加以说明。形式参数表可以为空，这表明函数不需要从主调函数那里接收数据，即使无形式参数，圆括号也不能省略。“局部变量定义”是对在函数内部使用的局部变量进行定义。“函数体语句”是用来描述函数要执行的操作，当函数有返回值时，函数体内必须有一个 return 语句返回。

例如：定义一个返回最大值的函数 max()。

```
int max(int x,int y)
{
    int z;
```

```
    z=x>y?x:y;
    return(z);
}
```

函数 max 带有两个整型的形式参数 x 和 y，return 语句将参数 x 和 y 比较后的较大者返回给 z。函数的类型为整型。从上述例子中可以看出，在说明形式参数时，每个变量必须分别指定类型和名字。

3.5.2 C51 函数调用

函数被定义后，就可在其他函数中进行调用，函数调用的一般形式如下：

```
函数名(实际参数列表);
```

若实参(实际参数)列表中包含多个实参，每个实参之间用逗号隔开。执行函数调用时，先计算实参表达式，将结果传给形式参数，然后执行被调用函数体中的语句，最后将返回值传递给调用函数。

函数在被调用前必须对这个函数进行声明，自定义函数声明的一般形式如下：

```
[extern] 函数类型 函数名(形式参数表);
```

函数声明是把函数名、类型及形参类型等顺序通知编译系统，以便调用函数时系统进行对照检查。若声明的函数在文件内部，则不用 extern；若声明的函数在外部，即在另一个文件内，则须加 extern。

例如：函数的调用和声明。

```
#include <reg51.h>
#include <stdio.h>
int min(int x,int y);
void main( )
{
    int a,b;
    printf("min is:%d\n",min(a,b));      /* 实现 min 函数调用，其中 a、b 为实际参数 */
    while(1);
}
int min(int x,int y)                      /* x、y 为形式参数 */

{
    int z;
    z=(x<=y?x:y);
    return(z);
}
```

3.5.3 中断函数

中断函数是中断发生时由硬件自动调用的函数，函数的内容是进行中断服务的程序。

C51 编译器允许创建中断服务程序，中断函数的定义格式如下：

```
函数类型  函数名  interrupt  n  [using  n]
```

其中，关键字 interrupt 后面的 n 是中断号，取值范围是 0～31，编译器在 8n+3 单元产生中断向量。关键字 using 后面的 n 是所选择的工作寄存器组，取值范围是 0～3，using 是可选项，若省略不用，则由编译器选择一个工作寄存器组作为绝对寄存器组。因此，在使用中断函数时，仅需要知道中断号和相应的寄存器组就可以了。编译器自动产生中断向量和程序的入栈、出栈代码。

中断过程通过使用 interrupt 关键字和中断号(0～31)来实现，中断号告诉编译器中断程序的入口地址。单片机中常用的中断源及其中断向量如表 3-11 所列。

表 3-11　中断源和中断号的关系

中断号 n	中断源	中断向量	中断号 n	中断源	中断向量
0	外部中断 0	0003H	3	定时器 T1 溢出	001BH
1	定时器 T0 溢出	000BH	4	串行口中断	0023H
2	外部中断 1	0013H			

例如：

```
unsigned int interruptcnt;
unsigned char second;
void timer0 (void)interrupt 1 using 2      /* 定时器 T0 的中断函数，使用第 2 个工作寄存器
                                              组的 R0~R7 */
{
    if(++interruptcnt==4000)
    {
        second++;
        interruptcnt=0;
    }
}
void main()
{
    while(1);
}
```

定义中断函数要注意：

(1) interrupt 和 using 不能用于外部函数。

(2) 使用 using 定义寄存器组时，要保证寄存器组切换在所控制的区域内，否则出错。

AT89C51 单片机的中断源可分为内部中断和外部中断，相应的中断函数也分为内部中断函数和外部中断函数。下面分别举例说明这两种中断函数的使用。

1. 内部中断函数的使用

例如：使用定时器 0 完成中断。

```
#include <reg51.h>
sbit P10=P1^0;
void main(void)
{
    TMOD=0x01;                          /* 选用定时器 0,工作方式 1 */
    P10=0;
    TF0=0;
    TR0=0;
    TH0=0xF8;                           /* 装载计数初值 */
    TL0=0x30;
    TR0=1;                              /* 启动定时器 0 */
    ET0=1;                              /* 允许定时器 0 中断 */
    EA=1;
    for(;;)
}
void clk (void) interrupt 1             /* 定时器 T0 的中断函数 */
{
    P10=! P10;
}
```

2. 外部中断函数的使用

例如：使用外部中断 INT0 进行中断。

```
#include <reg51.h>
sbit P10=P1^0;
void main(void)
{
    P10=0;                              /* 初始化 */
    EX0=1;                              /* 允许外部中断 0 中断 */
    EA=1;
    for(;;)
}
void RUT (void) interrupt 0             /* 外部中断 0 的中断函数 */
{
    P10=! P10;
}
```

中断服务程序的设计对整个系统的成功与否有非常重要的影响，通常将中断服务程序中的内容尽量简化，把更多的代码放入主程序。在设计中断函数时要注意以下几点：

(1) 中断函数不能传递参数；

(2) 中断函数没有返回值；

(3) 中断函数调用其他函数，则要保证正确使用系统的寄存器组，否则出错；

(4) 中断函数使用浮点运算要保存浮点寄存器的状态。

单片机基础实验

4.1 单片机仿真实验仪使用说明

4.1.1 单片机仿真实验仪功能介绍

本节主要介绍 DP-51PROC 单片机综合仿真实验仪的各功能模块电路，对它的功能进行初步的了解，以便更好地操作和使用，这对后续的电路实验都有帮助。

DP-51PROC 单片机综合仿真实验仪通过 RS-232 串口线和计算机相连，可以实现程序的下载、调试。实验仪上电后，电源指示灯亮。整体电路布局如图 4-1 所示。

ISP电路 A1
MCU总线接口 A2
138译码器电路 A3
并串转换 A4
串并转换 A5
PARK1 A6
PARK2 A7
语音模块 B1
非接触式IC卡读/写模块 B2
液晶显示模块 B3
温度采集 B4
蜂鸣器 B5
PWM电压转换 B6
电压基准 B7
串行ADC B8
串行DAC B9
直流电动机 B10
电源输出 C1
逻辑笔 C2
16×16点阵LED显示 C3
模拟运放 C4
电阻接口 C5
555电路 C6
继电器 C7
步进电动机 C8
8个LED、8个拨码开关、8个按键 D1
2个电位器 D2
红外收发 D3
RS-485通信 D4
I^2C实验区(实时时钟、E^2PROM、8个数码管和16个按键) D5
接触式IC卡 D6

图 4-1 DP-51PROC 实验仪布局图

从图 4-1 中可以看出，实验仪分成若干个功能区域，每个功能模块区域都有一个编号，它们之间互相独立。编号的纵向为 A～D，横向为 1～10。通过这样的编号可以快速查找到功能模块所对应的位置，如 B5 区就是第 2 行第 5 个功能模块，为蜂鸣器实验区。

DP-51PROC 单片机综合仿真实验仪集成了强大的硬件资源，用户可以进行各种相关实验，单片机的接口资源相对比较丰富，可以扩展其他实验内容。每个电路模块的功能见表 4-1。

表 4-1 实验仪功能模块说明

布局编号	功能模块名称	功能描述
A1	ISP 下载电路	实现 PHILIPS 单片机的 64KB FLASH 的 ISP 下载编程功能和 RS-232 串口通信功能
A2	MCU 总线 I/O 接口区	引出单片机的各功能引脚，方便用户操作使用 I/O 口或总线。该区域包含一个 74HC573 对 P0 口进行锁存，并扩展输出 A0～A7 总线地址
A3	138 译码电路区	该区域包含一片 74HC138 译码芯片
A4	并串转换区	该区域包含一片 74HC165 并转串芯片
A5	串并转换区	该区域包含一片 74HC164 串转并芯片
A6	PARK1	用于扩展连接各种扩展 PARK 模块，包括 USB1.0、CAN-bus、以太网接口，用于相关实验
A7	PARK2	功能同 A6 区
B1	语音模块	该区包含一个 ZY1730 语音模块、麦克风和扬声器，可进行语音实验
B2	非接触式 IC 卡读/写模块	该区含有一个 ZLG500A 非接触式 IC 卡读卡模块接口和相关的天线接口，一个时钟电源和 8 路分频输出接口
B3	LCD 模块	该区含有一个 128×64 的点阵图形液晶模块
B4	温度传感器区	含有一片 DS18B20 单总线数字温度传感器
B5	蜂鸣器区	含有一个交流蜂鸣器及其驱动电路
B6	PWM 电压转换区	可把 PWM 信号转换成电压输出
B7	电压基准源电路	该区提供一个 TL431 精密可调电压基准源电路
B8	串行 ADC 区	含有一片 TLC549 芯片，8 位串行 A/D 转换
B9	串行 DAC 区	含有一片 TLC5620 芯片，8 位 4 通道串行 D/A 转换
B10	直流电动机	该区含有一个可调速的直流电动机及其驱动电路
C1	电源输出接口区	电源接口有＋5V、＋12V、－12V
C2	逻辑笔电路	逻辑笔可检测 TTL 逻辑电平的高低，通过 LED 显示高低电平状态
C3	16×16 点阵 LED 模块	含有一个 16×16 点阵 LED 模块及其驱动电路
C4	模拟运放实验区	含有一片运算放大器 LM324 芯片
C5	电阻接口	为运算放大器提供电阻接口电路
C6	555 实验区	含有一片 555 芯片及相关的电阻、电容接口电路
C7	继电器实验区	含有一个继电器及其驱动电路
C8	步进电动机实验区	含有一个步进电动机及其驱动电路
D1	I/O 口实验区	包含 8 个独立的 LED 发光二极管、拨动开关、按键
D2	可调电阻区	含有一个 10kΩ 和一个 1kΩ 的可调电阻
D3	红外收发区	含有一个红外发射管和一个带解码的红外接收器

续表

布局编号	功能模块名称	功能描述
D4	RS-485 实验区	含有一个 SP485，用于 RS-485 的电平驱动和数据收发
D5	I^2C 实验区	含有一片 256B E^2PROM 的 24WC02、一片 PCF8583 实时时钟/日历芯片及外围电路、一片 ZLG7290 键盘 LED 驱动芯片及 8 位数码管和 16 个按键
D6	接触式 IC 卡实验区	含有一个可连接 SLE4442 卡的读卡头

DP-51PROC 单片机综合仿真实验仪自带 5V、12V、－12V 电源，其中 5V 电源可提供 1A 电流，12V 和－12V 的电源可提供 500mA 电流，实验仪含瞬时短路保护和过流保护。

4.1.2 实验项目介绍

在 DP-51PROC 单片机综合仿真实验仪上可进行各种相关实验，主要的实验内容见表 4-2。

表 4-2 实验内容

实验区域编号	实验内容
A2,D1	单片机 I/O 口的控制实验，如拨码开关信号输入、LED 发光二极管控制和按键输入等实验
A2,D1,B6	利用单片机内部定时器控制输出 PWM 实验
A2,B5,D1	蜂鸣器驱动控制实验，利用蜂鸣器发出各种乐曲声
A2,B5	结合按键输入和蜂鸣器的驱动控制进行电子琴的演奏实验
A2,A5,D1	串行输入转并行输出的 I/O 口控制实验
A2,A4,D1	并行输入转串行输出的 I/O 口控制实验
A2,A3,D1	74HC138 译码器实验
A2,C3	16×16LED 点阵显示屏显示实验
A2,B2,C6	555 电路实验（如脉冲输出、频率调整等实验）
C1,C4,C5,D2	运算放大器实验
A2,C7,D1	继电器控制实验
A1,A2	RS-232 串口通信实验
A2,D1,D4	RS-485 差分串行通信实验
A2,D5	I^2C 总线实验（实时时钟、E^2PROM 和 ZLG7290 实验）
A2,D5	万年历时钟实验
A2,B4,D5	利用 DS18B20 实现的数字温度计实验
A2,D6	接触式 IC 卡读写实验

续表

实验区域编号	实 验 内 容
A2,C6,D5	结合 555 电路和单片机定时器实现的频率计实验
A2,D1,B10	直流电动机驱动实验
A2,C8	步进电动机驱动实验
A2,B2,D1,D3	红外收发实验
A2,A3,B3	LCD128×64 液晶显示实验
A2,B8,D2	串行的模/数转换实验
A2,B7,B9	串行的数/模转换实验
A2,B1,D1	ZY1730 语音模块实验
A2,B2	非接触式 IC 卡读写实验

4.1.3　实验注意事项

在利用 DP-51PROC 单片机综合仿真实验仪进行实验时，应注意操作步骤，否则可能导致硬件调试通信失败，甚至造成单片机端口损坏。只有采取正确的实验操作，才能顺利进行实验，达到事半功倍的效果。对实验仪的操作注意事项如下。

(1) 连接 PC 与实验仪的 RS-232 串口线，将电源线插入实验仪右侧插口，单片机标识缺口向上放置在锁紧座上。

(2) 必须断电接插导线，否则可能造成芯片引脚损坏。

(3) 在进行硬件调试时确保实验仪上电，并按下复位按键对实验仪进行复位，再利用 Keil 软件对程序进行编译、链接、硬件调试及运行，才能观察到实验仪上的实验结果，否则可能出现通信失败现象。

(4) 若硬件调试通信失败，应按下实验仪的复位按键，停止硬件调试，并查找通信失败的原因。通常通信失败的原因有以下几种：

① Keil 软件工程设置中的 CPU 型号选错；

② Keil 软件中硬件调试选项错误；

③ 未对实验仪复位。

另外，本书中所有的单片机基础实验和课程设计内容，在 Proteus 仿真时以 AT89C51 单片机为例，在实际硬件电路调试时以 NXP 公司的 P89V51RB2 单片机为例进行讲解。

4.2　LED 流水灯实验

4.2.1　实验目的

(1) 学习 P2 口的使用方法。

(2) 掌握延时子程序的设计方法。

4.2.2 实验设备及器件

PC　　1台
DP-51PROC 单片机综合仿真实验仪　　1台

4.2.3 实验内容

编写一段程序，用 P2 口作为控制端口，使 D1 区的 8 个 LED 依次轮流点亮，实现流水灯效果。

4.2.4 延时时间计算

根据实验电路原理，当 P2 口输出低电平时，点亮 LED 发光二极管，当 P2 口输出高电平时熄灭 LED 发光二极管。由于发光材料的改进，目前大部分发光二极管的工作电流在 1～5mA 之间，其内阻为 20～100Ω。发光二极管工作电流越大，显示亮度也越高。为保证发光二极管的正常工作，同时减少功耗，限流电阻的选择十分重要。当供电电压为＋5V 时，限流电阻可选 1～3kΩ。

由于人眼具有视觉暂留效应，视觉暂留时间为 0.05～0.2s，因此在依次点亮 LED 发光二极管时应加入延时子程序。本实验汇编语言的延时子程序采用指令循环的方式来实现，可以相对准确地计算出延时时间，流水灯点亮的时间间隔可以通过修改延时程序来实现。延时子程序如下：

```
DELAY: MOV R1,#0EFH          ;1 个机器周期
LOOP:  MOV R2,#0FFH          ;1 个机器周期
LOOP1: DJNZ R2,LOOP1         ;2 个机器周期
       DJNZ R1,LOOP          ;2 个机器周期
       RET                   ;2 个机器周期
```

总的机器周期数 $N=1+(1+2\times255+2)\times239+2=122610$ 个。若晶振采用 11.0592MHz，则延时时间计算如下：1 个机器周期 $T=\frac{12}{f_{osc}}=\frac{12}{11.0592\times10^6}=1.085\times10^{-6}(\text{s})=1.085\mu\text{s}$，所以，总的延时时间 $t=N\times T=122610\times1.085(\mu\text{s})\approx0.13\times10^6(\mu\text{s})=0.13\text{s}$。

4.2.5 实验步骤

(1) 用导线将 A2 区的 J62 接口与 D1 区的 J52 接口相连。
(2) 编写一个延时程序。
(3) 编写流水灯程序并调试运行。

4.2.6 流水灯实验仿真图

利用 P2 口控制 LED 发光二极管实现流水灯的电路仿真图如图 4-2 所示，仿真电路所需的元器件见表 4-3。

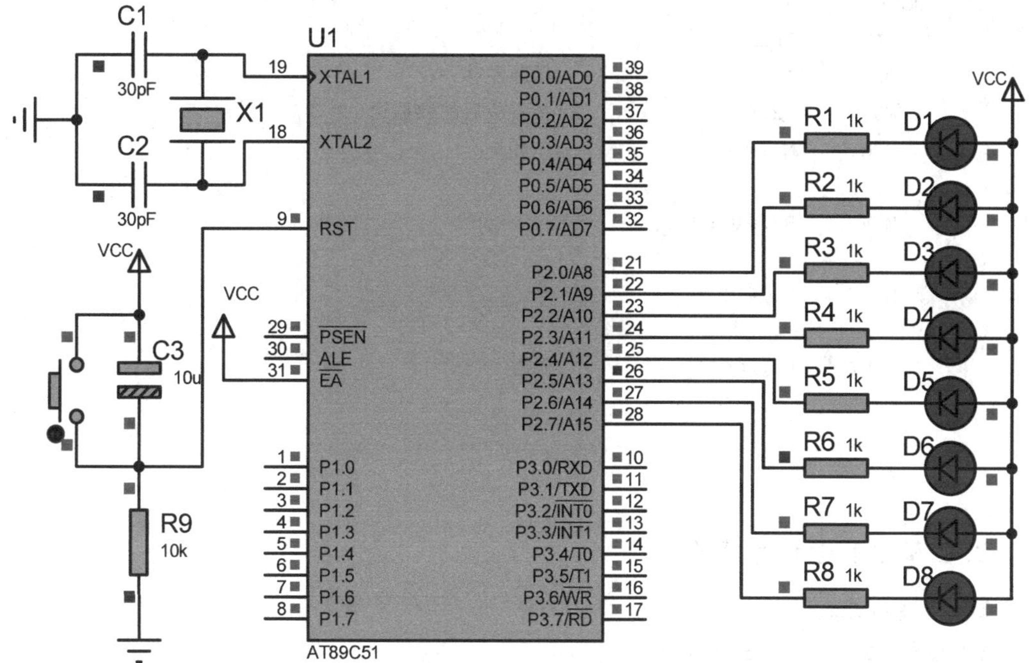

图 4-2　流水灯实验仿真图

表 4-3　流水灯电路仿真所需元件列表

元件名称	型　　号	数　量	Proteus 的关键字
单片机	AT89C51	1	AT89C51
复位按钮		1	BUTTON
电容	30pF	2	CAP
晶振	11.0592MHz	1	CRYSTAL
电解电容	10μF	1	CAP-ELEC
发光二极管(绿色)		8	LED-GREEN
电阻	1kΩ	8	RES
电阻	10kΩ	1	RES

4.2.7　实验参考程序

1. 汇编语言参考程序清单

```
        ORG     0000H
        LJMP    MAIN
        ORG     0100H
MAIN:
        MOV     A,#0FFH
        CLR     C                   ;清零
```

```
MAINLOOP:
        CALL    DELAY
        RLC     A                   ;循环左移一位
        MOV     P2,A                ;将移位后的数据送 P2 口
        SJMP    MAINLOOP            ;循环
DELAY:
        MOV     R7,#0EFH
LOOP:
        MOV     R6,#0FFH
LOOP1:
        DJNZ    R6,LOOP1            ;延时
        DJNZ    R7,LOOP
        RET
        END
```

2. C 语言参考程序清单

```
#include "reg51.h"
#define uint unsigned int
#define uchar unsigned char
void delay(void)                    //延时
{
    uint i,j,k;
    for(i=2;i>0;i--)
    {
        for(j=75;j>0;j--)
        {
            for(k=200;k>0;k--);
        }
    }
}
void main(void)
{
    uchar i,j;
    P2=0xff;
    while(1)
    {
        j=0x01;
        for(i=0;i<8;i++)
        {
            P2=~j;
            delay();
            j=j<<1;
        }
    }
}
```

4.2.8　实验思考题

(1) 修改程序,使 LED 闪亮的时间间隔为 600ms。

(2) 修改程序,先让 8 个 LED 轮流点亮,然后让 8 个 LED 灯全部点亮 1s。循环实现上述两个过程。

4.3　蜂鸣器驱动实验

4.3.1　实验目的

(1) 了解蜂鸣器的工作原理。

(2) 利用单片机的 P2 口作为基本的 I/O 口控制蜂鸣器,使其产生各种音乐。

4.3.2　实验设备及器件

PC	1 台
DP-51PROC 单片机综合仿真实验仪	1 台
数字示波器	1 台

4.3.3　实验内容

(1) 利用软件延时方式编程使单片机的 I/O 口产生连续方波信号,驱动蜂鸣器发出 1kHz 的提示声。

(2) 编写程序控制蜂鸣器发出《兰花草》的音乐。

4.3.4　蜂鸣器驱动原理

根据构造方式的不同,蜂鸣器可分为压电式蜂鸣器和电磁式蜂鸣器两种类型。压电式蜂鸣器主要由多谐振荡器、压电蜂鸣片、阻抗匹配器及共鸣箱、外壳等组成,利用压电陶瓷的压电效应带动金属片的振动而发声,有的压电式蜂鸣器外壳上还装有发光二极管。电磁式蜂鸣器由振荡器、电磁线圈、磁铁、振荡膜片及外壳等组成。振荡器产生的音频信号电流通过电磁线圈,使电磁线圈产生磁场,振动膜片在电磁线圈和磁铁的相互作用下,周期性地振动发声。本次实验采用电磁式的蜂鸣器。

对于实验内容(1),利用单片机 P2.0 控制端口产生周期性的音频信号,使其发出声音。若晶振 $f_{osc}=11.0592\text{MHz}$,则频率 $f=1\text{kHz}$ 的音频信号的延时程序如下:

```
DELAY: MOV R0,#229          ;延时约为 1.085μs
       DJNZ R0,$            ;延时约为 496.93μs
       RET                  ;延时约为 2.17μs
```

所以总的延时时间约为 0.5ms,在设计程序时,只需将该延时程序调用两次,就可实现周期为 1ms 的音频信号。

对于实验内容(2),若让蜂鸣器发出《兰花草》的音乐,首先了解该乐曲的每个音符,每个音符对应蜂鸣器一个固定的频率,音符与频率的关系见表 4-4。

表 4-4 音符与频率对照表

音符 频率/Hz 音调	1	2	3	4	5	6	7
A	440	494	554	589	661	742	833
B	495	556	624	661	742	833	935
C	262	294	330	350	393	440	494
D	294	330	370	393	440	494	556
E	330	371	416	440	494	556	624
F	350	393	440	467	525	589	661
G	393	440	494	525	589	661	742

4.3.5 实验步骤

由于蜂鸣器的工作电流一般比较大,需要用较大的电流才能驱动,可使用三极管或内部集成的达林顿管 ULN2003 来驱动。实验仪上的驱动蜂鸣器实验电路如图 4-3 所示。采用 PNP 型的 S8550 三极管驱动蜂鸣器。

实验步骤如下:

(1) 使用导线把 A2 区的 P20 与 B5 区的 BUZZ 接线柱相连。

(2) 编写实验内容(1)的程序,并在实验箱上运行该程序,使 B5 区的蜂鸣器发出提示音。

(3) 编写实验内容(2)的程序,使蜂鸣器发出《兰花草》音乐。

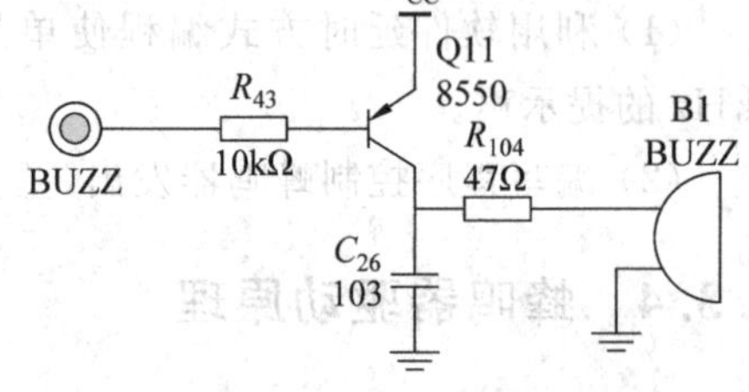

图 4-3 驱动蜂鸣器原理图

4.3.6 蜂鸣器驱动实验仿真图

驱动蜂鸣器的仿真电路图如图 4-4 所示,在仿真过程中,P2.0 口的输出端有高低电平交替出现,因此输出一定频率的方波信号,蜂鸣器发出该频率的声音。在 Proteus 中按照上述电路绘制电路图,元器件清单见表 4-5。

表 4-5 蜂鸣器电路仿真所需元件列表

元件名称	型　　号	数　量	Proteus 的关键字
单片机	AT89C51	1	AT89C51
晶振	11.0592MHz	1	CRYSTAL
电容	30pF	2	CAP

续表

元件名称	型　　号	数　量	Proteus 的关键字
电解电容	10μF	1	CAP-ELEC
电阻	47Ω	1	RES
电阻	8.2kΩ	1	RES
电阻	10kΩ	1	RES
三极管	S8550	1	PNP
蜂鸣器		1	SPEAKER
复位按钮		1	BUTTON

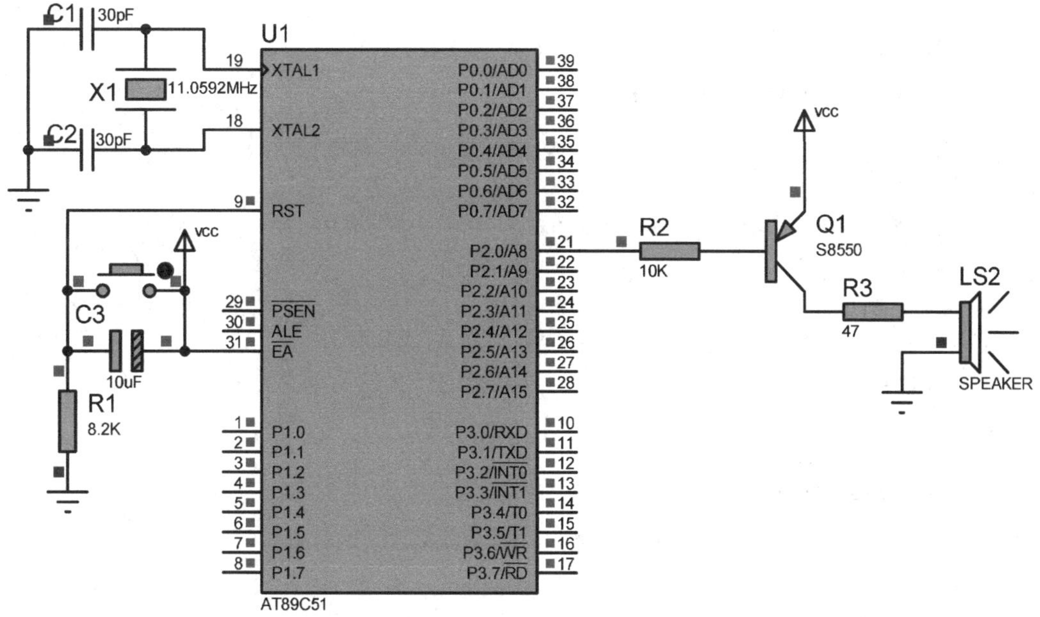

图 4-4　驱动蜂鸣器电路仿真图

4.3.7　实验参考程序

1. 实验内容(1)的汇编语言程序清单

```
        ORG     0000H
        LJMP    MAIN
        ORG     0100H
MAIN:
        SETB    P2.0            ;P2.0 端口输出高电平
        CALL    DELAY           ;延时 0.5ms
        CLR     P2.0            ;P2.0 端口输出低电平
        CALL    DELAY           ;延时 0.5ms
```

```
        SJMP    MAIN
DELAY:
        MOV     R0,#229
        DJNZ    R0,$
        RET
        END
```

2. 实验内容(1)的 C 语言程序清单

```
#include <reg51.h>
#include<intrins.h>
sbit bell=P2^0;
void delay(int j)
{
    int i;
    for(i=0;i<j;i++)
    {
        _nop_();
        _nop_();
    }
}
void main()
{
    while(1)
    {
        bell=~bell;
        delay(25);
    }
}
```

3. 实验内容(2)的汇编语言程序清单

```
        ORG     0000H
        JMP     MAIN
        ORG     000BH
        JMP     INTT0
        ORG     0100H
MAIN:
        MOV     SP,#60H
        MOV     TMOD,#01H           ;初始化定时器及其中断
        SETB    ET0                 ;开定时器 0 中断
        SETB    EA
        SETB    TR0                 ;启动定时器 0
START0:
        SETB    P2.0
```

```
        MOV     30H,#00H
NEXT:
        MOV     A,30H
        MOV     DPTR,#TABLE         ;从 TABLE 中读数据——声响时间
        MOVC    A,@A+DPTR
        MOV     R2,A
        JZ      ENDD
        ANL     A,#0FH
        MOV     R5,A
        MOV     A,R2
        SWAP    A
        ANL     A,#0FH
        JNZ     SING
        CLR     TR0
        JMP     D1
SING:
        DEC     A
        MOV     22H,A
        RL      A
        MOV     DPTR,#TABLE1        ;从 TABLE1 中读数据——声调
        MOVC    A,@A+DPTR
        MOV     TH0,A
        MOV     21H,A
        MOV     A,22H
        RL      A
        INC     A
        MOVC    A,@A+DPTR
        MOV     TL0,A
        MOV     20H,A
        SETB    TR0
D1:
        CALL    DELAY               ;声音延时
        INC     30H
        JMP     NEXT
ENDD:
        CLR     TR0
        JMP     START0
INTT0:                              ;定时器 0 中断服务程序
        PUSH    PSW
        PUSH    ACC
        MOV     TL0,20H
        MOV     TH0,21H
        CPL     P2.0
        POP     ACC
        POP     PSW
```

```
      RETI
DELAY:                              ;R5的值就是声响持续时间
      MOV     R7,#02
DELAY0:
      MOV     R4,#187
DELAY1:
      MOV     R3,#248
      DJNZ    R3,$
      DJNZ    R4,DELAY1
      DJNZ    R7,DELAY0
      DJNZ    R5,DELAY
      RET
TABLE:
      DB 42H,82H,82H,82H,84H,02H,72H
      DB 62H,72H,62H,52H,48H
      DB 0B2H,0B2H,0B2H,0B2H,0B4H,02H,0A2H
      DB 12H,0A2H,0D2H,92H,88H
      DB 82H,0B2H,0B2H,0A2H,84H,02H,72H
      DB 62H,72H,62H,52H,44H,02H,12H
      DB 12H,62H,62H,52H,44H,02H,82H
      DB 72H,62H,52H,32H,48H
      DB 72H,62H,52H,32H,48H
      DB 00H
TABLE1:
      DW 64021,64103,64260,64400,64524,64580,64684
      DW 64777, 64820,64898,64968,65030, 64934
      END
```

4. 实验内容(2)的 C 语言程序清单

```
#include "reg51.h"
sbit P2_0=P2^0;
unsigned char code TABLE[]={0x42,0x82,0x82,0x82,0x84,0x02,0x72,
                            0x62,0x72,0x62,0x52,0x48,
                            0x0B2,0x0B2,0x0B2,0x0B2,0x0B4,0x02,0x0A2,
                            0x12,0x0A2,0x0D2,0x92,0x88,
                            0x82,0x0B2,0x0B2,0x0A2,0x84,0x02,0x72,
                            0x62,0x72,0x62,0x52,0x44,0x02,0x12,
                            0x12,0x62,0x62,0x52,0x44,0x02,0x82,
                            0x72,0x62,0x52,0x32,0x48,
                            0x72,0x62,0x52,0x32,0x48,0x00};
unsigned int code TABLE1[]={64021,64103,64260,64400, 64524,64580,64684,64777,
                            64820,64898,64968,65030, 64934};
unsigned char th0_temp,tl0_temp;
void SING(unsigned char hi);
```

```
void DELAY(unsigned char lo);
main()
{
    unsigned char i,hi,lo,coute;
    TMOD=0X01;
    ET0=1;
    EA=1;
    TR0=1;
    while(1)
    {
        P2_0=1;
        coute=0;
        while(TABLE[coute]! =0)
        {
            i=TABLE[coute];
            coute++;
            lo=i&0x0f;
            hi=(i&0xf0)>>4;
            if(hi>0)
                SING(hi);
            else
                TR0=0;
            DELAY(lo);
        }
    }
}
void SING(unsigned char hi)
{
    th0_temp=(TABLE1[hi-1]/256);
    TH0=th0_temp;
    tl0_temp=(TABLE1[hi-1]%256);
    TL0=tl0_temp;
    TR0=1;
}
void DELAY(unsigned char lo)
{
    unsigned char temp1,temp2;
    do
    {
        for(temp1=0;temp1<150;temp1++)
            for(temp2=0;temp2<200;temp2++);
    }while(lo--);
}
```

```
void INTT0() interrupt 1                        //定时器 0 中断函数
{
    TH0=th0_temp;
    TL0=tl0_temp;
    P2_0=~P2_0;
}
```

4.3.8 实验思考题

(1) 利用软件延时方式实现变频报警,让单片机的某 I/O 口交替输出 1kHz 和 2kHz 的变频信号,交替时间间隔为 1s,如何编写程序?

(2) 根据音符和频率对照表,如何通过程序编写出音乐?

(3) 试设计一个简易的电子音符发生器。使其发出"哆"、"唻"、"咪"、"发"、"嗽"、"拉"、"西",利用每个按键对应一个音符,弹奏一首简单的音乐。

4.4 74HC138 译码器实验

4.4.1 实验目的

(1) 熟悉 74HC138 译码器的使用方法。

(2) 学会使用 74HC138 进行电路设计。

4.4.2 实验设备及器件

PC	1 台
DP-51PROC 单片机综合仿真实验仪	1 台

4.4.3 实验内容

(1) 利用单片机的 P1 口控制 74HC138 的数据输入端,依次选择 $\overline{Y0}$、$\overline{Y1}$ 和 $\overline{Y2}$ 输出端口使其输出有效。

(2) 将译码数据输出端口连接 3 个 LED 指示灯,验证译码的正确性。

4.4.4 74HC138 的工作原理

74HC138 是一种三通道输入、八通道输出译码器,其引脚如图 4-5 所示。其中数据选择输入端为 C、B、A(C 端为三位数据输入的高位);使能端为 $\overline{G2A}$、$\overline{G2B}$ 和 G1;数据选通端口为 $\overline{Y0}$～$\overline{Y7}$,低电平有效。

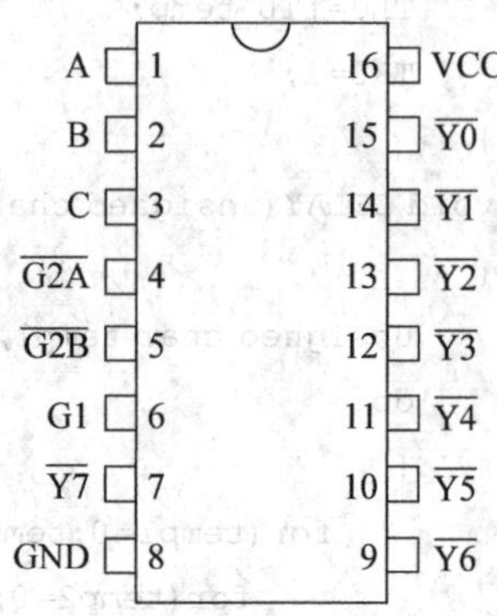

图 4-5 74HC138 芯片引脚图

当选通端 G1 为高电平,另外两个选通端 $\overline{G2A}$ 和 $\overline{G2B}$ 为低电平时,可将地址端(C、B、A)的二进制编码在一个对应的输出端以低电平译出。74HC138 真值表见表 4-6。

表 4-6　74HC138 真值表

输入						输出							
使能			选择										
G1	$\overline{G2A}$	$\overline{G2B}$	C	B	A	$\overline{Y0}$	$\overline{Y1}$	$\overline{Y2}$	$\overline{Y3}$	$\overline{Y4}$	$\overline{Y5}$	$\overline{Y6}$	$\overline{Y7}$
X	1	1	X	X	X	1	1	1	1	1	1	1	1
0	X	X	X	X	X	1	1	1	1	1	1	1	1
1	0	0	0	0	0	0	1	1	1	1	1	1	1
1	0	0	0	0	1	1	0	1	1	1	1	1	1
1	0	0	0	1	0	1	1	0	1	1	1	1	1
1	0	0	0	1	1	1	1	1	0	1	1	1	1
1	0	0	1	0	0	1	1	1	1	0	1	1	1
1	0	0	1	0	1	1	1	1	1	1	0	1	1
1	0	0	1	1	0	1	1	1	1	1	1	0	1
1	0	0	1	1	1	1	1	1	1	1	1	1	0

4.4.5　实验步骤

实验仪 A3 区的实验连线如图 4-6 所示。实验步骤如下：

(1) 短接 A3 区 JP4 接口上的短接帽，将 A3 区 A、B、C、G1、$\overline{G2A}$和$\overline{G2B}$与 A2 区的 P1.0～P1.5 相连。

(2) 将 D1 区的 LED1、LED2、LED3 分别接到 A3 区译码数据输出接口$\overline{Y0}$、$\overline{Y1}$和$\overline{Y2}$。

(3) 打开程序调试软件，下载运行编写好的软件程序，查看程序运行结果是否正确。

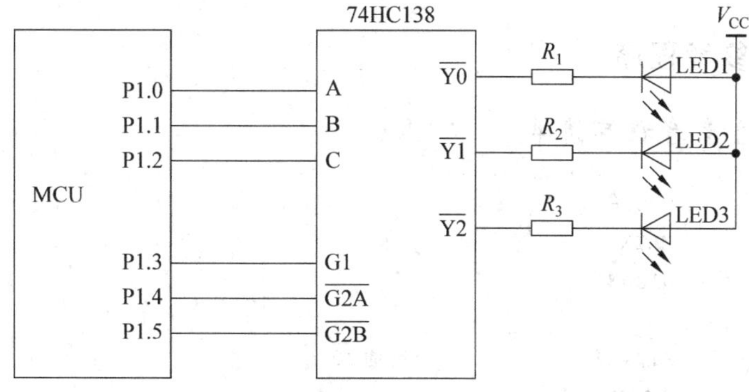

图 4-6　74HC138 译码器连线图

4.4.6　74HC138 译码器实验仿真图

74HC138 译码器实验电路仿真图如图 4-7 所示，P1.0～P1.2 接 74HC138 译码器数据输入端，P1.3～P1.5 接 74HC138 译码器使能端，当数据输出端 $\overline{Y0}$、$\overline{Y1}$ 和 $\overline{Y2}$ 输出低电平时 LED1、LED2 和 LED3 逐次被点亮。仿真电路所用元器件名称见表 4-7。

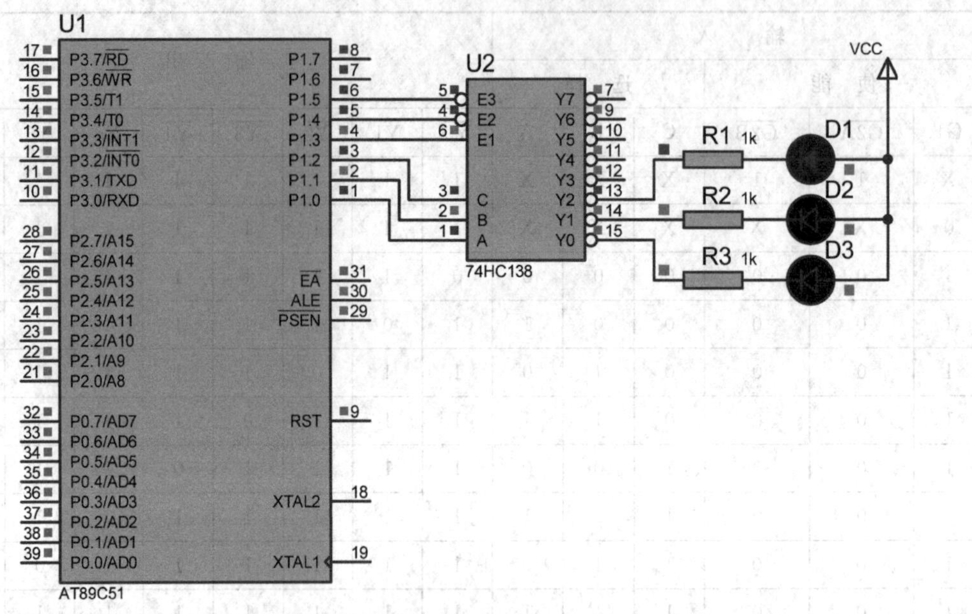

图 4-7　74HC138 译码器实验仿真图

表 4-7　74HC138 译码器电路仿真所需元件列表

元件名称	型　　号	数量	Proteus 的关键字
单片机	AT89C51	1	AT89C51
译码器	74HC138	1	74HC138
发光二极管(绿色)		3	LED-GREEN
电阻	1kΩ	3	RES

4.4.7　实验参考程序

1. 汇编语言参考程序清单

```
        ORG     0000H
        LJMP    MAIN
        ORG     0100H
MAIN:
        MOV     P1,#08H         ;选通Y0
        LCALL   DELAY
        MOV     P1,#09H         ;选通Y1
        LCALL   DELAY
        MOV     P1,#0AH         ;选通Y2
        LCALL   DELAY
        LJMP    MAIN
```

```
DELAY:                              ;延时
      MOV        R2,#03H
L1:
      MOV        R1,#0FFH
W1:
      MOV        R0,#0FFH
W2:
      DJNZ       R0,W2
      DJNZ       R1,W1
      DJNZ       R2,L1
      NOP
      NOP
      RET
      END
```

2. C 语言参考程序清单

```
#include "reg51.h"
void delay()                           //延时
{
    unsigned char i,j,k;
    for(i=0;i<0x03;i++)
        for(j=0;j<0xff;j++)
            for(k=0;k<0xff;k++);
}
void main()
{
    while(1)
    {
        P1=0x08;                       //选通Y0
        delay();
        P1=0x09;                       //选通Y1
        delay();
        P1=0x0A;                       //选通Y2
        delay();
    }
}
```

4.4.8　实验思考题

(1) 在单片机电路中,74HC138 是如何产生片选信号的?

(2) 怎样利用 74HC138 组成十六线译码器?

(3) 利用 74HC138 输出作位选信号,如何控制 8 个数码管?

4.5 外部中断控制实验

4.5.1 实验目的

了解 51 系列单片机的中断原理,掌握中断程序的设计方法。

4.5.2 实验设备及器件

PC　　1 台
DP-51PROC 单片机综合仿真实验仪　　1 台

4.5.3 实验内容

手动扩展外部中断 0 和外部中断 1。设定外部中断边沿触发方式有效,当外部中断 0 产生中断时,让 8 只 LED 发光二极管轮流点亮后一起全亮,按此规律循环点亮显示;当外部中断 1 产生中断时熄灭所有发光二极管。编写程序实现该中断控制功能。

4.5.4 外部中断编程说明

中断程序主要由两部分组成:中断初始化程序和中断服务程序。中断初始化程序的位置位于主程序中,主要包括选择外部中断的触发方式、开中断、设置中断优先级等。当中断请求源发出中断请求时,如果中断请求被允许,单片机暂时中止当前正在执行的主程序,转到中断服务处理程序处理中断服务请求。中断服务处理程序处理完中断服务请求后,再回到原来被中止的程序之处(断点),继续执行被中断的主程序。

AT89C51 中断系统共有 5 个中断源,它们的中断入口地址见表 4-8。本次实验用到的两个中断即外部中断 0 和外部中断 1,它们的中断入口地址分别为 0003H 和 0013H。

表 4-8 中断入口地址

中断源	中断入口地址	中断源	中断入口地址
外部中断 0	0003H	定时器 1	001BH
定时器 0	000BH	串口中断	0023H
外部中断 1	0013H		

具体编程步骤如下:

(1) 在汇编语言中通过 ORG 指令设置外部中断的入口地址。

(2) 在编写主程序时,首先应对外部中断进行初始化,外部中断初始化包括中断允许设置和中断触发方式选择。

(3) 在主程序中设置相关的中断允许位,中断允许是对 IE 寄存器进行设置。IE 中与中断有关的各控制位如下:

EA			ES	ET1	EX1	ET0	EX0

本次实验中，将总中断允许位 EA 置 1，中断允许标志位 EX1 和 EX0 均置 1，因此 IE=85H。

(4) 中断触发方式选择是对定时器控制寄存器 TCON 进行设置，TCON 中与中断有关的各控制位如下：

TF1		TF0		IE1	IT1	IE0	IT0

本次实验中选择边沿触发方式，因此 TCON 为 05H。

(5) 编写中断服务子程序。

(6) 所有的中断子程序必须以 RETI 指令返回主程序。

4.5.5　实验步骤

(1) 将 A2 区 P2.0～P2.7 分别连接到 D1 区 8 个 LED 发光二极管。

(2) 将 A2 区的外部中断 0 和外部中断 1 接口分别连接到 D1 区按键开关 K1、K2 上。

(3) 打开程序调试软件，下载运行编写好的软件程序，观察实验现象。

4.5.6　外部中断控制实验仿真图

实验电路仿真图如图 4-8 所示，仿真电路所用元器件名称见表 4-9。

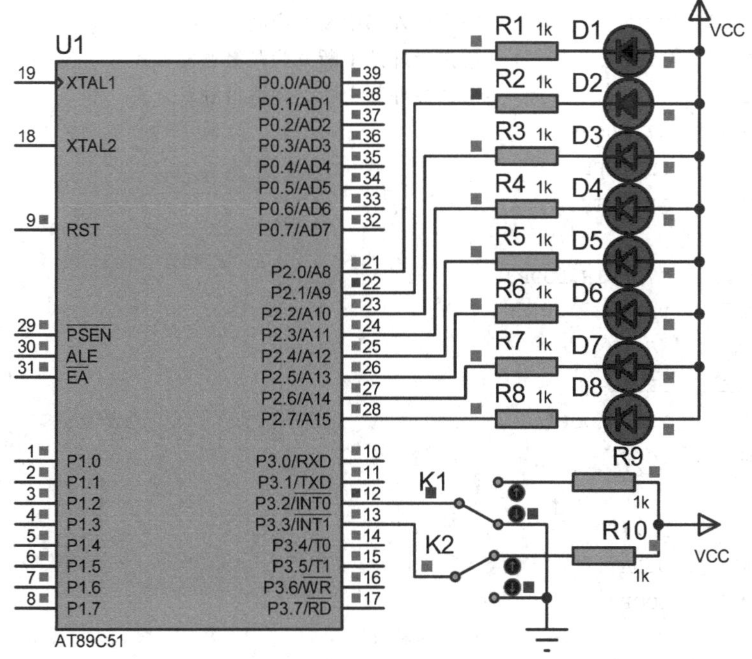

图 4-8　中断控制实验仿真图

表 4-9　中断控制电路仿真所需元件列表

元件名称	型　号	数　量	Proteus 的关键字
单片机	AT89C51	1	AT89C51
单刀双掷开关	SW-SPST	2	SW-SPST
发光二极管(绿色)		8	LED-GREEN
电阻	1kΩ	10	RES

4.5.7　实验参考程序

1. 汇编语言参考程序清单

```
        ORG     0000H
        LJMP    MAIN
        ORG     0003H           ;外部中断 0 入口地址
        LJMP    IN0
        ORG     0013H           ;外部中断 1 入口地址
        LJMP    IN1
        ORG     0030H
MAIN:
        SETB    EA              ;总中断允许
        SETB    EX0             ;允许外部中断 0 中断
        SETB    EX1             ;允许外部中断 1 中断
        SETB    IT0             ;选择外部中断 0 为跳沿触发方式
        SETB    IT1             ;选择外部中断 1 为跳沿触发方式
        MOV     R7,#00H
        MOV     P2,#0FFH
        MOV     A,#0FEH
LOOP3:
        CJNE    R7,#01H,LOOP3
        MOV     P2,A
        RL A
        LCALL   DELAY
        JNB     P2.7,LOOP1
        LJMP    LOOP3
LOOP1:
        MOV     P2,#00H
        LCALL   DELAY
        LJMP    LOOP3
DELAY:                          ;延时程序
        MOV     R2,#03H
L1:
        MOV     R1,#0FFH
W1:
```

```
        MOV     R0,#0FFH
W2:
        DJNZ    R0,W2
        DJNZ    R1,W1
        DJNZ    R2,L1
        NOP
        NOP
        RET
IN0:
        MOV     R7,#01H         ;外部中断 0 的中断服务函数
        RETI
IN1:
        MOV     R7,#02H         ;外部中断 1 的中断服务函数
        MOV     P2,#0FFH
        MOV     A,#0FEH
        RETI
        END
```

2. C 语言参考程序清单

```
#include "reg51.h"
#define uchar unsigned char
const tab[]={0xfe,0xfd,0xfb,0xf7,0xef,0xdf,0xbf,0x7f} ;     //正向流水灯
uchar flag;
void delay()                        //延时程序
{
    uchar i,j,k;
    for(i=0;i<0x10;i++)
        for(j=0;j<0xff;j++)
            for(k=0;k<0xff;k++);
}
void int1()interrupt 0              //外部中断 0 的中断服务函数
{
    flag=0x01;
}
void int2()interrupt 2              //外部中断 1 的中断服务函数
{
    flag=0x02;
}

void main()
{
    uchar i;
    EA=1;                           //总中断允许
    EX0=1;                          //允许外部中断 0 中断
```

```
    EX1=1;                          //允许外部中断 1 中断
    IT0=1;                          //选择外部中断 0 为跳沿触发方式
    IT1=1;                          //选择外部中断 1 为跳沿触发方式
    P2=0xff;
    while(1)
    {
        switch(flag)
        {
            case 1:
                for(i=0;i<8;i++)
                {
                    if(flag==0x02)  break;
                    P2=tab[i];
                    delay();
                }
                if(flag==0x02)  break;
                P2=0x00;
                delay();
                break;
            case 2:
                P2=0xff;
                delay();
                break;
        }
    }
}
```

4.5.8　实验思考题

(1) 51 系列单片机有几级中断优先级？怎样设置使外部中断 1 的优先级高于外部中断 0?

(2) 修改程序，当外部中断 1 响应后，让 8 个 LED 灯交替闪烁(第 1、3、5、7 个 LED 灯亮 1s 后，第 2、4、6、8 个 LED 灯亮 1s，轮流闪烁)。

4.6　定时器应用实验

4.6.1　实验目的

(1) 了解定时器中断系统中定时、计数的概念。

(2) 熟悉单片机内部定时/计数器的结构与工作原理。

(3) 学会利用定时器控制产生占空比可变的波形。

4.6.2　实验设备及器件

PC　　1台

DP-51PROC 单片机综合仿真实验仪　　1 台
数字示波器　　1 台

4.6.3　实验内容

编写一段程序,用 P2.5 口输出一个占空比为 1∶4 的矩形波,如图 4-9 所示,用数字示波器来观察 P2.5 输出的波形,验证实验的正确性。

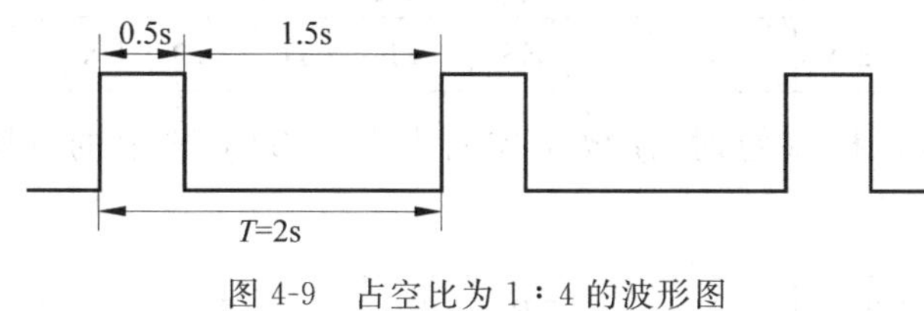

图 4-9　占空比为 1∶4 的波形图

4.6.4　定时器中断编程说明

在编写程序时,首先要对定时器进行初始化设置。定时器的初始化程序包括以下几步:

(1) 确定定时器工作方式。

(2) 根据定时时间计算初值。

(3) 中断允许设置。

(4) 启动定时器开始工作。

AT89C51 单片机内部有两个 16 位可编程的定时器/计数器 T0 和 T1,其中 T0 由 TH0 和 TL0 计数器构成,T1 由 TH1 和 TL1 计数器构成。每个定时器/计数器都具有定时和计数两种工作模式,由方式控制寄存器 TMOD 选择 T0 和 T1 的工作模式,方式控制寄存器 TMOD 的地址为 89H,控制字格式如下:

GATE	C/$\overline{T}$	M1	M0	GATE	C/$\overline{T}$	M1	M0

每个定时器/计数器都具有 4 种工作方式,并通过方式控制寄存器 TMOD 中的 M1M0 的编码进行选择,M1M0 工作方式选择见表 4-10。

表 4-10　M1M0 工作方式选择

M1M0	工 作 方 式
00	方式 0,为 13 位定时器/计数器
01	方式 1,为 16 位定时器/计数器
10	方式 2,为 8 位的常数自动重新装载的定时器/计数器
11	方式 3,仅适用于 T0,此时 T0 分成两个 8 位计数器,T1 停止计数

本实验采用定时/计数器 T0 ,使其处于定时工作模式,并选择工作方式 1,因此,TMOD=01H。若选择定时时间为 50ms,由于需要产生 0.5s 和 1.5s 的定时时间,因此分别需要定时中断 10 次和 30 次才能实现。编程的具体步骤如下:

(1) T0 初值的计算：当 T0 处于定时工作模式时，定时时间为：$t=(2^{16}-\text{T0 初值})\times$振荡周期×12，因此，50ms＝$(2^{16}-\text{T0 初值})\times(12/f_{osc})$，计算出 T0 初值＝19456D＝4C00H。TH0 寄存器赋值为 4CH，TL0 寄存器赋值为 00H。寄存器 A 用来控制定时所需的中断次数，0.5s 需中断的次数为 10 次，1.5s 需中断的次数为 30 次。

(2) 设置中断允许寄存器 IE，将总中断允许位 EA 设置为 1，定时器 T0 的中断允许位 ET0 设置为 1，即 IE＝82H。中断允许寄存器 IE 的格式如下：

EA	—	—	ES	ET1	EX1	ET0	EX0

(3) 开启定时器，即将定时/计数器控制寄存器 TCON 中的 TR0 设置为 1 即可。TCON 的格式如下：

TF1	TR1	TF0	TR0	IE1	IT1	IE0	IT0

(4) 当定时时间 50ms 到后，执行中断子程序，在中断子程序中再次赋初值，并将控制中断次数的寄存器 A 中的值加 1，然后分别判断寄存器 A 的值是否为 30 或 40，若 A＝30，则 1.5s 低电平的定时时间到，控制 P2.5 口输出高电平；若 A＝40，则 0.5s 高电平的定时时间到，控制 P2.5 口输出低电平。若 A 既不等于 30 也不等于 40，则说明 1.5s 或 0.5s 的时间没到，跳出中断程序返回主程序继续运行。如此循环往复，P2.5 口便可以输出一个占空比为 1∶4 的矩形波。

4.6.5 实验步骤

(1) 将示波器的探针连接到 A2 区的 P2.5 口，黑夹子接地。

(2) 打开程序调试软件，下载并运行编写好的软件程序，用数字示波器观测 P2.5 口的波形。

4.6.6 定时器应用实验仿真图

定时器应用实验电路仿真图如图 4-10 所示，仿真结果如图 4-11 所示，仿真电路需用的元器件见表 4-11。

表 4-11 定时器应用电路仿真所需元器件列表

元件名称	型　号	数　量	Proteus 的关键字
单片机	AT89C51	1	AT89C51
复位按钮		1	BUTTON
电容	30pF	2	CAPACITOR
晶振	11.0592MHz	1	CRYSTAL
电解电容	10μF	1	CAP-ELEC
电阻	10kΩ	1	RES

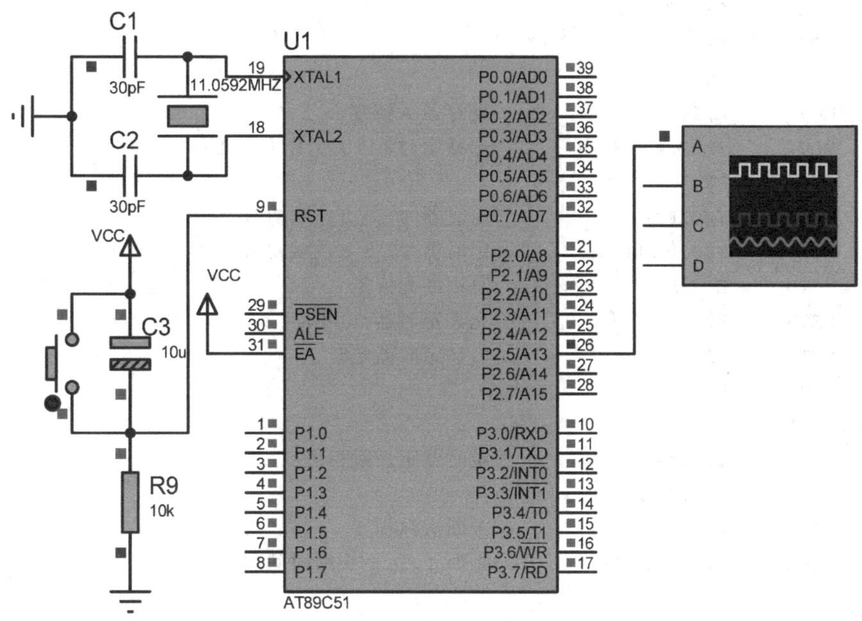

图 4-10　定时器应用实验仿真电路图

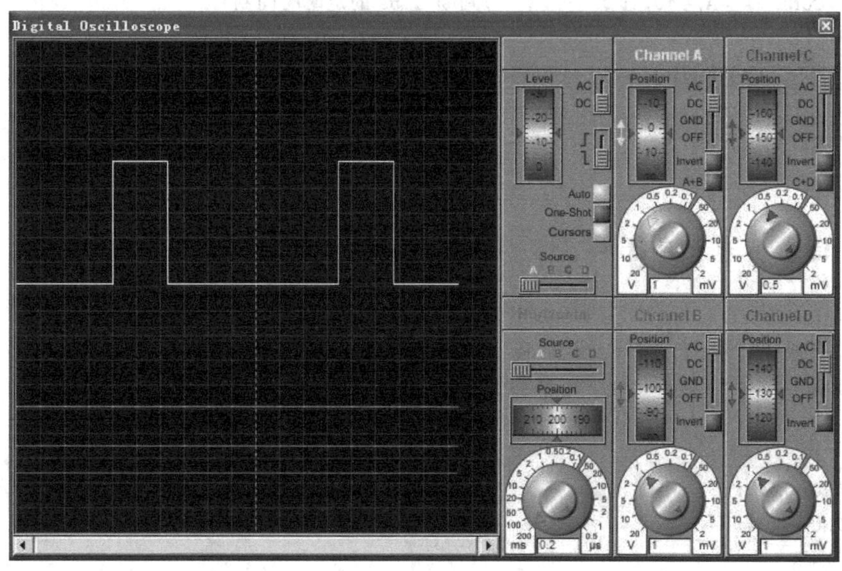

图 4-11　定时器应用实验仿真结果图

4.6.7　实验参考程序

1. 汇编语言参考程序清单

```
ORG     0000H
LJMP    MAIN
ORG     000BH                  ;定时器 0 的中断入口地址
```

```
        LJMP    SERVE
        ORG     0030H
MAIN:
        MOV     A,#0                ;寄存器 A 清零
        MOV     TMOD,#01H           ;选择定时器 T0,工作方式 1
        CLR     P2.5
        MOV     TH0,#4CH            ;定时器 T0 高 8 位赋初值
        MOV     TL0,#00H            ;定时器 T0 低 8 位赋初值
        SETB    EA                  ;总中断允许
        SETB    ET0                 ;允许定时器 T0 中断
        SETB    TR0                 ;启动定时器定时
HERE: LJMP      HERE
SERVE:
        MOV     TH0,#4CH            ;定时器重新赋初值
        MOV     TL0,#00H
        ADD     A,#1                ;中断次数加 1
        CJNE    A,#30,LOOP1         ;判断 1.5s 的定时时间到否
        CPL     P2.5
        LJMP    ENDD
LOOP1:
        CJNE    A,#40,ENDD          ;判断 0.5s 的定时时间到否
        CPL     P2.5
        MOV     A,#0                ;中断次数清零,为下一个周期做准备
ENDD:
        RETI
        END
```

2. C 语言参考程序清单

```
#include "reg51.h"
sbit P2_5=P2^5;
unsigned char t=0;
void time0_server(void)interrupt 1
{
    TH0=0x4C;                    //定时器 T0 高 8 位赋初值
    TL0=0x00;                    //定时器 T0 低 8 位赋初值
    t++;
}
void Init_t0(void)
{
    TMOD=0x01;                   //选择定时器 T0,工作方式 1
    TH0=0x4C;                    //定时器 T0 高 8 位赋初值
    TL0=0x00;                    //定时器 T0 低 8 位赋初值
    EA=1;                        //总中断允许
    ET0=1;                       //允许定时器 T0 中断
    TR0=1;                       //启动定时器定时
}
```

```
void main(void)
{
    P2_5=1;
    Init_t0();
    while(1)
    {
        if((t==10)&&(P2_5==1))          //输出 0.5s 高电平
        {
            t=0;
            P2_5=0;
        }
        else if ((t==30)&& (P2_5==0))   //输出 1.5s 低电平
        {
            t=0;
            P2_5=1;
        }
    }
}
```

4.6.8 实验思考题

(1) 如何利用定时器产生一个周期为 3s 的方波?

(2) 如何在 P2.5 口产生周期为 500μs、占空比为 3∶5 的波形?

4.7 扩展并行输出口实验

4.7.1 实验目的

了解 74HC164 串行输入、并行输出的工作原理,掌握单片机系统并行输出口的扩展方法。

4.7.2 实验设备及器件

PC 1 台

DP-51PROC 单片机综合仿真实验仪 1 台

4.7.3 实验内容

编写程序,利用单片机的 P1 口控制 74HC164 串行输入端,实现数据的并行输出。

4.7.4 74HC164 的工作原理

74HC164 是 8 位边沿触发的移位寄存器,将串行输入的数据转换成并行数据输出。其外部引脚图如图 4-12 所示。各

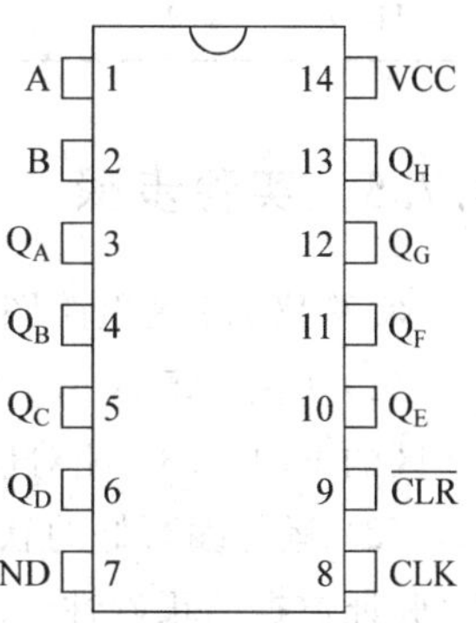

图 4-12 74HC164 引脚图

引脚的名称及功能说明见表4-12。

表4-12 74HC164引脚功能说明

引脚号	名 称	引 脚 描 述
1	A	串行数据输入A端
2	B	串行数据输入B端
3～6,10～13	Q_A～Q_H	并行数据输出Q_A～Q_H端
7	GND	接地端
8	CLK	时钟输入触发端,上升沿触发
9	$\overline{CLR}$	内部移位寄存器的复位引脚,低电平有效
14	VCC	电源端

当CLK引脚处于上升沿时刻,74HC164将引脚A&B的数据串行移入,然后从Q_A～Q_H并行输出,从而实现移位、并行输出的功能。A和B都作为串行数据输入端,通常数据选择其中之一端口输入,另外一串行输入端不用并且接高电平(不得悬空);也可将两个输入端A和B连接在一起,实现数据的串行输入。时钟引脚上升沿的跳变使得数据右移一位输入到高位上。当$\overline{CLR}$引脚为低电平时将使其所有输入端无效,同时复位内部移位寄存器,并行输出端输出为低电平。74HC164内部每个移位寄存器的输出端无锁存功能,移位输出的数据直接从并行输出口输出,其真值表见表4-13。

表4-13 74HC164真值表

输 入				输 出			
$\overline{CLR}$	CLK	A	B	Q_A	Q_B	…	Q_H
L	X	X	X	L	L	…	L
H	L	X	X	Q_{AO}	Q_{BO}	…	Q_{HO}
H	↑	H	H	H	Q_{AN}	…	Q_{GN}
H	↑	L	X	L	Q_{AN}	…	Q_{GN}
H	↑	X	L	L	Q_{AN}	…	Q_{GN}

4.7.5 实验步骤

实验仪A5区电路图如图4-13所示。实验步骤如下:

(1) 短接A5区JP10接口,将A5区的CLK164、DINA164、DINB164、CLR164插孔与A2区的P10～P13相对应连接,同时将Q_A～Q_H与D1区的LED1～LED8相连接。

(2) 运行编写好的软件程序,完成一次串并转换,观察LED1～LED8发光管的亮、灭状态,验证数据的正确性。

(3) 单步运行程序,通过LED发光管的亮、灭状态变化观察数据的移位过程。

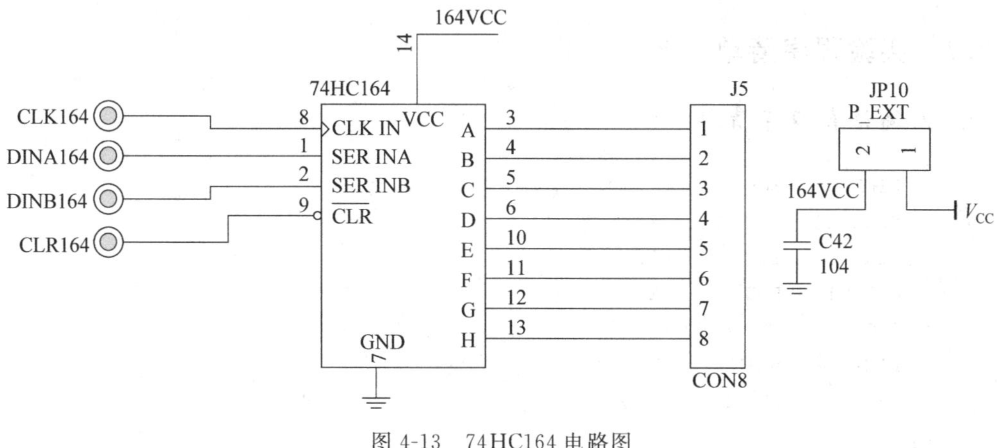

图 4-13　74HC164 电路图

4.7.6　74HC164 实验仿真图

74HC164 实验电路仿真图如图 4-14 所示。P1.1 端口串行输出数据“AAH”,经 74HC164 转化成并行输出后,可看出发光二极管间隔亮灭。仿真电路所需元器件见表 4-14。

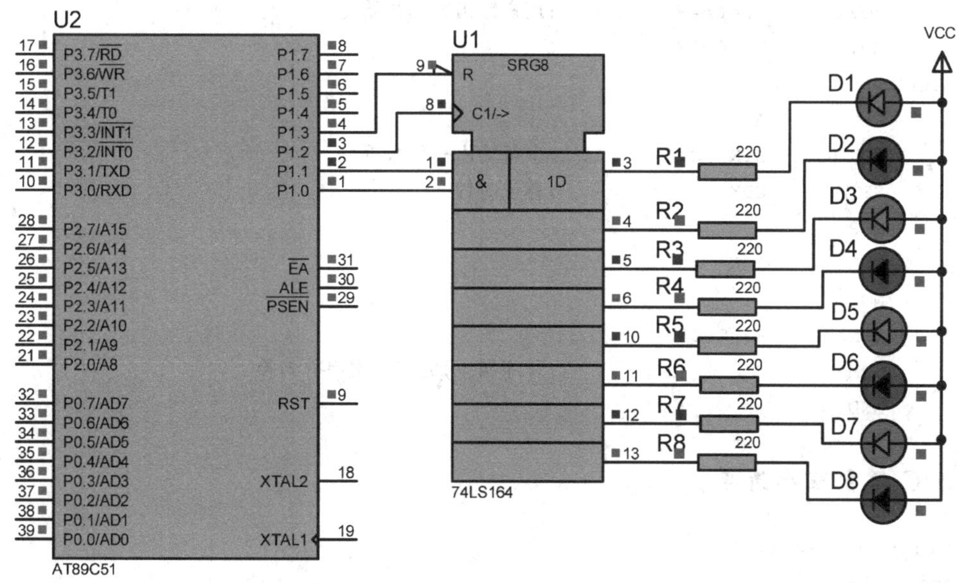

图 4-14　74HC164 实验电路仿真图

表 4-14　74HC164 电路仿真所需元件列表

元 件 名 称	型　　号	数　量	Proteus 的关键字
单片机	AT89C51	1	AT89C51
芯片	74HC164	1	74HC164
电阻	220Ω	8	RES
发光二极管(绿色)	LED-GREEN	8	LED-GREEN

4.7.7 实验程序清单

1. 汇编语言程序清单

```
        DINB    EQU     P1.0
        DINA    EQU     P1.1
        CLK     EQU     P1.2
        CLR164  EQU     P1.3
        ORG     0000H
        LJMP    MAIN
        ORG     0100H
MAIN:
        MOV     SP,#60H             ;设置堆栈向量
        NOP                         ;设置以下端口初始化
        CLR     CLK                 ;CLK=0
        SETB    DINB                ;DINB=1
        CLR     CLR164              ;CLR=0 输出端口清零
        SETB    CLR164              ;CLR=1
        MOV     A,#0AAH             ;用户输出数据初始化
        MOV     R4,#08H
SLCHG:
        RLC     A
        MOV     DINA,C              ;串行输出一位数据
        SETB    CLK                 ;移位时钟
        NOP
        CLR     CLK
        NOP
        DJNZ    R4,SLCHG
        SJMP    $                   ;程序结束,完成一次串并转换
        END
```

2. C 语言程序清单

```
#include "reg51.h"
sbit DINB=P1^0;
sbit DINA=P1^1;
sbit CLK=P1^2;
sbit CLR164=P1^3;
bdata unsigned char k;
sbit cc=k^7;
main( )
{
    unsigned char i;
    CLK=0;                          //CLK=0
    DINB=1;                         //DINB=1
```

```
    CLR164=0;                       //CLR=0 输出端口清零
    CLR164=1;                       //CLR=1
    k=0xAA;                         //用户输出数据初始化
    for(i=0;i<8;i++)
    {
        DINA=cc;                    //串行输出一位数据
        CLK=1;                      //移位时钟
        CLK=0;
        k=k<<1;
    }
    while(1);
}
```

4.7.8　实验思考题

如何利用 2 片 74HC164 扩展 16 位并行输出口?

4.8　扩展并行输入口实验

4.8.1　实验目的

了解 74HC165 并行输入、串行输出的工作原理,掌握单片机系统并行输入口的扩展方法。

4.8.2　实验设备及器件

PC　1 台

DP-51PROC 单片机综合仿真实验仪　1 台

4.8.3　实验内容

编写程序,利用 P1 口控制 74HC165 的串行输入端,实现 8 位拨码开关数据的并行输入。

4.8.4　74HC165 的工作原理

74HC165 是并行输入转换成串行输出的移位寄存器,其引脚图如图 4-15 所示,引脚功能说明见表 4-15。

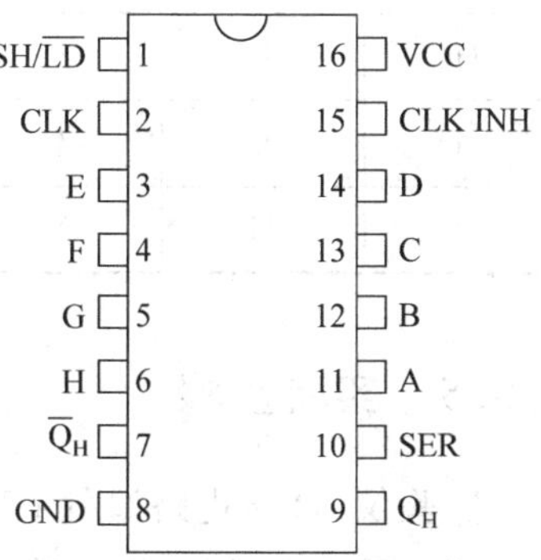

图 4-15　74HC165 引脚图

表 4-15　74HC165 引脚功能说明

引脚号	名　称	引 脚 描 述
1	SH/$\overline{LD}$	移位及置入数据端
2	CLK	时钟输入端

续表

引脚号	名　称	引 脚 描 述
3～6,11～14	A～H	8位并行数据输入A～H端
7	$\overline{Q_H}$	取反的串行数据输出
8	GND	接地端
9	Q_H	串行数据输出端
10	SER	串行数据输入端,多片级联时首尾输入端
15	CLK INH	时钟信号屏蔽端
16	VCC	电源端

当移位/置入数据控制端(SH/$\overline{LD}$)为低电平时,并行数据(A～H)被置入寄存器,时钟输入端(CLK)、时钟信号屏蔽端(CLK INH)及串行数据(SER)均处于无效状态;当移位/置入数据控制端(SH/$\overline{LD}$)为高电平时,并行置入数据功能被禁止,移位操作开始。当移位时钟脉冲CLK处于上升沿时刻,并行数据发生移位,并通过串行输出端Q_H逐位移出。其真值表见表4-16。

表4-16　74HC165真值表

输入					内部输出		输出Q_H
SH/$\overline{LD}$	CLK INH	CLK	串行SER	并行 A～H	Q_A	Q_B	
L	X	X	X	a～h	a	b	h
H	L	L	X	X	Q_{AO}	Q_{BO}	Q_{HO}
H	L	↑	H	X	H	Q_{AN}	Q_{GN}
H	L	↑	L	X	L	Q_{AN}	Q_{GN}
H	H	X	X	X	Q_{AO}	Q_{BO}	Q_{HO}

4.8.5　实验步骤

实验仪A4区电路如图4-16所示。实验步骤如下:

(1) 短接A4区JP11跳线,将A4区的165_$\overline{PL}$、165_CLK1、165_CLK2、165_SER、$\overline{Q_H}$、Q_H与A2区的P10～P15相对应连接。

(2) 将D1区的J54接口连接到A4区J98并行数据输入接口,设置拨码开关SW1～SW8的状态。

(3) 打开程序调试软件,下载运行程序,完成一次并串转换操作,将拨码开关SW1～SW8的状态读出来。

(4) 查看程序运行结果是否正确。

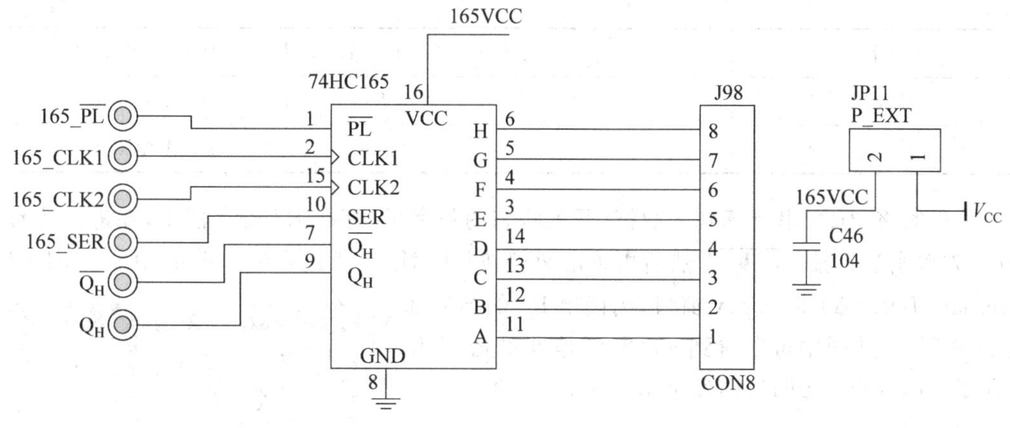

图 4-16　74HC165 电路图

4.8.6　74HC165 实验仿真图

74HC165 实验电路仿真图如图 4-17 所示。74HC165 的并行输入端外接 8 只开关，控制端及串行数据输出端分别与 P1.0～P1.5 相连，74HC165 并行输入开关的状态，并将数据转化成串行输出，由 P1.5 读取数据。仿真电路所需元器件列表见表 4-17。

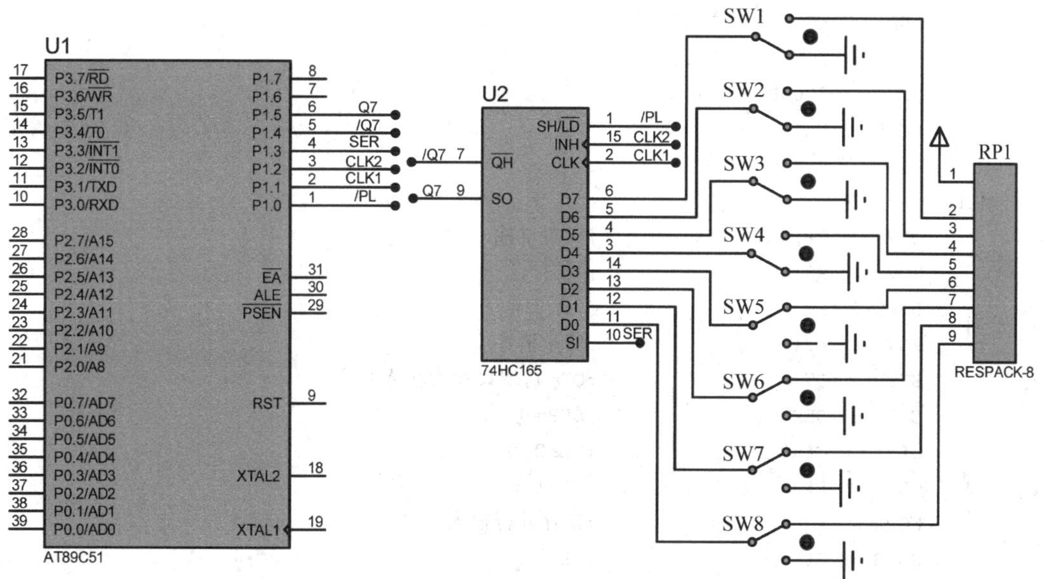

图 4-17　74HC165 实验电路仿真图

表 4-17　74HC165 电路仿真所需元器件列表

元件名称	型　号	数　量	Proteus 的关键字
单片机	AT89C51	1	AT89C51
芯片	74HC165	1	74HC165

续表

元件名称	型　号	数　量	Proteus 的关键字
开关		8	Switches&Relays
排阻		1	RESPACK-8

编程时将 P1.5 串行读到的数据(开关状态的数字量)存在 R7 寄存器中,在进行仿真实验时,先单击运行按钮▶,然后再单击暂停按钮⏸,打开菜单 Debug 中的 8051 CPU Internal (IDATA) Memory 窗口,则读出 R7 的结果如图 4-18 所示,从图中可以看到 R7(07H 地址单元)工作寄存器中的内容为 0FH,即显示出 74HC165 并行输入开关的状态。

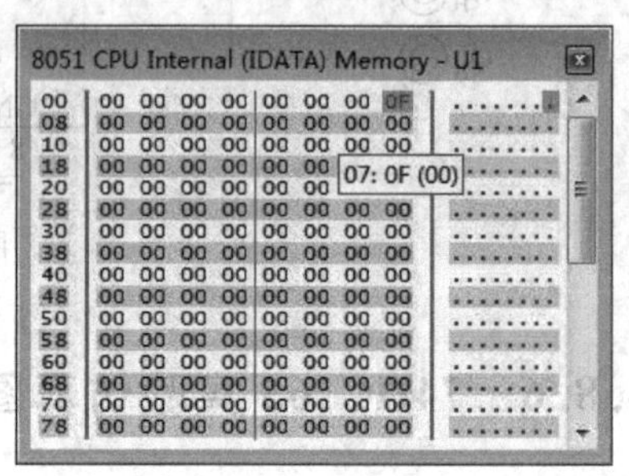

图 4-18　R7 寄存器中结果

4.8.7　实验程序清单

1. 汇编语言程序清单

```
        PL      EQU     P1.0
        CLK1    EQU     P1.1
        CLK2    EQU     P1.2
        SER     EQU     P1.3
        Q7      EQU     P1.5
        ORG     0000H
        LJMP    MAIN
        ORG     0100H
MAIN:
        MOV     SP,#60H                 ;设置堆栈
        MOV     R4,#00                  ;延时
        DJNZ    R4,$
        MOV     A,#0                    ;变量清零
        SETB    Q7                      ;Q7=1,端口设为输入状态
        CLR     SER                     ;SER=0
        CLR     CLK2                    ;CLK2=0
        CLR     PL                      ;PL=0
        NOP                             ;锁存并行输入数据
        SETB    PL                      ;PL=1
        NOP
        MOV     R4,#08H                 ;设置循环变量
        CLR     CLK1
PLCHG:
        MOV     C,Q7                    ;读入一位串行数据
        RLC     A
        SETB    CLK1                    ;时钟脉冲
        NOP
        CLR     CLK1
```

```
    NOP
    DJNZ    R4,PLCHG
    MOV     R7,A                ;保存数据
    SJMP    $                   ;程序结束,完成一次并串转换
    END
```

2. C 语言程序清单

```
#include "reg51.h"
sbit PL=P1^0;
sbit CLK1=P1^1;
sbit CLK2=P1^2;
sbit SER=P1^3;
sbit Q7=P1^5;
bdata unsigned char k;
sbit cc=k^0;
main()
{
    unsigned char i;
    for(i=0;i<200;i++);
    Q7=1;                       //Q7=1,端口设为输入状态
    k=0;
    SER=0;
    CLK2=0;
    PL=0;                       //锁存并行输入数据
    PL=1;
    CLK1=0;
    for(i=0;i<8;i++)
    {
        cc=Q7;                  //读入一位串行数据
        if(i==7)break;
        k=(k<<1);
        CLK1=1;                 //时钟脉冲上升沿数据移位
        CLK1=0;
    }
        while(1);
}
```

4.8.8　实验思考题

如何利用 2 片 74HC165 扩展 16 位的并行输入口?

4.9　串行 A/D 转换实验

4.9.1　实验目的

(1) 理解串行 A/D 转换器 TLC549 的工作原理,掌握 TLC549 与单片机接口的硬件电

路设计。

(2) 学会串行 A/D 转换编程设计方法。

4.9.2 实验设备及器件

PC	1 台
DP-51PROC 单片机综合仿真实验仪	1 台
数字示波器	1 台
数字万用表	1 台

4.9.3 实验内容

编写程序,通过单片机的 P1 口控制串行 A/D 转换器 TLC549 实现模拟电压信号的采集。连接线路,调整 TLC549 的输入参考电压为 5V,运行程序实现电压信号采集和 A/D 转换。

4.9.4 TLC549 的工作原理

A/D 转换器是非常重要的模数转换芯片,在单片机系统中,利用 A/D 转换器可以实现将模拟量转化为能被单片机所识别的数字量,本次实验采用串行的 TLC549 作为 A/D 转换器。串行 TLC549 是以 8 位开关电容逐次逼近 A/D 转换器为基础而构造的 CMOS A/D 转换器,具有采样速度快、功耗低、价格便宜、与微处理器的接口较少及控制简单等优点。其引脚图如图 4-19 所示。其引脚功能说明见表 4-18。

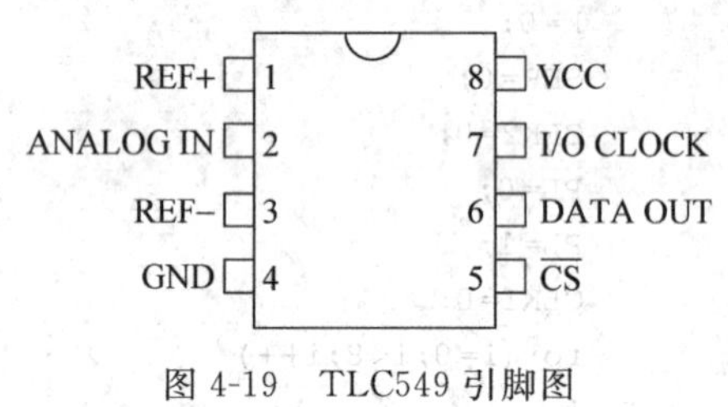

图 4-19 TLC549 引脚图

表 4-18 TLC549 引脚功能说明

引脚号	名 称	引 脚 描 述
1	REF+	正基准电压,典型值为 V_{CC}
2	ANALOG IN	模拟电压输入端,应在 0~V_{CC}之间
3	REF−	负基准电压,典型值为 0
4	GND	接地端
5	$\overline{CS}$	芯片选择引脚,低电平有效,要求输入高电平 $V_{IN} \geqslant 2V$,低电平 $V_{IN} \leqslant 0.8V$
6	DATA OUT	转换结果的数据输出端,当$\overline{CS}$为高电平时,该引脚处于高阻状态
7	I/O CLOCK	输入/输出的时钟输入端,无须与内部系统时钟同步
8	V_{CC}	电源引脚,宽电压范围: 3~6.5V

微处理器只需通过三个端口与 TLC549 的三态数据输出端(DATA OUT)、输入/输出时钟(I/O CLOCK)和芯片选择($\overline{CS}$)端口相连即可实现转换结果的读取以及数据控制。

TLC549 内部功能框图如图 4-20 所示。

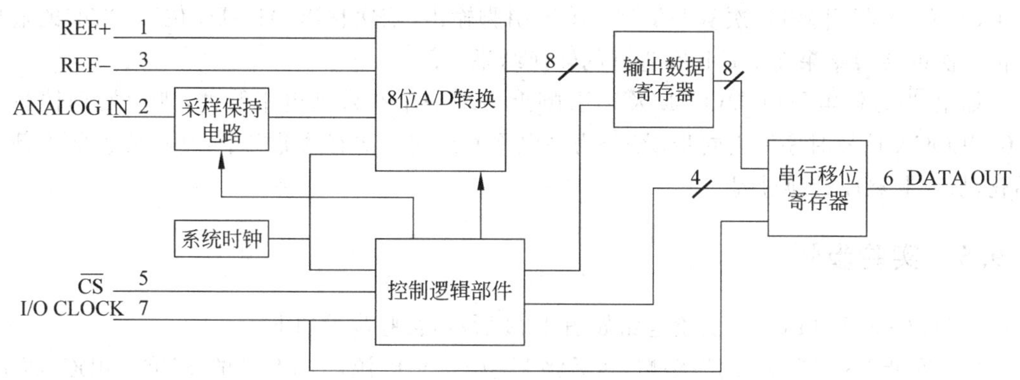

图 4-20　TLC549 内部功能框图

TLC549 具有 4MHz 片内系统时钟和软、硬件控制电路，I/O CLOCK 引脚输入频率最高可达 1.1MHz，片内时钟与 I/O CLOCK 是独立工作的，无须特殊的速度或相位匹配。I/O CLOCK 和内部系统时钟一起可以实现高速数据传送以及对于 TLC549 为 40000 次每秒的转换。

当$\overline{CS}$为低电平时，片选信号有效，允许 I/O CLOCK 输入以及微处理器实现对转换结果的读取。当$\overline{CS}$为高电平时，片选信号无效，I/O CLOCK 输入被禁止，同时 DATA OUT 端口处于高阻状态。其工作时序如图 4-21 所示。

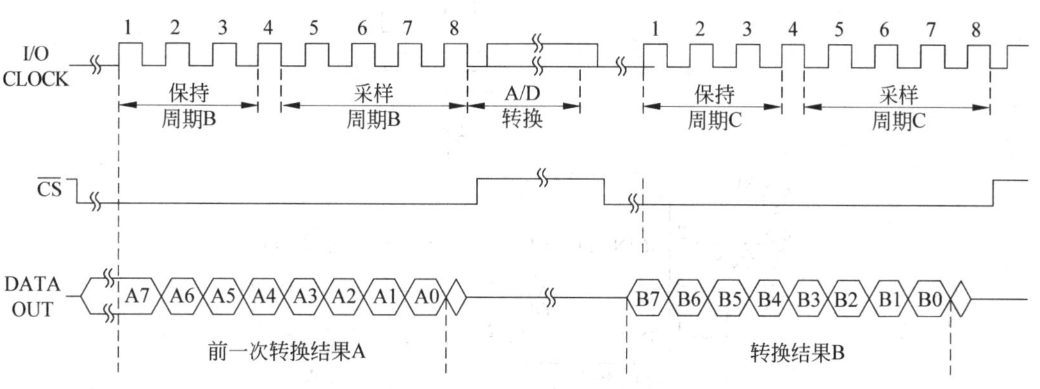

图 4-21　TLC549 工作时序图

对 TLC549 工作时序图的说明如下：

(1) 当$\overline{CS}$出现下降沿时，再等待两个内部时钟上升沿和一个下降沿后，前一次转换结果的最高位 A7 位将出现在 DATA OUT 引脚上，其余 7 位数据(A6～A0)在 7 个 I/O CLOCK 下降沿依次出现在 DATA OUT 端口。

(2) 前 3 个 I/O CLOCK 信号的周期中，采样/保持电路处于保持状态，在第 4 个 I/O CLOCK 信号的下降沿后，电路处于采样状态，对输入的模拟信号进行采样。

(3) 第 8 个 I/O CLOCK 信号的下降沿将使采样/保持电路处于保持状态并开始启动 A/D 转换，转换时间为 36 个内部系统时钟周期，在整个 A/D 转换过程中，$\overline{CS}$必须维持高电平状态或者 I/O CLOCK 端口持续 36 个系统时钟周期的低电平。

(4) 当前的 A/D 转换结果的 8 位数字量将在$\overline{CS}$下降沿(移出 D7 位)以及 7 个 I/O CLOCK 信号的下降沿依次从 DATA OUT 引脚输出(依次移出 D6～D0 位)。当前的输出是前一次的转换结果而不是正在进行的转换结果。

如果$\overline{CS}$为低电平时 I/O CLOCK 引脚上出现一个有效高电平脉冲,则微处理器将与 I/O CLOCK 信号时序失去同步;若$\overline{CS}$为高电平时出现一次有效低电平,则将使引脚重新初始化,从而脱离原转换过程。

4.9.5 实验步骤

实验仪 B8 区 TLC549 实验电路如图 4-22 所示,实验步骤如下:

(1) 安装 B8 区 JP17 的短路帽,然后将 V_{CC}(+5V 电源)与 B8 区的 REF+相连,将 B8 区的 DATA、$\overline{CS}$及 CLK 对应连接到 A2 区的 P10、P11、P12 针上。

(2) 使用导线将 D2 区的 10kΩ 电位器连接为电压调节模式,使用导线将其电压调整端连接到 B8 区的 ANIN 接线柱,作为 TLC549 的模拟电压信号输入。

(3) 打开程序调试软件,下载运行编写好的程序,完成一次 A/D 转换,然后调节电位器改变输入模拟电压,多次测量并保存测量数据。

(4) 使用数字万用表测量输入的模拟电压信号,分析采集到的 A/D 转换数据是否准确。

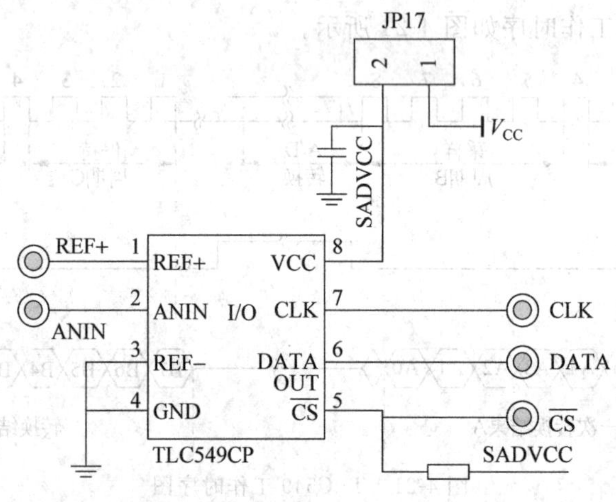

图 4-22 TLC549 实验电路图

4.9.6 串行 A/D 转换实验仿真图

串行 AD 转换电路仿真图如图 4-23 所示,电路仿真所需元器件见表 4-19。

表 4-19 串行 A/D 转换电路仿真所需元器件列表

元件名称	型 号	数 量	Proteus 的关键字
单片机	AT89C51	1	AT89C51
芯片	TLC549	1	Data Converters

续表

元件名称	型　　号	数　量	Proteus 的关键字
晶振	11.0592MHz	1	CRYSTAL
电容	30pF	2	CAP
电解电容	10μF	1	CAP-ELEC
可调电位器	10kΩ	1	POT-HG
电阻	8.2kΩ	1	RES
电压表		1	DC Voltmeter
复位按钮		1	BUTTON

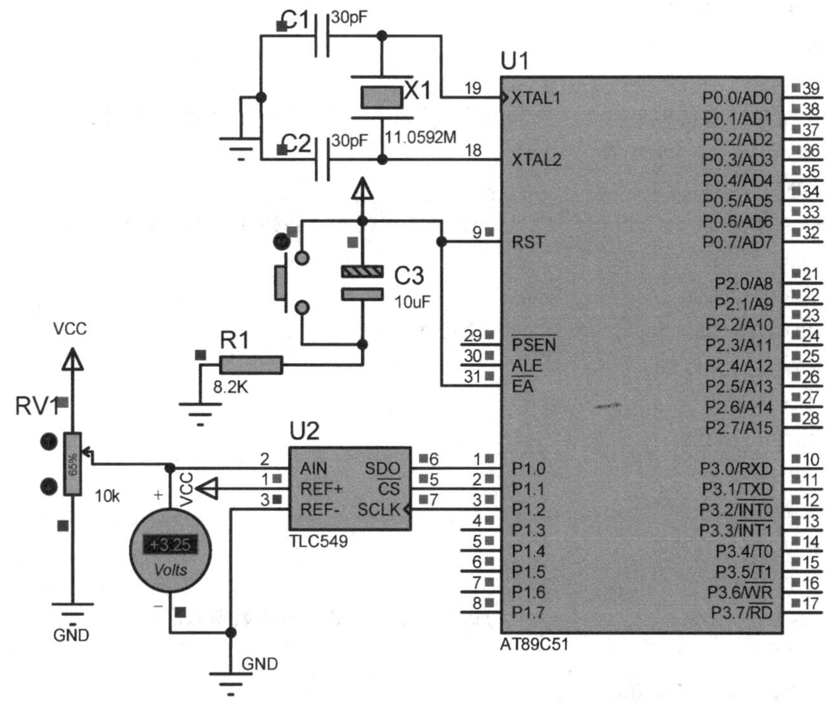

图 4-23　串行 A/D 转换仿真电路图

编程时将 TLC549 转换后的数据存入了单片机内部 RAM 的地址 30H 中，在进行仿真实验时，先单击运行按钮，再单击暂停按钮，打开菜单 Debug 中的 8051 CPU Internal (IDATA) Memory 窗口，则可读出 TLC549 转换的数值结果，如图 4-24 所示。从图中可以看到 30H 中的内容为 A6H，即对应输入模拟电压 3.25V 的转换结果。

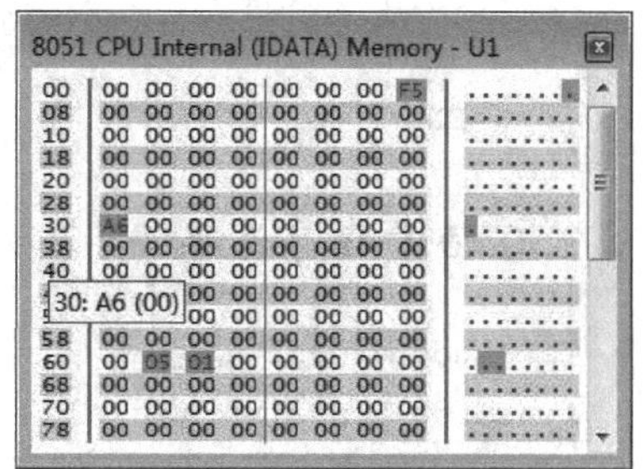

图 4-24　TLC549 转换结果图

4.9.7 实验参考程序

1. 汇编语言程序清单

```
        DAT      BIT      P1.0
        CS       BIT      P1.1
        CLK      BIT      P1.2
        AD_DATA  DATA     30H
        ORG      0000H
        AJMP     MAIN
        ORG      0100H
MAIN:
        MOV      SP,#60H
        ACALL    TLC549_ADC
        MOV      R7,#0
        DJNZ     R7,$
        ACALL    TLC549_ADC            ;读取上次ADC值,并再次启动A/D转换
        MOV      AD_DATA,A
        SJMP     MAIN
TLC549_ADC:                            ;TLC549串行ADC转换器的驱动程序
        CLR      A
        CLR      CLK
        CLR      CS                    ;选中TLC549
        MOV      R6,#8
TLCAD_L1:
        SETB     CLK
        NOP
        NOP
        MOV      C,DAT
        RLC      A
        CLR      CLK                   ;DAT=0,为读出下一位数据做准备
        NOP
        DJNZ     R6,TLCAD_L1
        SETB     CS                    ;TLC549禁止使能,再次启动A/D转换
        SETB     CLK
        RET
        END
```

2. C语言程序清单

```
#include <reg51.h>
#include <intrins.h>
#include <absacc.h>
#define uchar unsigned char
//**************引脚定义*************//
```

```
sbit CLK=P1^2;
sbit DAT=P1^0;
sbit CS=P1^1;
uchar bdata ADCdata;
sbit ADbit=ADCdata^0;
//*************************************************************************//
//函数名称：TLC549ADC()
//函数功能：读取上一次 A/D 转换的数据,启动下一次 A/D 转换
//*************************************************************************//
uchar TLC549ADC(void)
{
    uchar i;
        CLK=0;
        DAT=1;
        CS=0;
        for(i=0;i<8;i++)
        {
            CLK=1;
            _nop_();
            _nop_();
            ADCdata<<=1;
            ADbit=DAT;
            CLK=0;
            _nop_();
        }
        return (ADCdata);
}
void main()
{
        uchar i;
        uchar AD_DATA;                          //定义 A/D 转换数据变量
        while(1)
        {
            TLC549ADC();                        //启动一次 A/D 转换
            for(i=0xff;i>0;i--)                 //延时
            {
                _nop_();
            }
            AD_DATA=TLC549ADC();                //读取当前电压值 A/D 转换数据
        }
}
```

4.9.8　实验思考题

若在数码管上显示电压值,电路将如何扩展？如何编程实现？

4.10 串行 D/A 转换实验

4.10.1 实验目的

(1) 了解 TLC5620 的时序图以及产生波形幅度的计算方法。

(2) 学会使用 D/A 转换器生成所需的波形。

4.10.2 实验设备

PC	1 台
DP-51PROC 单片机综合仿真实验仪	1 台
数字示波器	1 台

4.10.3 实验内容

(1) 设计软件程序,用单片机的 I/O 口控制 TLC5620 实现 D/A 转换,使其通道 1 产生一个三角波,而通道 2 产生一个与通道 1 周期、幅度均相同的方波。

(2) 连接线路,调整 TLC5620 的参考电压为 2.6V,运行程序,用双踪示波器观察产生的波形。

4.10.4 TLC5620 的工作原理

D/A 转换是把数字量转换成模拟量的过程,本实验采用 TLC5620 芯片完成数/模转换。TLC5620 是一款具有高阻抗基准输入的 4 路串行 8 位电压输出型数模转换芯片,它采用单一+5V 电源供电,是一种低功耗芯片。TLC5620 芯片引脚如图 4-25 所示。

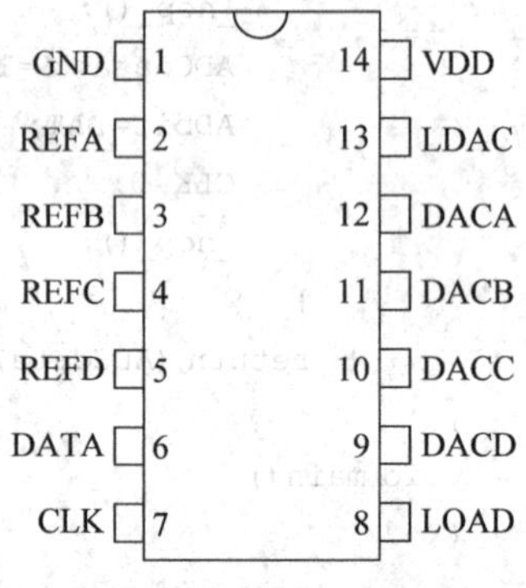

图 4-25 TLC5620 引脚图

TLC5620 芯片中的每个引脚的功能说明见表 4-20。

表 4-20 TLC5620 引脚功能说明

引脚		输入/输出	描述
名称	序号		
CLK	7	I	串行接口时钟,数据在下降沿送入
DACA	12	O	DAC A 模拟信号输出
DACB	11	O	DAC B 模拟信号输出
DACC	10	O	DAC C 模拟信号输出
DACD	9	O	DAC D 模拟信号输出
DATA	6	I	串行接口数字数据输入

续表

引　脚		输入/输出	描　述
名称	序号		
GND	1	I	地返回端与基准端
LDAC	13	I	DAC 更新锁存控制
LOAD	8	I	串行接口装载控制
REFA	2	I	DAC A 基准电压输入，定义了输出模拟量的范围
REFB	3	I	DAC B 基准电压输入，定义了输出模拟量的范围
REFC	4	I	DAC C 基准电压输入，定义了输出模拟量的范围
REFD	5	I	DAC D 基准电压输入，定义了输出模拟量的范围
VDD	14	I	正电源电压

TLC5620 的内部结构框图如图 4-26 所示。

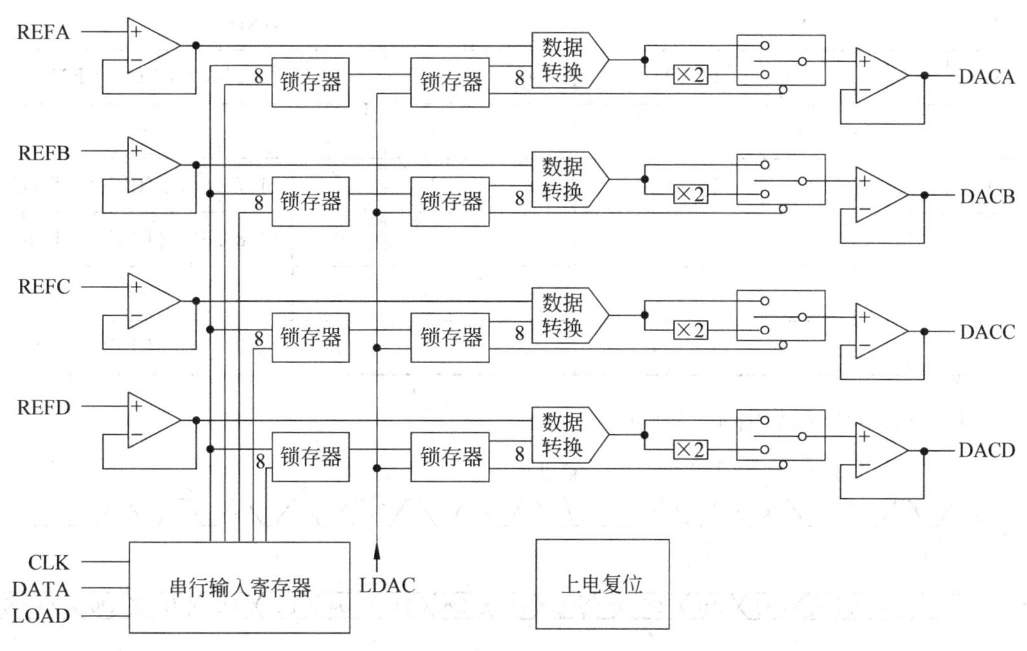

图 4-26　TLC5620 内部结构图

TLC5620 是串联型 8 位 D/A 转换器(DAC)，它有 4 路独立的电压输出 D/A 转换器，具备各自独立的基准源，其输出还可以编程为 2 倍或 1 倍的电压输出。在控制 TLC5620 时，只要对该芯片的 DATA、CLK、LDAC、LOAD 端口进行控制即可，TLC5620 控制字为 11 位，包括 8 位数字量、2 位通道选择和 1 位增益选择。其中命令格式第 1 位、第 2 位分别为 A1、A0，第 3 位为 RNG，即可编程放大输出倍率，第 4～11 位为数据位，高位在前，低位在后。通道选择见表 4-21。

表 4-21 TLC5620 通道选择

A1	A0	D/A 输出通道	A1	A0	D/A 输出通道
0	0	DCAA	1	0	DCAC
0	1	DCAB	1	1	DCAD

TLC5620 中的每一个 DAC 的输出可配置增益输出放大器缓冲，上电时，DAC 被复位且代码为 0。每个通道输出电压的表达式为 $V_O = V_{ref} \times (CODE/256) \times (1+RNG)$。其中，CODE 为 0～255，RNG 位是串行控制字内的 0 或 1。引脚 DATA 为芯片串行数据输入端，CLK 为芯片时钟，数据在每个时钟下降沿输入 DATA 端，数据输入过程中 LOAD 始终处于高电平，一旦数据输入完成，LOAD 置为低电平，则转换输出。

TLC5620 的 DACA、DACB、DACC、DACD 为四路转换输出，REFA、REFB、REFC、REFD 为其对应的参考电压。理想的转换输出电压见表 4-22。

表 4-22 理想的转换输出电压

D7	D6	D5	D4	D3	D2	D1	D0	输出电压
0	0	0	0	0	0	0	0	GND
0	0	0	0	0	0	0	1	(1/256)×REF(1+RNG)
…	…	…	…	…	…	…	…	…
0	1	1	1	1	1	1	1	(127/256)×REF(1+RNG)
1	0	0	0	0	0	0	0	(128/256)×REF(1+RNG)
…	…	…	…	…	…	…	…	…
1	1	1	1	1	1		1	(255/256)×REF(1+RNG)

TLC5620 时序图如图 4-27 所示。

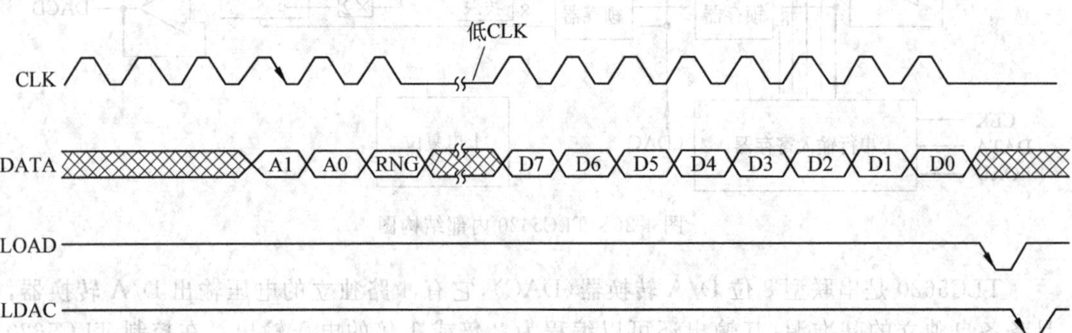

图 4-27 TLC5620 时序图

当 LOAD 和 LDAC 为高电平时，数据在每一个 CLK 时钟下降沿由时钟被锁存到 DATA 端口。当所有的数据位被锁存到 DATA 端口，LOAD 变为低电平，便把数据从串行输入寄存器传送到所选择的 DAC 通道，如果 LDAC 为低电平，则所选择的 DAC 输出电压更新,之后 LDAC 置为高电平,可以保持更新后的电压值,这样,在两个 8 时钟周期内可以完成一次数模转换。数据输入时最高有效位(MSB)在前。

本实验使用 TLC5620 中 A、B、C、D 四个通道中的前两个通道分别输出周期相等、幅度均为 3.3V 的三角波和方波,在程序中,RNG 位的置位使得输出幅度增加一倍。

4.10.5 实验原理图

由于 Proteus 元件库中无 TLC5620 仿真元件,所以该实验无法在 Proteus 软件中仿真调试,可搭试电路直接在实物板上调试,TLC5620 串行 D/A 转换的电路设计原理图如图 4-28 所示。图中采用 TL431 并联型稳压源提供 2.5~5V 的参考电压 V_{REF},且 $V_{REF}=V_R\times(1+R_1/R_2)$,当用户调节可调电位器 R1 时,会得到不同的参考电压 V_{REF}。

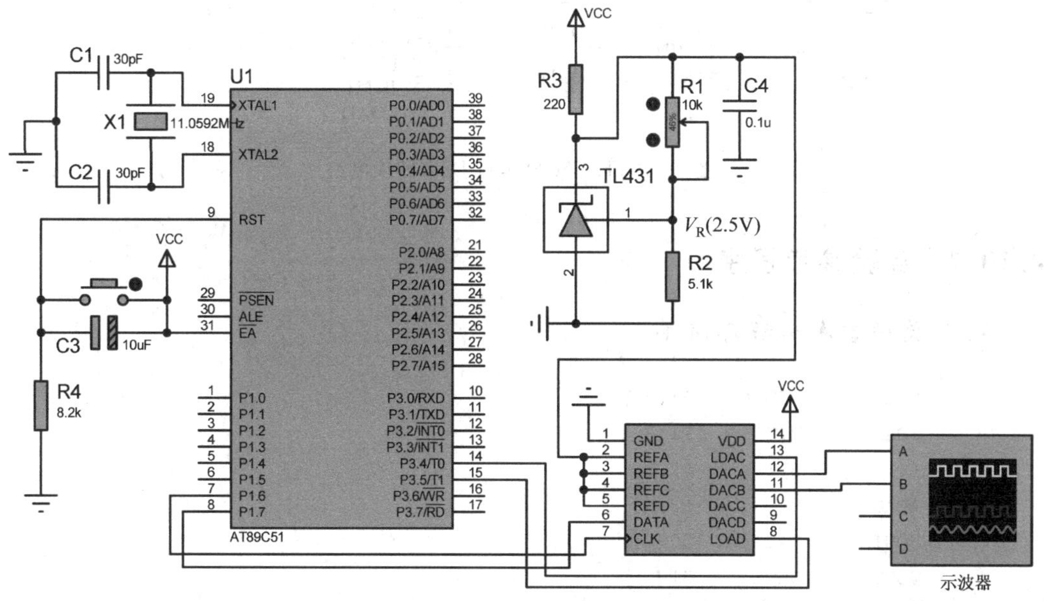

图 4-28 串行 D/A 转换实验原理图

4.10.6 实验步骤

实验仪上 B9 区的实验电路如图 4-29 所示。实验步骤如下:

(1) 短接 B7 区的电源供给跳线 JP16,调节 B7 区的电位器 W3,用电压表测量使其输出接线柱 V_{REF} 的电压为 2.6V。

(2) 将 A2 区 P1.6、P1.7、P3.4、P3.5 分别连接到 B9 区的 CLK、DAT、LDAC、LOAD,将 B7 区 VREF 连接到 B9 区 REF 接线柱,短接 B9 区电源跳线 JP13。

(3) 运行编写好的程序,用双踪示波器的两个探头观察 DACA、DACB 输出的波形。

(4) 输出电压计算公式:

$$V_{OUT}=(DACA\mid B\mid C\mid D)=V_{REF}\times(CODE/256)\times(1+RNG)$$

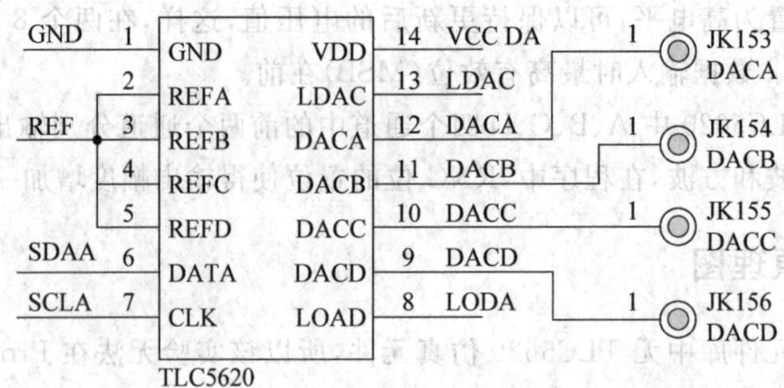

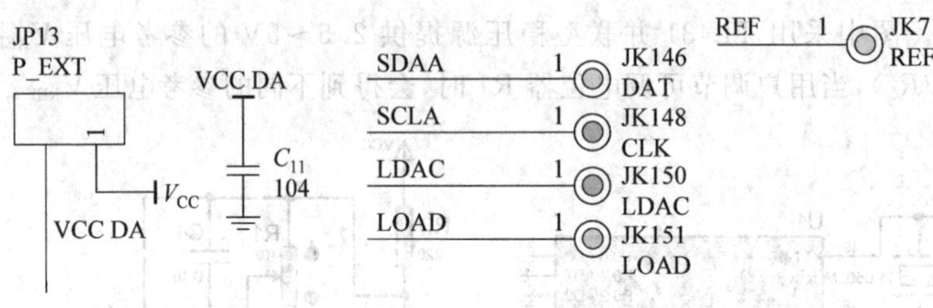

图 4-29　TLC5620 串行 D/A 转换电路

4.10.7　实验参考程序

1. 汇编语言参考程序清单

```
        SCLA    BIT     P1.6
        SDAA    BIT     P1.7
        LOAD    BIT     P3.5
        LDAC    BIT     P3.4
        VOUTA   DATA    30H
        VOUTB   DATA    31H
        ORG     0000H
        AJMP    MAIN
        ORG     0100H
MAIN:
        MOV     SP,#60H
        NOP
        CLR     SCLA
        CLR     SDAA
        SETB    LOAD
        SETB    LDAC
        MOV     R3,#0A2H                ;三角波的半周期计数器
        MOV     R4,#00H                 ;三角波幅度递增或递减标志寄存器
                                        ;为 00H 时上坡,为 FFH 时下坡
        MOV     VOUTA,#00H              ;三角波瞬态电压值存储器
        MOV     R5,#0A2H                ;方波的半周期计数器
        MOV     R6,#00H                 ;方波幅度高低电平标志寄存器,为 00H 时
```

```
                                    ;输出低电平,为 FFH 时输出高电平
        MOV     VOUTB,#00H          ;方波高低电平电压值存储器,与三角波幅度相等
DACHANG:                            ;D/A 转换程序开始
        MOV     R1,#01H             ;控制通道 A 输出三角波
        MOV     R2,VOUTA
        LCALL   DAC5620
        DJNZ    R3,CONTINUEA        ;判断三角波是否上升(或下降)到峰点(或谷点)
        MOV     R3,#0A2H
        MOV     A,R4                ;如果已经达到极点则改变幅度递增或递减标志
        CPL     A
        MOV     R4,A
CONTINUEA:
        CJNE    R4,#0FFH,CONTINUEB  ;判断处于上坡还是下坡状态以决定是继续
                                    ;上升,还是继续下降
        DEC     R2
        SJMP    CONTINUEC
CONTINUEB:
        INC     R2
CONTINUEC:
        MOV     VOUTA,R2            ;保存 R2 的值使 R2 继续用于方波瞬态电压计算
        MOV     R1,#03H             ;控制通道 B 输出方波,该方波与上面的三角波幅
                                    ;度相等、周期相同
        MOV     R2,VOUTB
        LCALL   DAC5620
        DJNZ    R5,CONTINUED        ;判断方波是否应该改变电平状态
        MOV     R5,#0A2H
        MOV     A,R6                ;如果已经达到改变电平状态的时刻
                                    ;则首先改变方波幅度标志寄存器
        CPL     A
        MOV     R6,A
CONTINUED:
        CJNE    R6,#0FFH,CONTINUEE  ;判断输出高电平还是低电平
        MOV     R2,#0A2H
        SJMP    CONTINUEF
CONTINUEE:
        MOV     R2,#00H
CONTINUEF:
        MOV     VOUTB,R2            ;保存 R2 的值使 R2 继续用于三角波瞬态电压计算
        LJMP    DACHANG             ;周期地进行转换,形成三角波和方波的周期信号
DAC5620:
        MOV     A,R1
        CLR     SCLA
        MOV     R7,#08H
        LCALL   SENDBYTE
        MOV     A,R2
```

```
        CLR     SCLA
        MOV     R7,#08H
        LCALL   SENDBYTE
        CLR     LOAD
        SETB    LOAD
        CLR     LDAC
        SETB    LDAC
        RET
SENDBYTE:                           ;发送时序要求中的一字节信息
        SETB    SCLA
        RLC     A
        MOV     SDAA,C
        CLR     SCLA
        DJNZ    R7,SENDBYTE
        RET
        END
```

2. C 语言参考程序清单

```
#include <reg51.h>
typedef unsigned char byte;
typedef unsigned int word;
sbit SCLA=P1^6;
sbit SDAA=P1^7;
sbit LOAD=P3^5;
sbit LDAC=P3^4;
bit bdata mode_bit1=0;                  //三角波幅度递增或递减标志
                                        //为 0 时上坡,为 1 时下坡
bit bdata mode_bit2=0;                  //方波幅度高低电平标志
                                        //为 0 时输出低电平,为 1 时输出高电平
byte data count1=0;                     //三角波的半周期计数器
byte data count2=0;                     //方波的半周期计数器
byte data vouta=0;                      //三角波瞬态电压值存储变量
byte data voutb=0;                      //方波高低电平电压值存储变量
                                        //其幅度与三角波幅度相等
word data config;                       //送往 D/A 转换器的配置参数
                                        //以全局变量出现,既作为形参,又作为实参
void ini_cpuio(void);
void dachang1(void);
void dachang2(void);
void dac5620(word config);
void main(void)
{
    ini_cpuio();                        //初始化 CPU 的 I/O 口
    while(1)                            //周期转换,形成三角波和方波的周期信号
```

```
    {
        dachang1();                        //控制通道 A 输出三角波
        dachang2();                        //控制通道 B 输出方波
    }
}
void ini_cpuio(void)                       //CPU 的 I/O 口初始化函数
{
    SCLA=0;
    SDAA=0;
    LOAD=1;
    LDAC=1;
}
void dachang1(void)                        //周期三角波生成函数
{
    config=(word)vouta;
    config<<=5;
    config=config&0x1fff;
    config=config|0x2000;
    dac5620(config);
    count1++;
    if(count1<0xa2)                        //判断三角波是否上升(或下降)到峰点(或谷点)
    {
        if(!mode_bit1)
            vouta++;
        else
            vouta--;
    }
    else
    {
        count1=0;
        mode_bit1=~mode_bit1;
    }
}
void dachang2(void)                        //周期方波生成函数
{
    config=(word)voutb;
    config<<=5;
    config=config&0x1fff;
    config=config|0x6000;
    dac5620(config);
    count2++;
    if(count2<0xa2)                        //判断方波是否应该改变电平状态
    {
        if(!mode_bit2)
            voutb=0;
```

```
        else
            voutb=0xa2;
    }
    else
    {
        count2=0;
        mode_bit2=~mode_bit2;
    }
}
void dac5620(word config)
{
    byte m=0;
    word n;
    for(;m<0x0b;m++)
    {
        SCLA=1;
        n=config;
        n=n&0x8000;
        SDAA=(bit)n;
        SCLA=0;
        config<<=1;
    }
    LOAD=0;
    LOAD=1;
    LDAC=0;
    LDAC=1;
}
```

4.10.8 实验思考题

(1) 修改程序,使 TLC5620 的 DACC 端口输出周期为 1s 的锯齿波。

(2) 采用 TLC5620 设计一个能产生幅值为 3.3V,频率为 1Hz 的三角波、频率为 14Hz 的正弦波以及频率为 33Hz 的锯齿波的波形发生器。

4.11 红外收发实验

4.11.1 实验目的

了解红外通信知识,能够应用红外线模块进行无线控制设计。

4.11.2 实验设备及器件

PC	1 台
DP-51PROC 单片机综合仿真实验仪	1 台

4.11.3 实验内容

使用单片机的串口发送并接收数据，TXD 接到红外发射管，RXD 接到红外接收头，实现无线通信。

4.11.4 红外收发原理

红外通信是利用 950nm 近红外波段的红外线作为传递信息的媒体。发送端将二进制信号调制为一系列的脉冲串信号，通过红外发射管发射红外信号。接收端将接收到的光脉冲转换成电信号，再经过放大、滤波等处理后送到解调电路进行解调，还原为二进制数字信号后输出。简而言之，红外通信的实质就是对二进制数字信号进行调制与解调，以便利用红外信道进行传输。

本实验的红外收发示意图如图 4-30 所示，通过硬件电路完成了对输入数据的调制，将调制的信号转换为光信号通过红外发射管发送数据，由红外接收头接收数据并完成对数据的解调。解调后的数据由单片机进行处理。实验仪 B2 区的 1/512 频率输出端输出用于信号调制的约为 38kHz 的时钟信号。

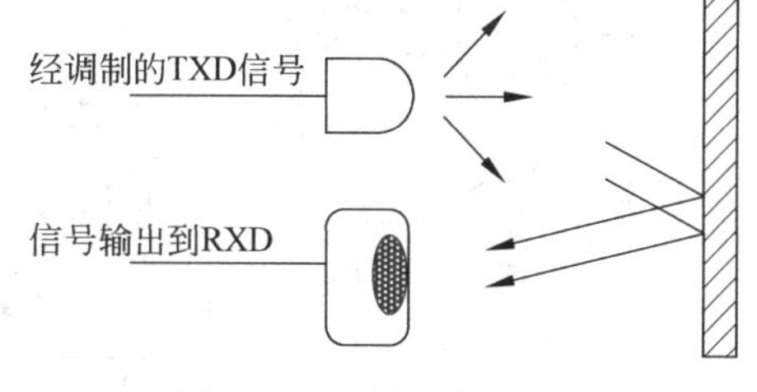

图 4-30 红外收发示意图

一般红外接收模块的解调频率为 38kHz。当它接收到 38kHz 左右的红外信号时，将输出低电平，但连续输出低电平的时间是有限制的(如 100ms)，也就是说，发送数据低电平宽度是有限制的。注意发射管应与接收头平齐，否则接收头可能接收不到来自发射管的反射光。

4.11.5 实验原理图

由于 Proteus 元件库中无红外发射和接收的仿真元件，所以该实验无法在 Proteus 软件中仿真调试，可搭试电路直接在实物板上调试。红外收发的电路设计原理图如图 4-31 所示。

4.11.6 实验步骤

实验仪 D3 区红外收发电路原理图如图 4-32 所示。实验步骤如下：

(1) B2 区 X2 插入 20MHz 的晶振，接上 B2 区的 JP20 号跳线。

(2) 将 B2 区的 1/512 频率输出端接到 D3 区的 DCLK(约为 38kHz，用于信号调制)。

(3) 将 A2 区的 RXD、TXD 分别连接到 D3 区的 DREC、DSEND。

(4) 用短路线将 D3 区 JP9 短接(D3 区电路供电电源)。

(5) 将 A2 区的 P10 连接到 D1 区的 LED1。

(6) 断开 A1 区 JP15 的跳线 232RXD、232TXD。

(7) 下载程序并运行，使用较厚的白纸挡住红外发射管红外信号，使其反射到接收头，观察 LED1 是否点亮。

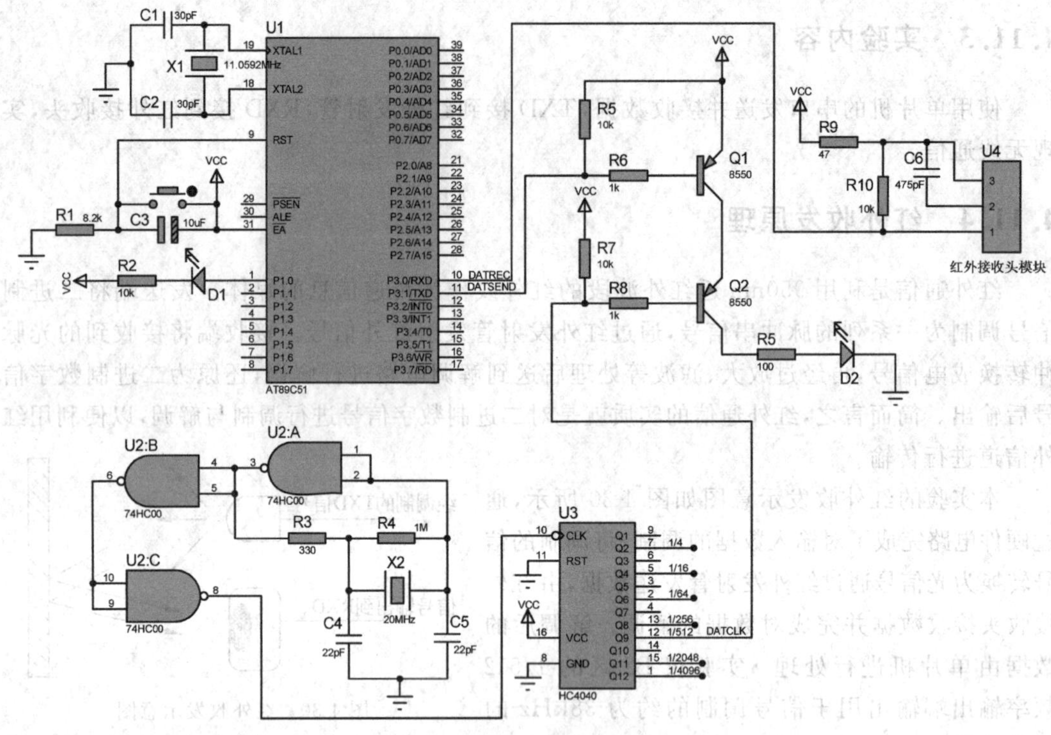

图4-31 红外收发电路设计原理图

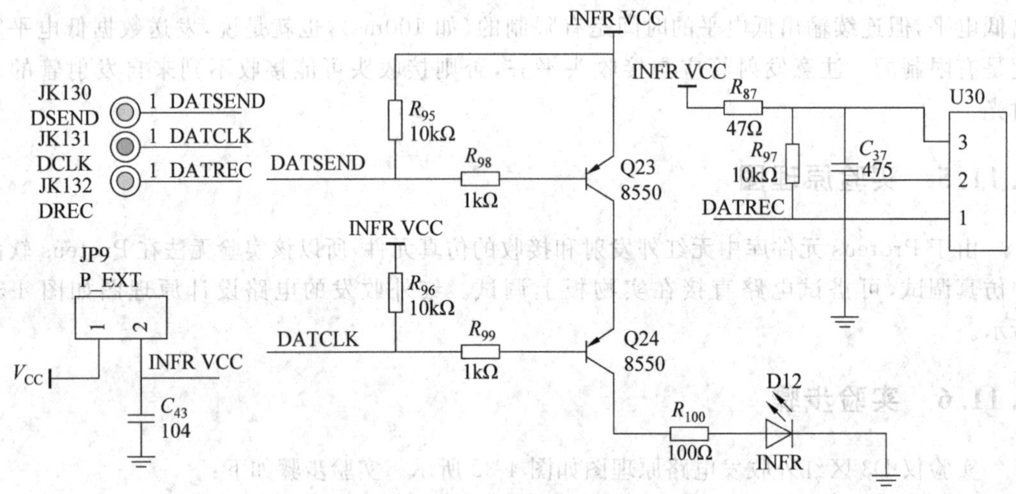

图4-32 实验仪D3区红外收发电路图

4.11.7 实验参考程序

1. 汇编语言参考程序清单

```
LED_CON         BIT       P1.0
COUTE           DATA      40H
```

```
        ORG         0000H
        LJMP        MAIN
        ORG         0100H
MAIN:
        MOV         SP,#60H
        MOV         SCON,#0x50
        MOV         TMOD,#0x20
        MOV         TH1,#0xFA
        SETB        TR1
MAINLOOP:
        MOV         COUTE,#0
        MOV         R7,#50
LOOP1:
        MOV         SBUF,#0x5A
        JNB         TI,$
        CLR         TI
        NOP
        NOP
        JB          RI,LOOP2
        SJMP        LOOP3
LOOP2:
        CLR         RI
        MOV         A,SBUF
        CJNE        A,#05AH,LOOP3
        INC         COUTE
LOOP3:
        DJNZ        R7,LOOP1
        MOV         A,COUTE
        SETB        C
        SUBB        A,#30
        JC          CLR_LED
        CLR         LED_CON
        SJMP        DELAY
CLR_LED:
        SETB        LED_CON
DELAY:
        MOV         R6,#200
DELAY1:
        MOV         R5,#200
        DJNZ        R5,$
        DJNZ        R6,DELAY1
        SJMP        MAINLOOP
        END
```

2. C 语言参考程序清单

```
#include <reg51.h>
```

```
#define uint8 unsigned char
#define uint16 unsigned int
sbit LED_CON =P1^0;                                  // 定义 LED 控制口
//*************************向串口发送一字节数据************************//
//入口参数:dat 要发送的数据
//*******************************************************************//
void UART_SendByte(uint8 dat)
{  SBUF =dat;                                        //发送数据
   while(0==TI);                                     //等待发送完毕
   TI =0;                                            //清零 TI 标志
}
//*************************接收一字节串口数据**************************//
//入口参数:dat 接收变量的地址指针
//出口参数:返回 0 表示没有数据,返回 1 表示接收到数据
//*******************************************************************//
uint8 UART_RcvByte(uint8 *dat)
{
    if(0==RI) return(0);                             //若没有接收到数据则返回 0
    *dat =SBUF;                                      //取得接收的数据
    RI =0;                                           //清除 RI 标志
    return(1);
}
//*****************************串口初始化******************************//
//模式为 1 位起始位,8 位数据位,1 位停止位,波特率为 9600
//晶振为 11.0592MHz,使用 T1 作为波特率发生器
//*******************************************************************//
void UART_Init(void)
{
    SCON =0x50;
    TMOD =0x20;
    TH1 =0xFA;
    TR1 =1;
}
//******************************主函数*********************************//
//初始化串口后不断地发送及接收数据,若接收到所发送的数据则点亮 LED
//*******************************************************************//
int main(void)
{
    uint8 i;
    uint16 j;
    uint8 rcv_dat;
    uint8 count;
    UART_Init();
    while(1)
    {  count =0;                                     //计数变量清零
```

```
        for(i=0; i<50; i++)                              //发送及接收 50 个数据
        {   UART_SendByte(0x5A);
            if( UART_RcvByte(&rcv_dat)!=0 )
                {
                    if(0x5A==rcv_dat) count++;           //若接收的数据为 0x5A
                                                         //则计数变量加 1
                }
        }
        if(count>30) LED_CON =0;                         //若接收到 0x5A 的个数大于 30
                                                         //时,点亮 LED
        else LED_CON =1;                                 //否则熄灭 LED
        for(j=0; j<500; j++);
    }
    return(0);
}
```

4.11.8　实验思考题

(1) 如何编写其他编码格式的通信程序?

(2) 红外通信的距离与什么因素有关?使用两台实验仪进行测试,一台发送,另外一台接收。

4.12　RS-232 串口通信实验

4.12.1　实验目的

(1) 了解单片机串行口的结构,掌握 RXD、TXD 端口的使用方法及编程方法。

(2) 了解 PC 串行通信的基本要求、串行通信的原理和数据交换过程,掌握单片机与 PC 进行串行通信的编程方法。

4.12.2　实验设备及器件

PC	1 台
DP-51PROC 单片机综合仿真实验仪	1 台

4.12.3　实验内容

(1) 发送功能:利用单片机的串行口向 PC 发送 0x55("U"的 ASCII 码),在 PC 串口调试器窗口观察实验现象。

(2) 发送并接收功能:PC 利用串行口向单片机发送 0x55,单片机接收数据并判断,若接收数据为 0x55,则返回 0x54("T"的 ASCII 码)给 PC,否则返回 0x46("F"的 ASCII 码)给 PC。

4.12.4 SP232 的工作原理

单片机与 PC 之间通常采用串行通信方式，这种方式使用的数据线少，在远距离通信中可以节省通信成本。通常 PC 上都有两个串行口 COM1 和 COM2，即 RS-232C 接口。PC 的串行接口是符合 RS-232C 规范的外部总线标准接口。

RS-232C 是美国电子工业协会(EIA)和国际电报电话咨询委员会(CCITT)为串行通信设备制定的一种标准。该标准规定：RS-232C 采用负逻辑规定逻辑电平，－5～－15V 为逻辑"1"电平，＋5～＋15V 为逻辑"0"电平。这种信号电平与单片机的串行接口中使用的 TTL/CMOS 电平不同。TTL/CMOS 电平的规定见表 4-23。

表 4-23 TTL/CMOS 电平 V

电平类型	输入高电平 V_{IH}	输入低电平 V_{IL}	输出高电平 V_{OH}	输出低电平 V_{OL}
TTL	≥2.0	≤0.8	≥2.4	≤0.4
CMOS	≥3.5	≤1.0	≈5	≈0

因为单片机采用的是 TTL 电平形式，而 PC 串行端口采用 RS-232 电平，因此在用 RS-232C 总线进行串行通信时需外接电路实现电平转换。在发送端用驱动器将 TTL 电平转换为 RS-232C 电平，在接收端用接收器将 RS-232C 电平转换为 TTL 电平。通常采用芯片 SP232 实现电平转换。SP232 引脚图如图 4-33 所示。

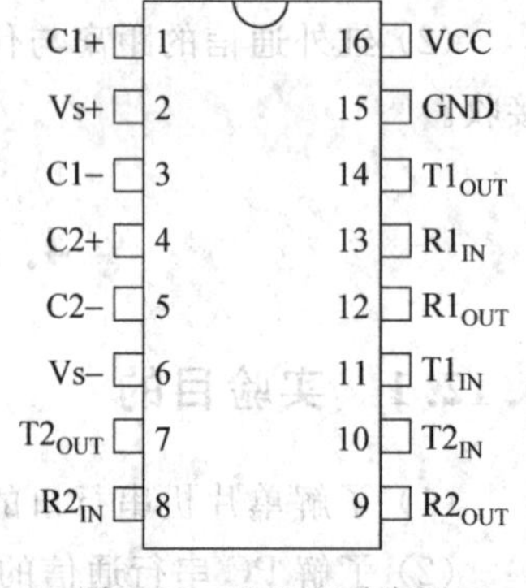

图 4-33 SP232 引脚图

SP232 的内部结构基本可分成如下三部分：

(1) 第一部分是电荷泵电路。由 1、2、3、4、5、6 引脚和 4 只电容构成。功能是产生＋12V 和－12V 两个电源，提供给 RS-232 串口电平的需要。

(2) 第二部分是数据转换通道。由 7、8、9、10、11、12、13、14 引脚构成两个数据通道。其中 13 引脚($R1_{IN}$)、12 引脚($R1_{OUT}$)、11 引脚($T1_{IN}$)、14 引脚($T1_{OUT}$)为第一数据通道。8 引脚($R2_{IN}$)、9 引脚($R2_{OUT}$)、10 引脚($T2_{IN}$)、7 引脚($T2_{OUT}$)为第二数据通道。

(3) 第三部分是供电部分。16 引脚接＋5V 电源，15 引脚接地。

SP232 符合所有的 RS-232C 技术标准，只需单一＋5V 电源供电，片载电荷泵具有升压、电压极性反转能力，能够产生＋10V 和－10V 电压。功耗低，典型供电电流 5mA，内部集成两个 RS-232C 驱动器和接收器。

4.12.5 实验步骤

实验仪 A1 区中利用 SP232 实现串口通信电路图如图 4-34 所示。TTL/CMOS 数据从引脚 $T2_{IN}$ 输入转换成 RS-232 数据并从引脚 $T2_{OUT}$ 输出，在 PC 端通过 9 针串行接口的第 2 引脚 C0_RXD 接收该数据。PC 端通过 9 针串行接口的第 3 引脚 C0_TXD 发送数据，该数据从引脚 $R2_{IN}$ 输入转换成 TTL/CMOS 数据后从引脚 $R2_{OUT}$ 输出，最终由单片机的引脚

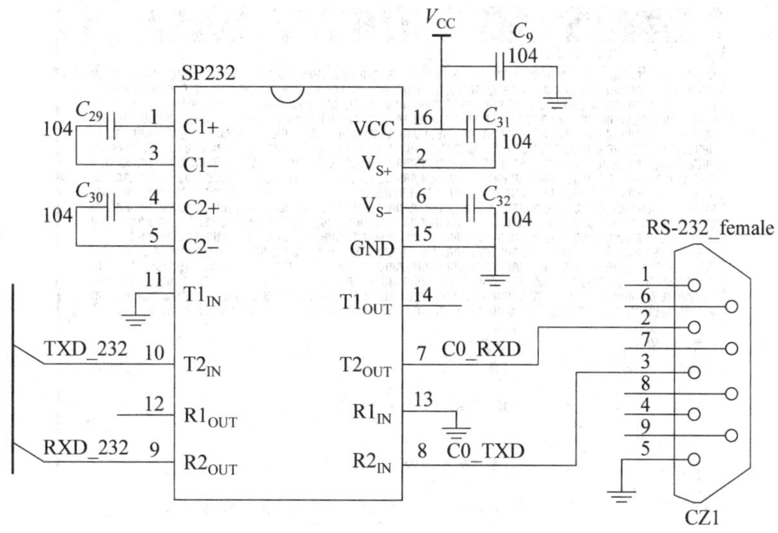

图 4-34　串口通信电路图

注意：RS-232 信号定义：2—C0_RXD(PC 接收串行数据)；3—C0_TXD(PC 发送串行数据)

RXD 接收该数据。因此，在实际应用中，PC 与 RS-232C 接口之间的硬件连接比较简单，PC 的 9 针串行接口只需要用到 3 个引脚即可实现通信，这 3 个引脚分别是第 2 引脚 C0_RXD，第 3 脚 C0_TXD 和第 5 脚 GND。实验步骤如下：

(1) 用串口线连接 PC 和实验仪的串行口。

(2) 编写程序完成实验内容(1)，编译后生成 hex 文件，关闭 keil 软件，打开 PC 端的 Flash Magic 软件，下载程序，如图 4-35 所示。

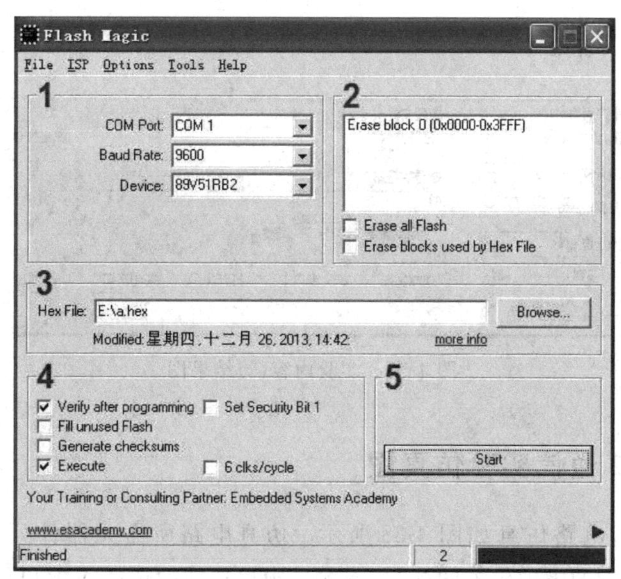

图 4-35　FlashMagic 软件设置图

(3) 打开 PC 端的串口调试软件，可在串口调试器上看到实验内容(1)的结果如图 4-36 所示。

图 4-36　实验内容(1)结果图

(4) 编写实验内容(2)的程序并下载，先在 PC 端的串口调试器处理字符串窗口中输入字符“U”，单击发送，然后在接收窗口就接收到字符“T”，如图 4-37 所示。若发送其他字符，则接收窗口就接收到“F”。

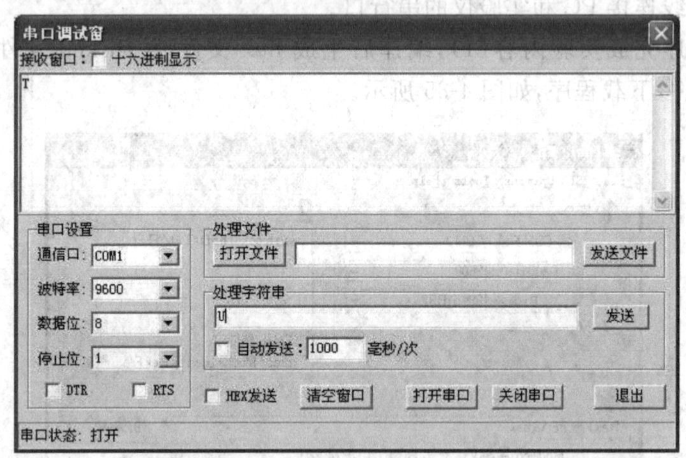

图 4-37　实验内容(2)结果图

4.12.6　RS-232 通信实验仿真图

实验内容(1)的电路仿真如图 4-38 所示。仿真电路所需元器件列表见表 4-24。单击 Proteus 软件工具箱中的虚拟仪器图标，在预览窗口选项中选择 VIRTUAL TERMINAL，放置在原理图的编辑窗口，然后将单片机的 TXD 引脚和 MAX232 的 T1OUT 引脚分别与虚拟终端的 RXD 相连。仿真结果如图 4-39 所示，图中 VT1 为单片机端发送的数据 0x55(“U”的 ASCII 码)，VT2 为 PC 通过串口接收到的数据 0x55(“U”的 ASCII 码)。

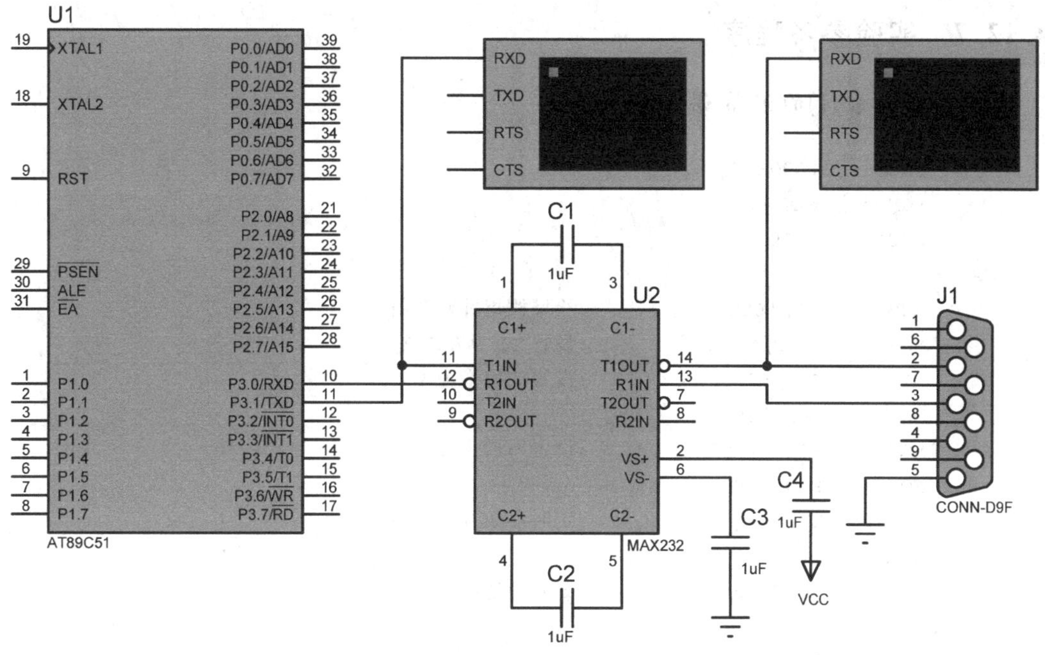

图 4-38 实验内容(1)的仿真电路图

表 4-24 电路仿真所需元器件列表

元件名称	型　　号	数　量	Proteus 的关键字
单片机	AT89C51	1	AT89C51
芯片	MAX232	1	MAX232
电容	1μF	4	CAP
串行接口	DB9	1	CONN-D9F
虚拟终端	VIRTUAL TERMINAL	2	

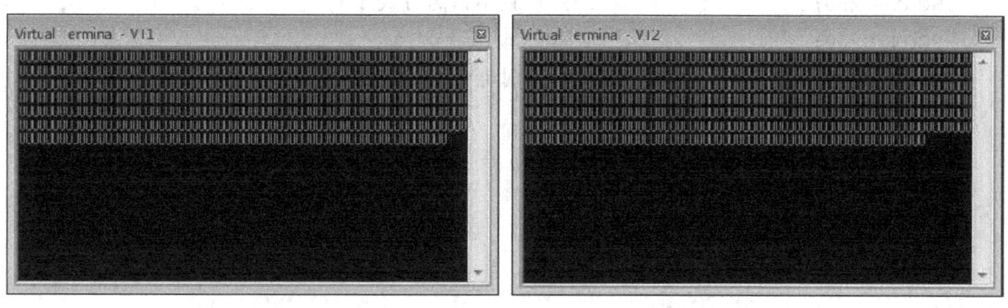
图 4-39 实验内容(1)的仿真结果图

对于实验内容(2)的实验电路仿真,可采用单片机的串行口来模拟 PC 的串行口发送数据,编写 PC 的发送程序即可完成仿真实验,在此不作介绍。

4.12.7 实验参考程序

1. 实验内容(1)的汇编语言程序清单

```
        ORG      0000H
        LJMP     MAIN
        ORG      00F0H
MAIN:
        MOV      SP,#60H              ;给堆栈指针赋初值
        MOV      TMOD,#20H            ;设置 T1 为方式 2
        MOV      TH1,#0FDH            ;设置波特率为 9600
        MOV      TL1,#0FDH
        MOV      SCON,#50H            ;设置串口为方式 1
        MOV      PCON,#00H
        SETB     TR1                  ;定时器 1 开始计数
MANILOOP:
        MOV      SBUF,#55H            ;开始发送
SENDWT:
        JBC      TI,MAINLOOP
        AJMP     SENDWT
        END
```

2. 实验内容(1)的C语言程序清单

```
#include "reg52.h"
main()
{
    TMOD=0x20;                        //设置 T1 为方式 2
    TH1=0xFD;                         //设置波特率为 9600
    TL1=0xFD;
    SCON=0x50;                        //设置串口为方式 1
    PCON=0x00;
    TR1=1;                            //定时器 1 开始计数
    while(1)
    {
        SBUF=0x55;
        while(TI==0);
        TI=0;
    }
}
```

3. 实验内容(2)的汇编语言程序清单

```
        ORG      0000H
        LJMP     MAIN
```

```
        ORG      00F0H
MAIN:
        MOV      SP,#60H               ;给堆栈指针赋初值
        MOV      TMOD,#20H             ;设置 T1 为方式 2
        MOV      TH1,#0FDH             ;设置波特率为 9600
        MOV      TL1,#0FDH
        MOV      SCON,#50H             ;设置串口为方式 1
        MOV      PCON,#00H
        SETB     TR1                   ;定时器 1 开始计数
REC:
        JBC      RI,SENDWT
        AJMP     REC
SENDWT:
        MOV      A,SBUF
        CLR      RI
        CJNE     A,#55H,LOOP1
        MOV      A,#54H
        MOV      SBUF,A                ;开始发送“T”
        AJMP     REC
LOOP1:
        MOV      A,#46H                ;开始发送“F”
        MOV      SBUF,A
        LJMP     REC
        END
```

4. 实验内容(2)的 C 语言程序

```
#include "reg51.h"
main()
{
    unsigned char i;
    TMOD=0x20;                          //设置 T1 为方式 2
    TH1=0xFD;                           //设置波特率为 9600
    TL1=0xFD;
    SCON=0x50;                          //设置串口为方式 1
    PCON=0x00;
    TR1=1;                              //定时器 1 开始计数
    while(1)
    {
        while(RI==0);
        RI=0;
        i=SBUF;
        if(i==0x55)
        {
            SBUF=0x54;                  //开始发送“T”
```

```
            }
            else
            {
                SBUF=0x46;              //开始发送"F"
            }
        }
    }
```

4.12.8 实验思考题

如何对串行口进行初始化？总结程序中所用到的寄存器功能及意义。

4.13 RS-485差分串行通信实验

4.13.1 实验目的

(1) 掌握RS-485差分串行通信的原理，理解SP485(SN75176)芯片的功能特性。

(2) 学习在单片机的串行口上使用RS-485差分串行接口。

4.13.2 实验设备及器件

PC	1台
DP-51PROC单片机综合仿真实验仪	2台
120Ω电阻	2只

4.13.3 实验内容

采用RS-485差分串行通信方式实现单片机与单片机之间的通信。利用其中一台实验仪上的单片机串行口发送0x55，另外一台实验仪通过串行口接收RS-485上传输的数据0x55，并将接收结果通过发光二极管显示。

4.13.4 RS-485总线简介

RS-485总线是EIA(电子工业协会)于1983年制定的串行数据接口标准，其目的是为适应长距离高速率的通信。数据最高通信波特率为10Mb/s，但高的波特率导致短的通信距离，最大的通信距离约为1200m。采用主从结构的通信总线，最大支持32个标准负载的节点。总线标准只对接口的电气特性作了规定。RS-485接口组成的半双工网络，只需2根连线，常使用双绞线作为传输介质，且使用RJ-45接口。RS-485接口采用差分传输方式进行数据采集，使用一对双绞线，将其一根定义为A，另一根定义为B。RS-485的传输方式定义如图4-40所示。

通常情况下，发送驱动器A、B之间的正电平在+2～+6V，是一个逻辑状态；负电平在−2～−6V，是另一个逻辑状态；另有一个信号地C。在RS-485控制芯片中还有一个“使

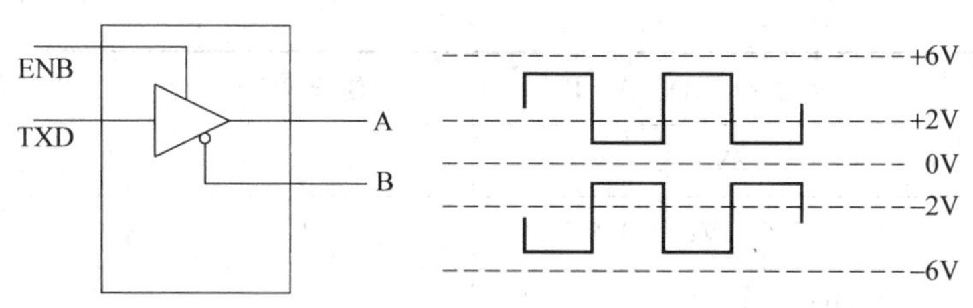

图 4-40 RS-485 传输方式

能”端，“使能”端控制发送驱动器与传输线的切断与连接。当“使能”端起作用时，发送驱动器处于高阻状态，称做“第三态”。接收器也作与发送端相对应的规定，收、发端通过平衡双绞线将 A 与 A、B 与 B 对应相连，当接收端 A、B 之间有大于＋0.2V 的电平时，输出正逻辑电平，为逻辑“1”；当有小于－0.2V 的电平时，输出负逻辑电平，为逻辑“0”。

4.13.5 SN75176 的功能特性

差分总线收发器 SN75176 为常用的 RS-485 接口芯片，其引脚如图 4-41 所示，引脚功能见表 4-25。其内部集成了三态的差分总线发送器和接收器，发送器和接收器都具有使能控制端，以便分时复用总线和双向传输信息。发送器和接收器的功能见表 4-26，发送器吸收电流可达 60mA，具有很强的负载能力。接收器的输入阻抗大于 120kΩ，输入灵敏度为±0.2mV。

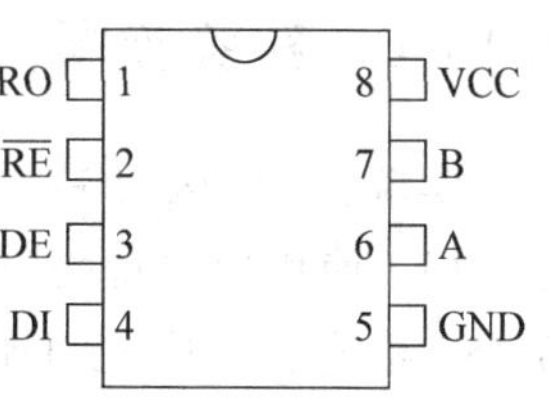

图 4-41 SN75176 引脚图

表 4-25 SN75176 引脚功能说明

引脚编号	引脚名称	功 能 说 明
1	RO	接收引脚，当接收使能时（$\overline{RE}$＝0，DE＝0）：A－B＞0.2V 为 1；A－B＜－0.2V 为 0
2	$\overline{RE}$	接收使能控制端，低电平有效
3	DE	发送使能控制端，高电平有效
4	DI	发送引脚，当发送使能时（$\overline{RE}$＝1，DE＝1）：DI＝1，输出 A－B＞0.2V；DI＝0，输出 A－B＜－0.2V
5	GND	电源接地端
6	A	输入输出总线接口，非反相端
7	B	输入输出总线接口，反相端
8	V_{CC}	电源端，典型值为＋5V

表 4-26 发送器及接收器功能表

	输入(DI)	使能(DE)	输出(A B)
发送器	H	H	H L
	L	H	L H
	X	L	Z Z

续表

	差分输入(VID=A−B)	使能($\overline{RE}$)	输出(RO)
接收器	VID>0.2V	L	H
	−0.2V< VID<0.2V	L	?
	VID≤−0.2V	L	L
	X	H	Z
	开路	L	?

注：H 为高电平，L 为低电平，? 为不确定状态，X 为任意状态，Z 为高阻状态。

通常 DI 引脚接单片机的 TXD 脚，RO 接单片机串口的 RXD 引脚，引脚$\overline{RE}$和 DE 连接在一起，由单片机某个输入/输出口控制。这样，通信属于半双工，即通信可以进行发送或接收，但必须分时进行，不能同一时刻进行发送和接收。

4.13.6 实验步骤

实验仪 D4 区 RS-485 串行口电路如图 4-42 所示，实验步骤如下：

(1) 使用导线将两台单片机综合仿真实验仪 D4 区的 A_485 与 A_485 相连，B_485 与 B_485 相连。另外，在 D4 区的 R_{74} 上插上 120Ω 电阻，短接 JP5。

(2) 使用导线连接 D4 区的$\overline{RE}$、DE 到 A2 区的 T0、T1，连接 D4 区的 RO、DI 到 A2 区的 RXD、TXD(RO～RXD、DI～TXD)。

(3) 将 D1 区的 J52 接口和 A2 区的 J61 接口一一对应相连。

(4) 编写一段程序，利用一台单片机综合仿真实验仪上单片机的串行口发送 0x55。波特率为 9600b/s。(程序不能仿真，只能下载。)

(5) 编写一段程序，利用另一台单片机综合仿真实验仪上单片机的串行口接收 RS-485 上传的数据。波特率为 9600b/s。(程序不能仿真，只能下载。)

(6) 两个程序分别在两台实验仪上运行，观察接收的数据和 D1 区 8 个 LED 管的状态。

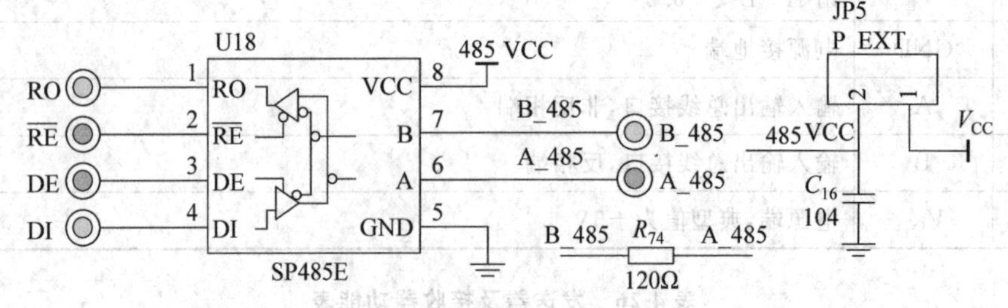

图 4-42 RS-485 串行口电路图

4.13.7 RS-485 通信实验仿真图

RS-485 差分串行通信实验仿真图如图 4-43 所示，仿真电路所需元器件列表见表 4-27。利用 Proteus 库中的仿真芯片 MAX487 实现了两台单片机之间的 RS-485 差分串行数据通信。发送端通过 MAX487 接口发出数据 0x55，而接收端利用 MAX487 接收数据，并通过单片机串口读入内部寄存器，最后从 P1 口输出数据，因此 LED 管显示的数据为 0x55。仿真结果如图 4-44 所示。

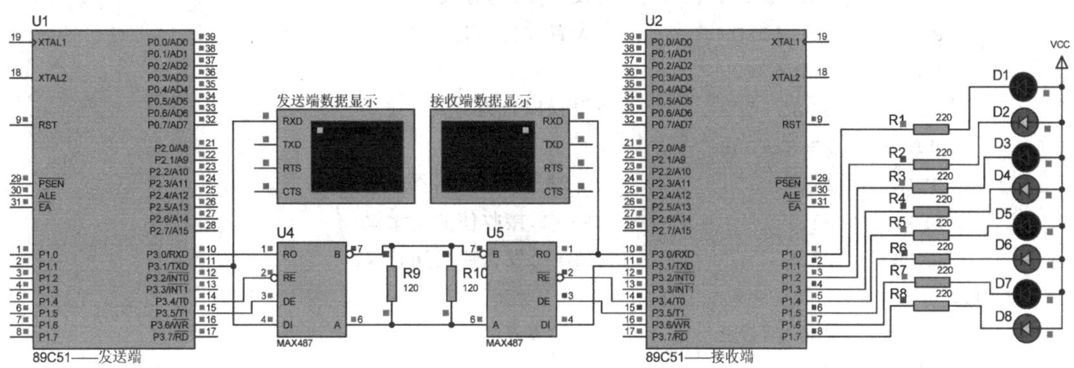

图 4-43　RS-485 差分串行通信实验仿真图

表 4-27　RS-485 通信电路仿真所需元件列表

元件名称	型　　号	数　量	Proteus 的关键字
单片机	AT89C51	2	AT89C51
芯片	MAX487	2	MAX487
电阻	120Ω	2	RES
电阻	220Ω	8	RES
发光二极管(绿色)	LED-GREEN	8	LED-GREEN
虚拟终端	VIRTUAL TERMINAL	2	

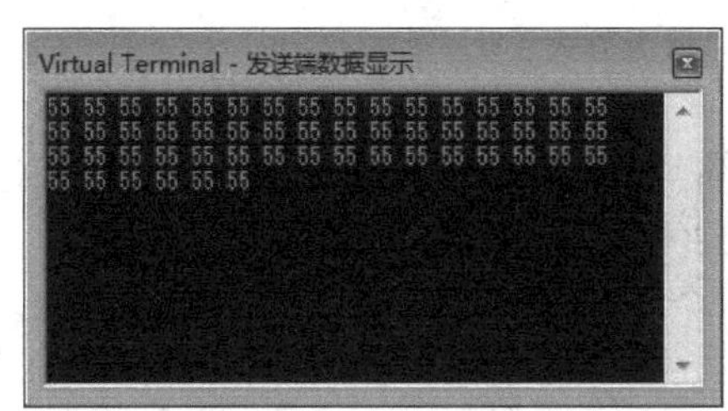

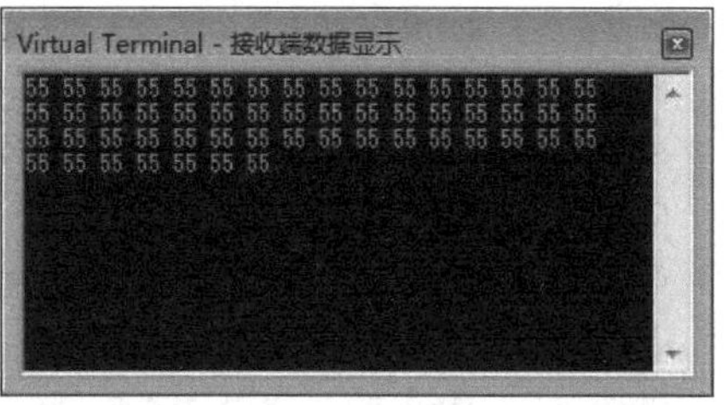

图 4-44　RS-485 通信仿真结果

4.13.8　实验参考程序

1. 汇编语言程序清单

发送端程序如下：

```
ORG     0000H
LJMP    MAIN
```

```
        ORG     00F0H
MAIN:
        MOV     SP,#60H         ;给堆栈指针赋初值
        MOV     TMOD,#20H       ;设置 T1 为方式 2
        MOV     TH1,#0FDH       ;设置波特率为 9600
        MOV     TL1,#0FDH
        MOV     SCON,#50H       ;设置串口为方式 1
        MOV     PCON,#00H
        SETB    TR1             ;定时器 1 开始计数
        SETB    P3.4            ;RE=1,接收使能端无效
        SETB    P3.5            ;DE=1,发送使能端有效
SEND:
        MOV     SBUF,#55H       ;开始发送
        JNB     TI,$
        CLR     TI
        AJMP    SEND
        END
```

接收端程序如下：

```
        ORG     0000H
        LJMP    MAIN
        ORG     00F0H
MAIN:
        MOV     SP,#60H         ;给堆栈指针赋初值
        MOV     TMOD,#20H       ;设置 T1 为方式 2
        MOV     TH1,#0FDH       ;设置波特率为 9600
        MOV     TL1,#0FDH
        MOV     SCON,#50H       ;设置串口为方式 1
        MOV     PCON,#00H
        SETB    TR1             ;定时器 1 开始计数
        CLR     P3.4            ;RE=0,接收使能端有效
        CLR     P3.5            ;DE=0,发送使能端无效
REC:
        JNB     RI,$
        MOV     A,SBUF          ;接收数据
        CLR     RI
        MOV     P1,A
        AJMP    REC
        END
```

2. C 语言程序清单

发送端程序如下：

```
#include "reg51.h"
```

```
sbit RE=P3^4;
sbit DE=P3^5;
void DELAY();
main()
{
    TMOD=0x20;                    //设置 T1 为方式 2
    TH1=0xFD;                     //设置波特率为 9600
    TL1=0xFD;
    SCON=0x50;                    //设置串口为方式 1
    PCON=0x00;
    TR1=1;                        //定时器 1 开始计数
    RE=1;                         //RE=1,接收使能端无效
    DE=1;                         //DE=1,发送使能端有效
    while(1)
    {
        SBUF=0x55;
        while(TI==0);
        TI=0;
    }
}
```

接收程序如下：

```
#include "reg51.h"
sbit RE=P3^4;
sbit DE=P3^5;
void DELAY();
main()
{
    unsigned char i;
    TMOD=0x20;                    //设置 T1 为方式 2
    TH1=0xFD;                     //设置波特率为 9600
    TL1=0xFD;
    SCON=0x50;                    //设置串口为方式 1
    PCON=0x00;
    TR1=1;                        //定时器 1 开始计数
    RE=0;                         //RE=0,接收使能端有效
    DE=0;                         //DE=0,接收使能端无效
    while(1)
    {
        while(RI==0);
        RI=0;
        i=SBUF;
        P1=i;
    }
}
```

4.13.9 实验思考题

(1) 利用RS-485通信如何实现既接收又发送?

(2) 如果在各RS-485节点进行通信过程中,正在发送的节点死机,会发生什么情况?

4.14 直流电动机实验

4.14.1 实验目的

(1) 学会如何控制直流电动机。

(2) 掌握PWM功率驱动直流电动机的原理。

4.14.2 实验设备

PC	1台
DP-51PROC单片机综合仿真实验仪	1台

4.14.3 实验内容

利用D1区的两个按键KEY1与KEY2改变PWM的占空比来控制直流电动机的转速。

4.14.4 直流电动机驱动原理

直流电动机是指能将直流电能转换成机械能旋转电动机。它是能实现直流电能和机械能互相转换的电动机。本实验中,采用直流电动机的经典驱动控制电路H桥电路控制,如图4-45所示。图中电路由4个晶体管和4个续流二极管组成,采用+5V电源供电。当Q12的基极为高电平,Q15的基极为高电平时,Q9与Q15两个晶体管饱和导通,直流电动机正转;当Q13的基极为高电平时,Q10的基极为低电平时,Q14与Q10两个晶体管导通,此时直流电动机反转。这样可以实现对直流电动机正反转的控制。

本实验用P1.0口输出PWM波控制直流电动机的转速,PWM波形的占空比由KEY1和KEY2控制。当P1.0输出高电平时间长而低电平时间短时,直流电动机的转速将会越来越快,若持续提供高电平时,直流电动机的转速将会达到最大值;反之,若P1.0输出低电平时,直流电动机会减速直至停止。

4.14.5 实验步骤

(1) 用导线连接A2区的P11与D1区的KEY1。

(2) 用导线连接A2区的P12与D1区的KEY2。

(3) 用导线连接A2区的P10与B10区的ZDJ_A。

(4) B10区的ZDJ_B连接到C1区的GND。

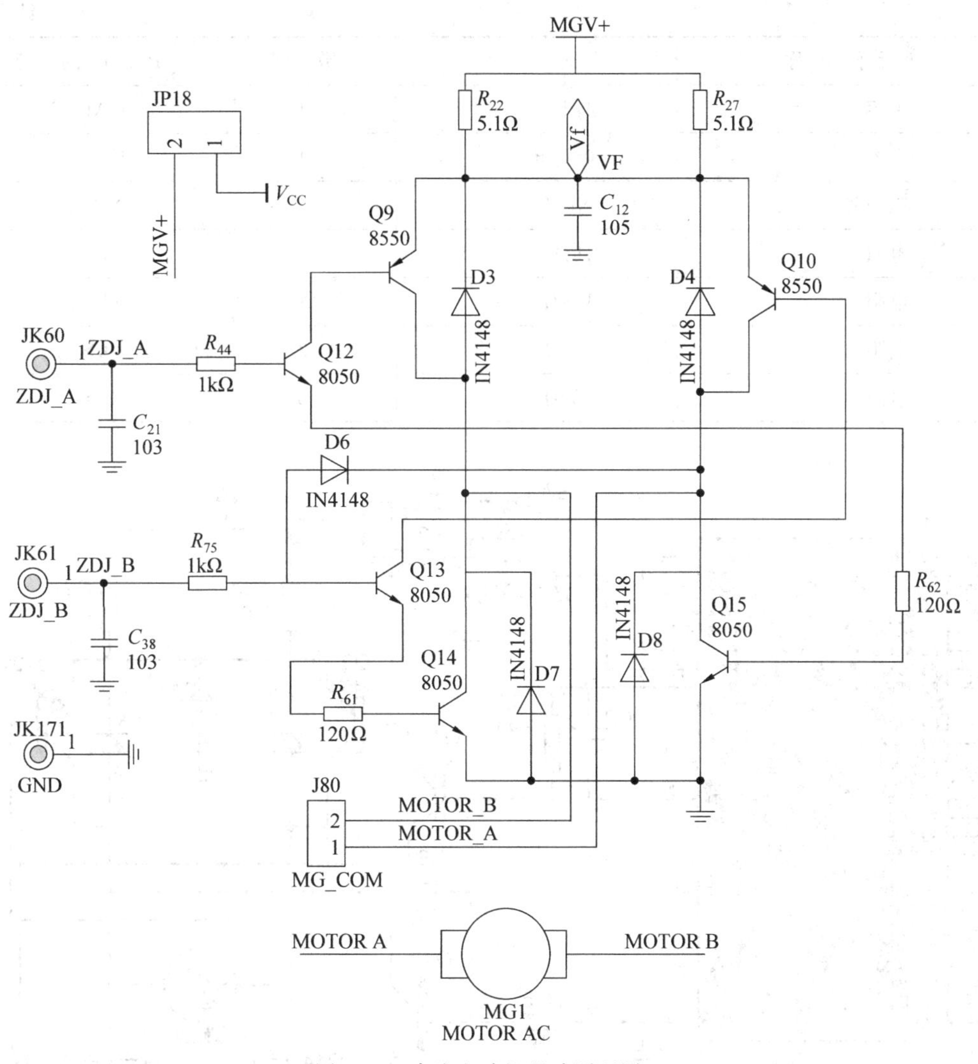

图 4-45　直流电动机驱动原理图

(5) 短接 B10 区 JP18 的电动机电源跳线。

4.14.6　直流电动机控制实验仿真图

直流电动机控制电路仿真图如图 4-46 所示，电路仿真所需元器件见表 4-28。

表 4-28　直流电动机实验仿真图所用元器件名称

元 件 名 称	型　　号	数　量	Proteus 的关键字
单片机	AT89C51	1	AT89C51
单刀单掷开关	SW-SPST	2	SW-SPST
三极管	PNP	2	PNP
开关管	1N4148	1	1N4148

续表

元件名称	型　号	数　量	Proteus 的关键字
电容	1μF	1	CAP
电容	0.1μF	1	CAP
三极管	NPN	4	NPN
电阻	1kΩ	2	RES
电阻	10kΩ	2	RES
电阻	5.1Ω	2	RES
电阻	120Ω	2	RES

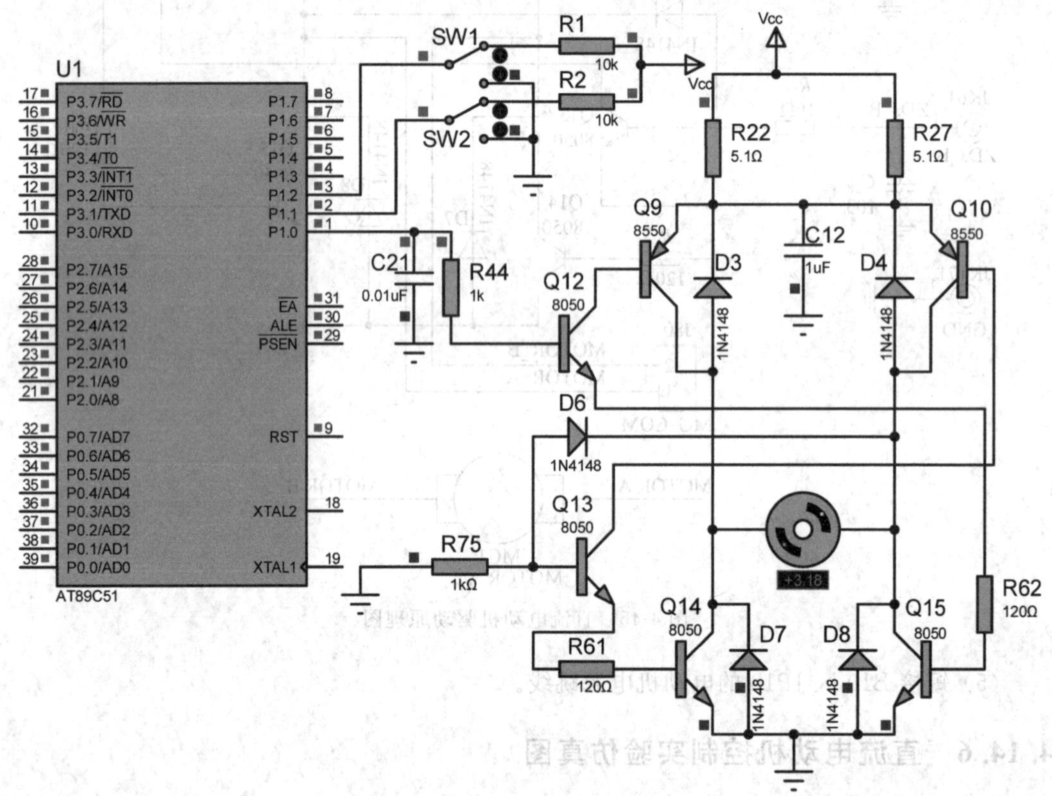

图 4-46　直流电动机实验仿真结果

4.14.7　实验参考程序

1. 汇编语言源程序清单

```
PWMH       DATA    30H          ;高电平脉冲的个数
PWM        DATA    31H          ;PWM 周期
COUNTER    DATA    32H
TEMP       DATA    33H
```

```
        ORG     0000H
        AJMP    MAIN
        ORG     000BH
        AJMP    INTT0
        ORG     0100H
MAIN:
        MOV     SP,#60H             ;给堆栈指针赋初值
        MOV     PWMH,#02H
        MOV     COUNTER,#01H
        MOV     PWM,#15H
        MOV     TMOD,#02H           ;定时器 0 在模式 2 下工作
        MOV     TL0,#38H            ;定时器每 200μs 产生一次溢出
        MOV     TH0,#38H            ;自动重装的值
        SETB    ET0                 ;使能定时器 0 中断
        SETB    EA                  ;使能总中断
        SETB    TR0                 ;开始计时
KSCAN:
        JNB     P1.1,K1CHECK        ;扫描 KEY1
        JNB     P1.2,K2CHECK        ;扫描 KEY2,若按下 KEY2,跳转到 KEY2 处理程序
        SJMP    KSCAN
K1CHECK:
        JB      P1.1,K1HANDLE       ;去抖动,如果按下 KEY1,跳转到 KEY1 处理程序
        SJMP    K1CHECK
K1HANDLE:
        MOV     A,PWMH
        CJNE    A,PWM,K1H0          ;判断是否到达上边界
        SJMP    KSCAN
K1H0:
        MOV     A,PWMH
        INC     A
        CJNE    A,PWM,K1H1          ;如果在加 1 后到达最大值
        CLR     TR0                 ;定时器停止
        SETB    P1.0                ;P1.0 为高电平
        SJMP    K1H2
K1H1:
        CJNE    A,#02H,K1H2         ;如果加 1 后到达下边界
        SETB    TR0                 ;重开定时器
K1H2:
        INC     PWMH                ;增加占空比
        SJMP    KSCAN
K2CHECK:
        JB      P1.2,K2HANDLE       ;去抖动,如果按下 KEY2,跳转到 KEY2 处理程序
        SJMP    K2CHECK
K2HANDLE:
        MOV     A,PWMH
```

```
        CJNE    A,#01H,K2H0          ;判断是否到达下边界
        SJMP    KSCAN                ;是,则不进行任何操作
K2H0:
        MOV     A,PWMH
        MOV     TEMP,PWM
        DEC     A
        CJNE    A,#01H,K2H1          ;如果在减1后到达下边界
        CLR     TR0                  ;定时器停止
        CLR     P1.0                 ;P1.0 为低电平
        SJMP    K2H2
K2H1:
        DEC     TEMP
        CJNE    A,TEMP,K2H2          ;如果到达上边界
        SETB    TR0                  ;启动定时器
K2H2:
        DEC     PWMH                 ;降低占空比
        SJMP    KSCAN
INTT0:
        PUSH    PSW                  ;现场保护
        PUSH    ACC
        INC     COUNTER              ;计数值加 1
        MOV     A,COUNTER
        CJNE    A,PWMH,INTT01        ;如果等于高电平脉冲数
        CLR     P1.0                 ;P1.0 变为低电平
INTT01:
        CJNE    A,PWM,INTT02         ;如果等于周期数
        MOV     COUNTER,#01H         ;计数器复位
        SETB    P1.0                 ;P1.0 为高电平
INTT02:
        POP     ACC
        POP     PSW
        RETI
        END
```

2. C 语言源程序清单

```
#include "reg51.h"
sbit P1_0=P1^0;
sbit P1_1=P1^1;
sbit P1_2=P1^2;
unsigned char PWMH;                  //高电平脉冲的个数
unsigned char PWM;                   //PWM 周期
unsigned char COUNTER;
void K1CHECK();
void K2CHECK();
```

```
void INTTO() interrupt 1
{
  COUNTER++;                          //计数值加
  if((COUNTER!=PWMH)&&(COUNTER==PWM))
  {
      COUNTER=1;                      //计数器复位
      P1_0=1;                         //P1.0 为高电平
  }
  else if(COUNTER==PWMH)
      P1_0=0;                         //P1.0 变为低电平
}
main()
{
    PWMH=0x02;
    COUNTER=0x01;
    PWM=0x15;
    TMOD=0x02;                        //定时器 0 在模式 2 下工作
    TL0=0x38;                         //定时器每 200μs 产生一次溢出
    TH0=0x38;                         //自动重装的值
    ET0=1;                            //使能定时器 0 中断
    EA=1;                             //使能总中断
    TR0=1;                            //开始计时
    while(1)
    {
        if(P1_1==0)
            K1CHECK();                //扫描 KEY1
        if(P1_2==0)
            K2CHECK();                //扫描 KEY2
    }
}
void K1CHECK()
{
    while(P1_1==0);
    if(PWMH!=PWM)
    {
        PWMH++;
        if(PWMH==PWM)
        {
            TR0=0;
            P1_0=1;
        }
        else
        {
            if(PWMH==0x02)
            {
```

```
                TR0=1;
            }
        }
    }
}
void K2CHECK()
{
unsigned char TEMP;
    while(P1_2==0);
    if(PWMH!=0x01)
    {
        PWMH--;
        TEMP=PWM;
        TEMP--;
        if(PWMH==0x01)
        {
            TR0=0;
            P1_0=0;
        }
        else
        {
            if(PWMH==TEMP)
            {
                TR0=1;
            }
        }
    }
}
```

4.14.8 实验思考题

(1) 怎样实现对直流电动机的启动、停止控制?

(2) 编写一段程序实现电动机的正转和反转。

4.15 步进电动机实验

4.15.1 实验目的

(1) 了解步进电动机的工作原理,掌握它的转动控制方式和调速方法。

(2) 掌握步进电动机转动的编程方法。

4.15.2 实验设备及器件

PC　　　　1台

DP-51PROC 单片机综合仿真实验仪　　　　1 台
数字示波器　　　　　　　　　　　　　　1 台

4.15.3 实验内容

(1) 编写程序,通过单片机的 P1 口控制步进电动机的控制端,使其按一定的控制方式进行转动。

(2) 分别采用单四拍(A→B→C→D→A)方式、双四拍(AB→BC→CD→DA→AB)方式和单双八拍(A→AB→B→BC→C→CD→D→DA→A)方式编程,控制步进电动机的转动方向和转速。

(3) 观察不同控制方式下,步进电动机转动时的振动情况和步进角的大小,比较这几种控制方式的优、缺点。

4.15.4 步进电动机的工作原理

步进电动机是一种将电脉冲转化为角位移的执行机构。当步进驱动器接收到一个脉冲信号时,它就驱动步进电动机按设定的方向转动一个固定的角度(步进角),因此可以通过控制脉冲个数来控制角位移量,从而达到准确定位的目标。根据步进电动机控制绕组的多少可以将电动机分为三相、四相和五相等。本次实验中用到的是四相五线步进电动机,其内部原理图如图 4-47 所示。

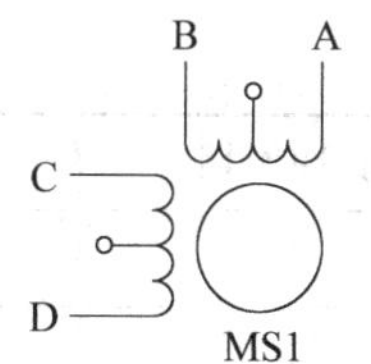

图 4-47　四相五线步进电动机内部结构图

1. 四相单四拍

按 A→B→C→D→A 的顺序总有且仅有一个励磁相有电流通过。四相单四拍励磁方式见表 4-29,其中 $T_1 \sim T_4$ 表示脉冲周期,A、B、C、D 表示电动机的各相,1 表示此时有一个脉冲,0 表示没有。因此,对应 1 个脉冲信号电动机只会转动一步,这使步进电动机只能产生很小的转矩并会产生振动,故很少用。

表 4-29　四相单四拍励磁方式

脉冲周期	A	B	C	D
T_1	1	0	0	0
T_2	0	1	0	0
T_3	0	0	1	0
T_4	0	0	0	1

2. 四相双四拍

按 AB→BC→CD→DA→AB 的顺序总有且只有 2 相励磁相有电流通过,因此,通过的电流是 1 相励磁时通过电流的 2 倍,转矩也是 1 相励磁的 2 倍。此时步进电动机的振动较小且频率升高,目前广泛使用此种方式。四相双四拍励磁方式见表 4-30,其中 $T_1 \sim T_4$ 表示脉冲周期，A、B、C、D 表示电动机的各相，1 表示此时有一个脉冲，0 表示没有。

表 4-30　四相双四拍励磁方式

脉冲周期	A	B	C	D
T_1	1	1	0	0
T_2	0	1	1	0
T_3	0	0	1	1
T_4	1	0	0	1

3. 四相单-双八拍

按 A→AB→B→BC→C→CD→D→DA→A 的顺序交替进行线圈的励磁，与前述的两个线圈励磁方式相比，电动机的转速是原来的 1/2，四相单-双八拍励磁方式见表 4-31，其中 $T_1 \sim T_8$ 表示脉冲周期，A、B、C、D 表示电动机的各相，1 表示此时有一个脉冲，0 表示没有。

表 4-31　四相单-双八拍励磁方式

脉冲周期	A	B	C	D
T_1	1	0	0	0
T_2	1	1	0	0
T_3	0	1	0	0
T_4	0	1	1	0
T_5	0	0	1	0
T_6	0	0	1	1
T_7	0	0	0	1
T_8	1	0	0	1

4.15.5　实验步骤

实验仪上 C8 区的实验电路如图 4-48 所示。图中采用 ULN2003 反相驱动器，将单片机发出的多相脉冲信号进行放大后，输出给步进电动机的各相绕组。实验步骤如下：

(1) 短接 C8 区的 JP6 接口上的电源跳线，用导线将 BA、BB、BC、BD 插孔与 A2 区的 P10～P13 对应连接。

(2) 编写并运行程序，观察步进电动机的转动情况。

(3) 修改控制程序，再次运行程序，比较它们的不同控制效果。

4.15.6　步进电动机驱动实验仿真图

步进电动机驱动实验仿真图如图 4-49 所示，仿真电路所需元器件列表见表 4-32。

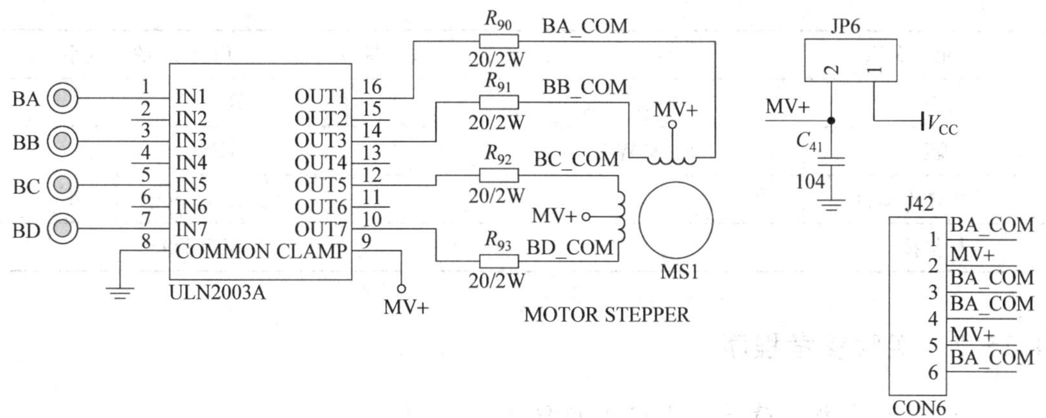

图 4-48　步进电动机的驱动电路图

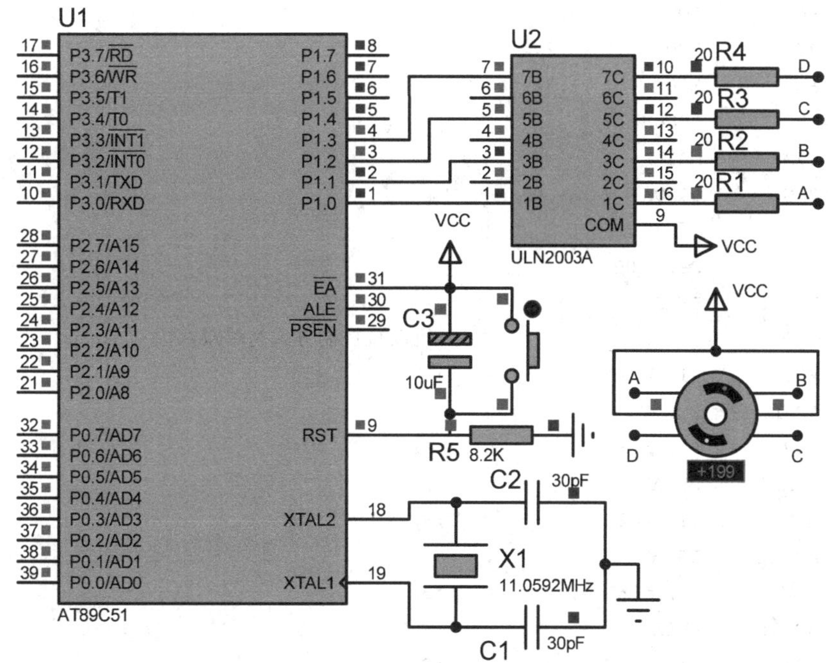

图 4-49　步进电动机驱动电路仿真图

表 4-32　步进电动机电路仿真所需元件列表

元件名称	型　　号	数　量	Proteus 的关键字
单片机	AT89C51	1	AT89C51
芯片	ULN2003A	1	Analog ICs
晶振	11.0592MHz	1	CRYSTAL
电容	30pF	2	CAP
电解电容	10μF	1	CAP-ELEC

续表

元件名称	型　　号	数　量	Proteus的关键字
电阻	8.2kΩ	1	RES
电阻	20Ω/2W	4	RES
步进电动机		1	Electromechanical
复位按钮		1	BUTTON

4.15.7 实验参考程序

1. 汇编语言程序清单—单双八拍程序

```
        BA      EQU     P1.0
        BB      EQU     P1.1
        BC      EQU     P1.2
        BD      EQU     P1.3
        ORG     0000H
        LJMP    MAIN
        ORG     0100H
MAIN:
        MOV     SP,#60H
        ACALL   DELAY
SMRUN:                          ;电动机控制方式为单双八拍
        MOV     P1, #01H        ;A
        ACALL   DELAY
        MOV     P1, #03H        ;AB
        ACALL   DELAY
        MOV     P1, #02H        ;B
        ACALL   DELAY
        MOV     P1, #06H        ;BC
        ACALL   DELAY
        MOV     P1, #04H        ;C
        ACALL   DELAY
        MOV     P1, #0CH        ;CD
        ACALL   DELAY
        MOV     P1, #08H        ;D
        ACALL   DELAY
        MOV     P1, #09H        ;DA
        ACALL   DELAY
        SJMP    SMRUN           ;循环转动
DELAY:                          ;单步延时程序
        MOV     R4, #10
DELAY1:
        MOV     R5,#250
```

```
        DJNZ     R5,$
        DJNZ     R4,DELAY1
        RET
        END
```

2. C语言程序清单——单双八拍程序

```
#include "reg51.h"
void DELAY();
main()
{
    while(1)
    {
        P1=0x01;                      //A
        DELAY();
        P1=0x03;                      //AB
        DELAY();
        P1=0x02;                      //B
        DELAY();
        P1=0x06;                      //BC
        DELAY();
        P1=0x04;                      //C
        DELAY();
        P1=0x0C;                      //CD
        DELAY();
        P1=0x08;                      //D
        DELAY();
        P1=0x09;                      //DA
        DELAY();
    }
}
void DELAY()
{
    unsigned char i,j;
        for(i=0;i<20;i++)
            for(j=0;j<100;j++);
}
```

4.15.8 实验思考题

(1) 修改控制程序,实现步进电动机的反转。

(2) 设计一个完整的步进电动机程序,通过按键可以控制电动机的转动方向,并且能调节电动机的转动速度。

(3) 分别采用单四拍(A→B→C→D→A)方式和双四拍(AB→BC→CD→DA→AB)方

式编程，控制步进电动机的转动方向和转速。

4.16 数字频率计实验

4.16.1 实验目的

(1) 掌握 555 集成定时器电路的工作原理和特点，掌握多谐振荡器电路的设计方法。

(2) 学会利用单片机的定时器/计数器功能，开发设计低频信号频率计。

4.16.2 实验设备及器件

PC	1 台
DP-51PROC 单片机综合仿真实验仪	1 台
数字示波器	1 台
10kΩ 电阻	2 只
104 电容	2 只

4.16.3 实验内容

利用 555 多谐振荡器产生的输出频率(频率低于 6kHz)作为输入，用单片机算出频率，并在数码管上显示。

本次实验要求用定时器 T1 作为计数器，对输入的脉冲进行计数，计数时间为 1s，用定时器 T0 定时实现，同时利用键盘及显示驱动器 ZLG7290 在 LED 上显示 5 位频率的数值。

4.16.4 555 多谐振荡器

555 定时器是一种模拟和数字功能相结合的集成器件。555 定时器成本低，性能可靠，只需要外接几个电阻、电容，就可以实现多谐振荡器、单稳态触发器及施密特触发器等脉冲产生与变换电路。它也常作为定时器广泛应用于仪器仪表、家用电器、电子测量及自动控制等方面。

本次实验利用 555 构成多谐振荡器，其电路如图 4-50 所示，又称为无稳态触发器，它没有稳定的输出状态，只有两个暂稳态。当电路处于某一暂稳态后，经过一段时间可以自行触发翻转到另一暂稳态。两个暂稳态自行相互转换而输出一系列矩形波。多谐振荡器可用作方波发生器，振荡周期 $T=(R_1+2\times R_2)\times C\times \ln 2$。

本次实验中将电路中的 474 电容改成 104 电容，经计算可获得多谐振荡器的输出信号周期 $T=(10\times 10^3+2\times 10\times 10^3)\times 0.1\times 10^{-6}\times \ln 2=0.00208(\mathrm{s})=2.08(\mathrm{ms})$，即周期约为 480Hz。

4.16.5 ZLG7290 的功能特性

键盘及 LED 驱动器 ZLG7290 具有如下特点：①I^2C 串行接口，方便与处理器通信；②提供键盘中断信号；③可驱动 8 位共阴数码管或 64 只独立 LED 和 64 个按键；④可控制扫描位数，可控制任一数码管闪烁；⑤提供数据译码和循环移位段寻址等控制；⑥8 个功能键可检测任一键的连击次数；⑦无须外接元件即直接驱动 LED，可扩展驱动电流和驱动电压。其芯片引脚如图 4-51 所示，引脚功能说明见表 4-33。

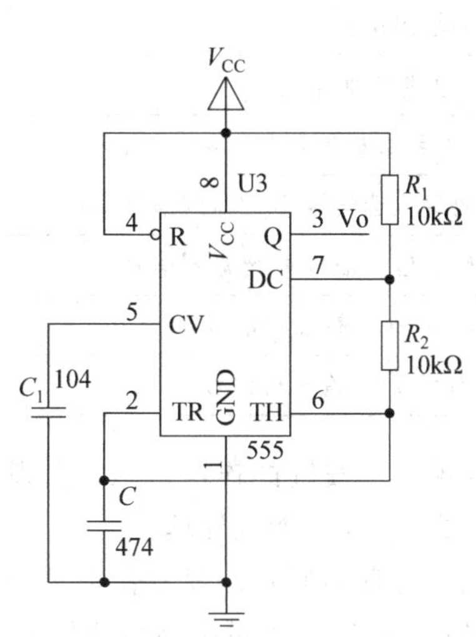

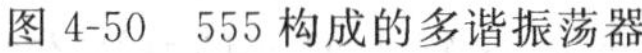
图 4-50　555 构成的多谐振荡器

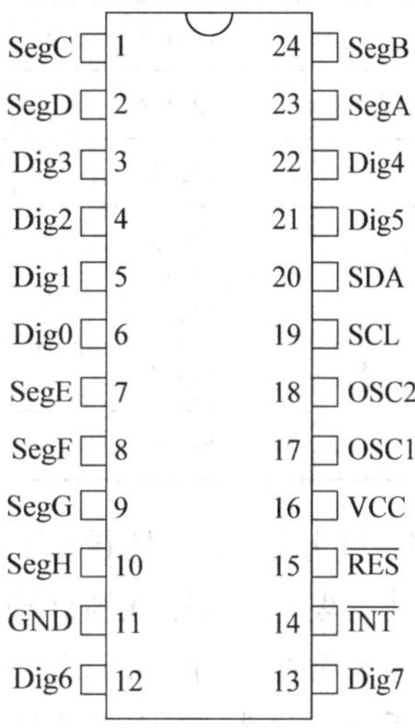

图 4-51　TLC7290 引脚图

表 4-33　ZLG7290 引脚功能表

引脚序号	引脚名称	功 能 描 述
1	SegC	数码管 c 段/键盘行信号 2
2	SegD	数码管 d 段/键盘行信号 3
3	Dig3	数码管位选信号 3/键盘列信号 3
4	Dig2	数码管位选信号 2/键盘列信号 2
5	Dig1	数码管位选信号 1/键盘列信号 1
6	Dig0	数码管位选信号 0/键盘列信号 0
7	SegE	数码管 e 段/键盘行信号 4
8	SegF	数码管 f 段/键盘行信号 5
9	SegG	数码管 g 段/键盘行信号 6
10	SegH	数码管 dp 段/键盘行信号 7
11	GND	接地
12	Dig6	数码管位选信号 6/键盘列信号 6
13	Dig7	数码管位选信号 7/键盘列信号 7
14	$\overline{INT}$	键盘中断请求信号，低电平(下降沿)有效
15	$\overline{RES}$	复位信号，低电平有效
16	V_{CC}	电源，+3.3～+5.5V

续表

引脚序号	引脚名称	功 能 描 述
17	OSC1	晶振输入信号
18	OSC2	晶振输出信号
19	SCL	I^2C 总线时钟信号
20	SDA	I^2C 总线数据信号
21	Dig5	数码管位选信号 5/键盘列信号 5
22	Dig4	数码管位选信号 4/键盘列信号 4
23	SegA	数码管 a 段/键盘行信号 0
24	SegB	数码管 b 段/键盘行信号 1

ZLG7290 可采样 64 个按键或传感器，可检测每个按键的连击次数。其基本功能有：①键盘去抖动处理；②双键互锁处理；③连击键处理；④功能键处理。

在每个显示刷新周期，ZLG7290 按照扫描位数寄存器制定的显示位数 N，把显示缓存的内容按先后顺序送入 LED 驱动器实现动态显示，减少 N 值可提高每位显示扫描时间的占空比，以提高 LED 亮度，显示缓存中的内容不受影响。修改闪烁控制寄存器可改变闪烁频率和占空比。ZLG7290 提供两种控制方式：寄存器映像控制和命令解释控制。寄存器映像控制是指直接访问底层寄存器，实现基本控制功能，这些寄存器须字节操作。命令解释控制是指通过解释命令缓冲区中的指令，间接访问底层寄存器实现扩展控制功能。如实现寄存器的位操作；对显示缓存循环，移位；对操作数译码等操作。ZLG7290 内部寄存器功能见表 4-34。

表 4-34 ZLG7290 寄存器功能描述

寄存器名称	地址	功 能 描 述
系统寄存器	00H	复位值 F0H，保持 ZLG7290 系统状态，配置系统运行状态
键值寄存器	01H	复位值 00H，表示被压按键的键值。当值为 0 时，表示无键被按压
连击次数计数器	02H	复位值 00H，值为 0 表示单击键。值大于 0，表示键的连击次数
功能键寄存器	03H	复位值 0FFH，对应位的值＝0 表示对应功能键被按压
命令缓冲区	07～08H	复位值为 00H～00H。用于传输指令
闪烁控制寄存器	0CH	复位值 77H，高 4 位表示闪烁时亮的时间，低 4 位表示闪烁时灭的时间
扫描位数寄存器	0DH	复位值 7，用于控制最大的扫描显示位数

ZLG7290 的 I^2C 接口传输速率可达 32kb/s，容易与处理器接口。并提供键盘终端信号，可提高主处理器时间效率。ZLG7290 的从地址为 70H。

4.16.6 实验原理图

由于 Proteus 元件库中无 ZLG7290 仿真元件，所以该实验无法利用 Proteus 软件仿真调试，可搭试电路直接在实物板上调试，数字频率计的电路设计原理图如图 4-52 所示。

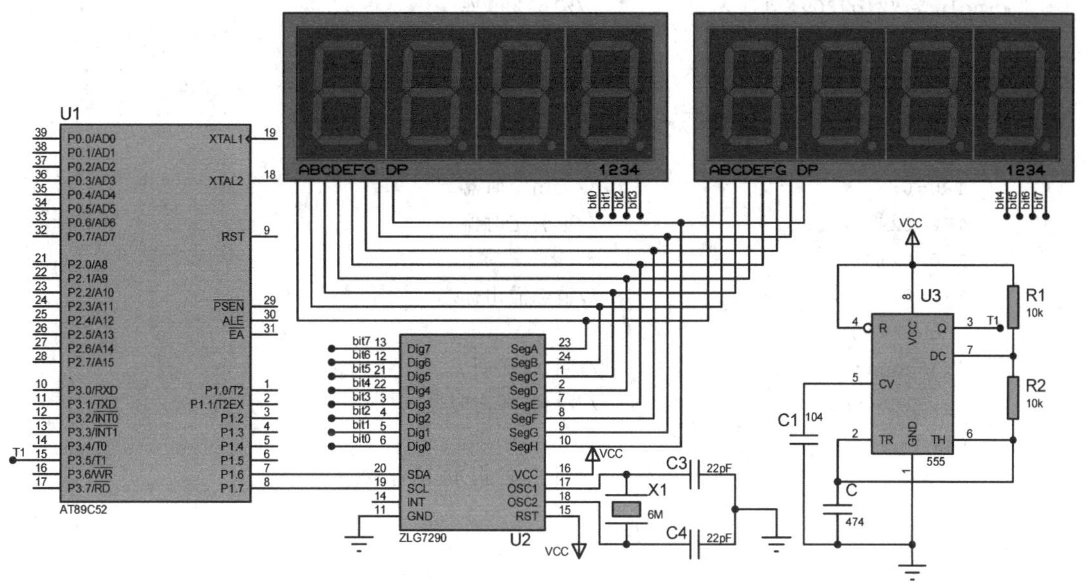

图 4-52　数字频率计的实验电路图

4.16.7　实验步骤

实验仪上 C6 区的 555 实验电路如图 4-53 所示。实验步骤如下：

(1) 首先按图 4-52 的 555 多谐振荡器电路图连接，其中将 474 电容换成 104 电容。

(2) 用导线连接 A2 区的 T1 与 C6 区的 OUT(即 555 的输出端)。

(3) 用导线连接 A2 区的 P16 与 D5 区的 SCL。

(4) 用导线连接 A2 区的 P17 与 D5 区的 SDA。

(5) 将 D5 区的 RST_L 连接到＋5V 电源。

(6) 短接 C6 区的 JP3 的 555 电源跳线和 D5 区 JP1 的电源跳线。

(7) 编写程序并运行，可在 D5 区的数码管上显示频率值。

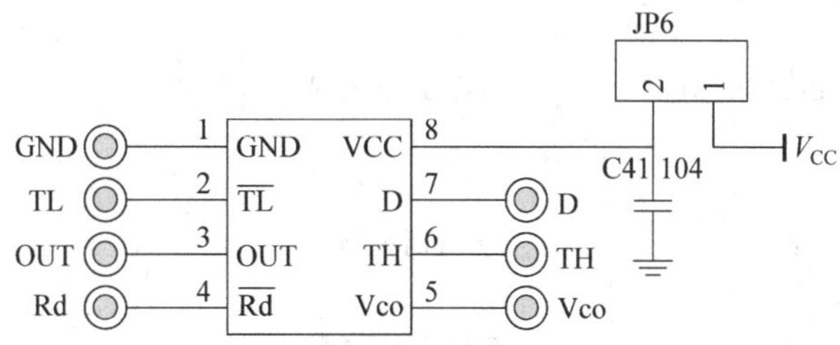

图 4-53　555 实验电路图

4.16.8　实验参考程序

本实验的 C 语言程序清单如下：

```
#include "reg51.h"
#include "Zlg7290.h"                    //Zlg7290库
#include "viic_c51.h"                   //I²C库
unsigned char scount;
void timer0_int() interrupt 1
{
    TR0=0;                              //关闭定时器
    TH0=0x4C;                           //重装定时器
    TL0=0x19;
    TF0=0;                              //清除溢出标志
    scount--;
    if(scount>0)                        //到 1s 了吗?
        TR0=1;                          //没到,开定时器
    else
        TR1=0;                          //到了,停止 T1 的计数
}
main()
{
    unsigned char a[5];
    unsigned char i,resh,resl;
    unsigned long int freq;
    TMOD=0xD1;                          //T0 工作在定时方式 1,T1 工作在计数方式 1
    TH0=0x4C;                           //定时 50ms
    TL0=0x19;
    TH1=0;                              //计数值清 0
    TL1=0;
    scount=20;                          //定时 1s
    ET0=1;                              //开定时器 0 中断
    EA=1;                               //开总中断
    TR0=1;                              //启动定时器和计数器
    TR1=1;
    for (i=0;i<5;++i)
    a[i]=0;
    ZLG7290_SendBuf(a,5);               //在 LED 上显示 5 位 0
    while(1)
    {
        if(!scount)                     //1s 时间到
        {
            resh=TH1;                   //取出计数值
            resl=TL1;
            TH1=0;                      //计数值清 0
            TL1=0;
            TH0=0x4C;                   //重装定时器 0
            TL0=0x19;
            scount=20;                  //定时 1s
```

```
        TR0=1;                    //启动定时器和计数器
        TR1=1;
        freq=resh*256+resl;  //计算频率值
        a[0]=freq%10;             //将各位分离显示
        a[1]=(freq/10)%10;
        a[2]=(freq/100)%10;
        a[3]=(freq/1000)%10;
        a[4]=freq/10000;
        ZLG7290_SendBuf(a,5); //送 ZLG7290 显示
    }
  }
}
```

4.16.9　实验思考题

(1) 编写一段程序实现 6kHz 以上的频率计。

(2) 用硬件实现,用本程序制作 6kHz 以上的频率计。

单片机课程设计

5.1 LED 电子显示屏的设计

5.1.1 系统功能设计要求

设计一个 16×16 点阵 LED 电子显示屏，要求能显示图形或文字，显示的图形或文字应稳定、清晰，图形或文字显示具有静止、左移、右移、上移、下移等显示方式。

5.1.2 系统设计方案

本系统 16×16 点阵显示屏的设计采用动态扫描的显示方法，所谓动态扫描，简单地说就是逐行或逐列轮流点亮（本系统采用逐列扫描）。以 16×16 点阵，把同一行所有发光二极管的阳极连在一起，把同一列所有发光二极管的阴极连在一起（接法同共阳）。当相应的行信号接高电平、列信号接低电平时，对应的发光二极管就被点亮。通常情况下，一块 8×8 像素的 LED 显示屏是不能用来显示一个汉字的，因此，本系统采用 4 块 8×8 点阵显示模块组成 16×16 点阵显示屏，显示一个汉字。在显示过程中，只要刷新速率不小于 25 帧/s，利用人的视觉暂留效应，就不会有闪烁的感觉，这样我们就能看到显示屏上稳定的图形了。

本系统的硬件电路设计主控单元采用 AT89C51 单片机，为了节省单片机 I/O 口的使用，列驱动器和行驱动器均采用串入并出的芯片，74HC164 和 74HC595 芯片的功能相仿，都是 8 位串行输入并行输出移位寄存器。74HC164 的驱动电流（25mA）比 74HC595 的驱动电流（35mA）要小，14 脚封装，体积也小一些。74HC595 芯片的主要优点是具有数据存储寄存器，在移位的过程中，输出端的数据可以保持不变，使点阵显示没有闪烁感。与 74HC164 只有数据清零端相比，74HC595 还有输出端使能/禁止控制端，可以使输出为高阻态。在这里我们选择 74HC595 芯片作为行和列信号的驱动器，系统的控制结构框图如图 5-1 所示。

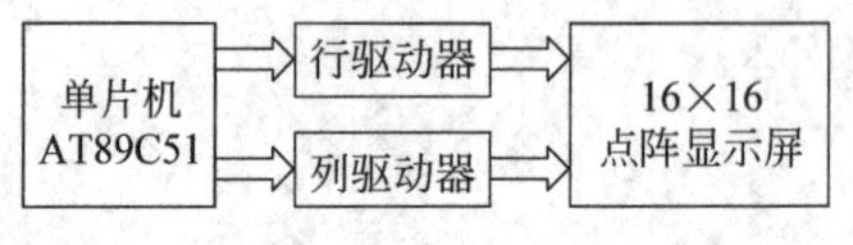

图 5-1 电子显示屏系统控制结构框图

5.1.3 LED 点阵的工作原理

8×8 点阵的外形和内部结构如图 5-2 所示。8×8 点阵分为 8 行 8 列，同一行所有发光二极管的阳极连接在一起，同一列所有发光二极管的阴极连接在一起，当某一行线为高电平而某一列线为低时，其行列交叉点的发光二极管就被点亮。

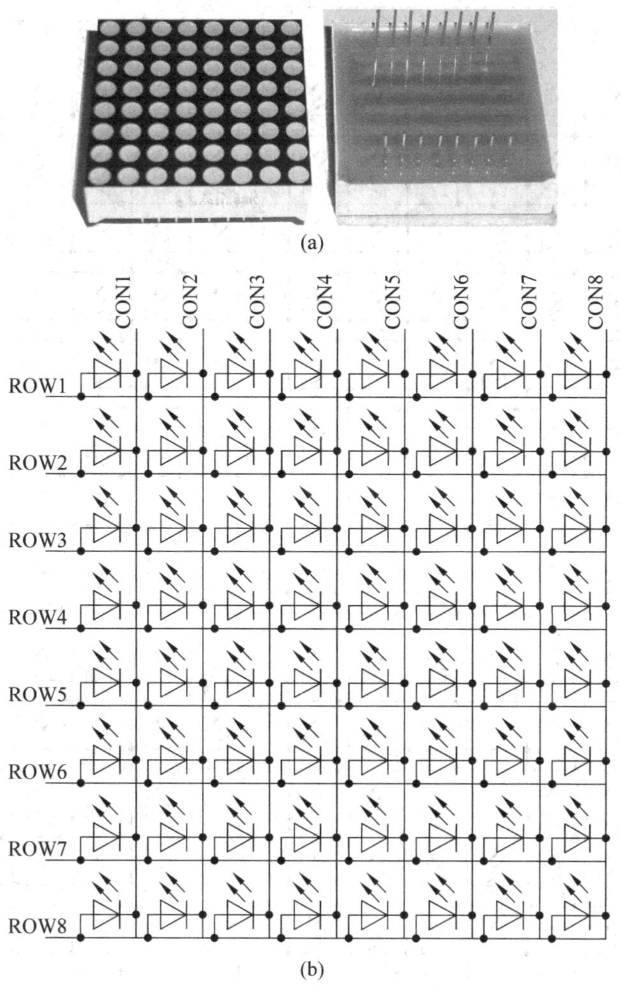

图 5-2 8×8 LED 点阵外形及内部结构

由 4 个 8×8 点阵可组成一个 16×16 的点阵，连接方法如图 5-3 所示。设 4 个 8×8 点阵分别为 A、B、C、D，连接时将 A、C 的 8 行分别与 B、D 的 8 行依次相连，A、B 的 8 列分别与 C、D 的 8 列依次相连，这样就组成了一个 16 行和 16 列的点阵。

5.1.4 74HC595 功能介绍

74HC595 是 8 位串行输入/串行或者并行输出的移位寄存器，具有一个存储寄存器和三态输出功能。移位寄存器和存储寄存器有各自独立的时钟。数据在 SCH_CP 的上升沿时输入，在 ST_CP 的上升沿时移入到存储寄存器中。如果两个时钟是连在一起的，则移位寄存器总是比存储寄存器提前一个脉冲。移位寄存器有一个串行输入端(DS)和一个串行输出端(Q7′)，并且 8 位移位寄存器有一个异步复位端口 $\overline{\text{MR}}$(低电平有效)。存储寄存器具有并行、8 位的、三态总线输出，当使能端口($\overline{\text{OE}}$)为低电平时，存储寄存器的数据就输出到总线上。74HC595 的引脚图如图 5-4 所示。

74HC595 各个引脚的功能说明如下：

(1) Q0～Q7：8 位并行输出端口。

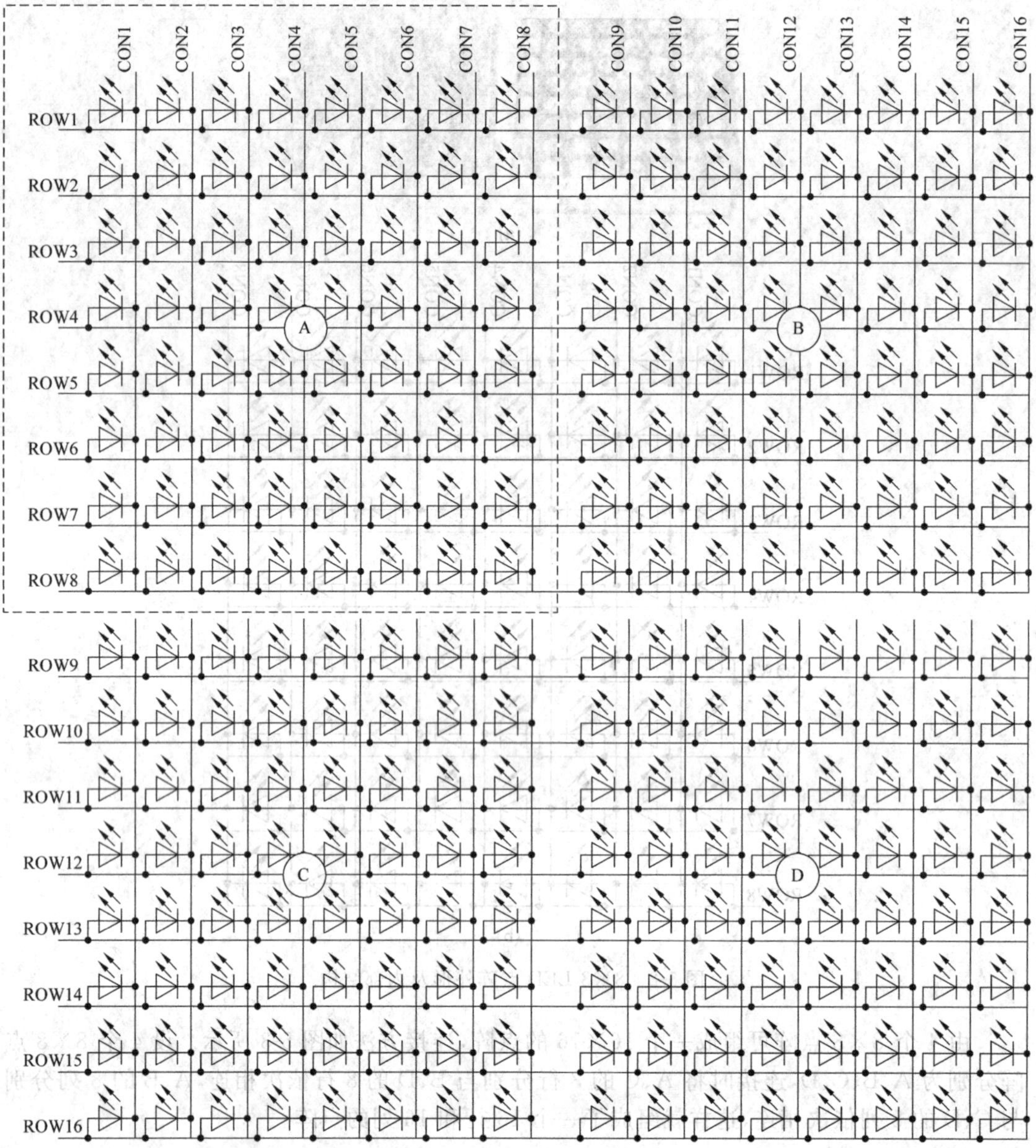

图 5-3　16×16 点阵连接示意图

(2) GND：电源地。

(3) Q7′：串行数据输出端口，在多片 74HC595 级联应用时连接下一级的 DS 端口。

(4) $\overline{MR}$：移位寄存器的清零输入端，当其为低电平时移位寄存器的输出全部为 0。

(5) SH_CP：移位寄存器的移位时钟脉冲，在其上升沿时发生移位，DS→Q0→Q1→Q2→…→Q7，下降沿时移位寄存器数据不变。移位后的各位信号出现在各移位寄存器的输出端，也就是存储寄存器的输入端。

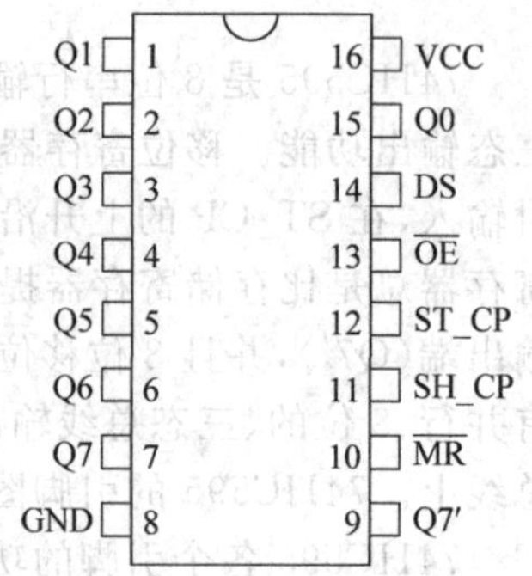

图 5-4　74HC595 引脚图

(6) ST_CP：存储寄存器的时钟输入信号，其上升沿时将移位寄存器的输出信号输入到存储寄存器，下降沿时存储寄存器数据不变。

(7) $\overline{\text{OE}}$：输出三态门的开放信号，只有当其为低电平时三态门的输出才开放，否则为高阻状态。

(8) DS：串行数据的输入端。

(9) VCC：电源端。

5.1.5　系统硬件电路设计

16×16 点阵 LED 电子显示屏的硬件电路主要由 AT89C51 单片机主控单元(包括时钟电路、复位电路)、行驱动电路、列驱动电路和点阵显示电路组成。在 Proteus 中仿真的电路原理图如图 5-5 所示，图中单片机的 P2.0 为行信号串行数据输出端，P2.1 为列信号串行数据输出端，P2.2 控制产生 74HC595 中的移位寄存器时钟脉冲，P2.3 控制产生 74HC595 中的存储寄存器时钟脉冲，P2.4 为 74HC595 三态门的输出控制端。电路仿真时所需的元件列表见表 5-1。

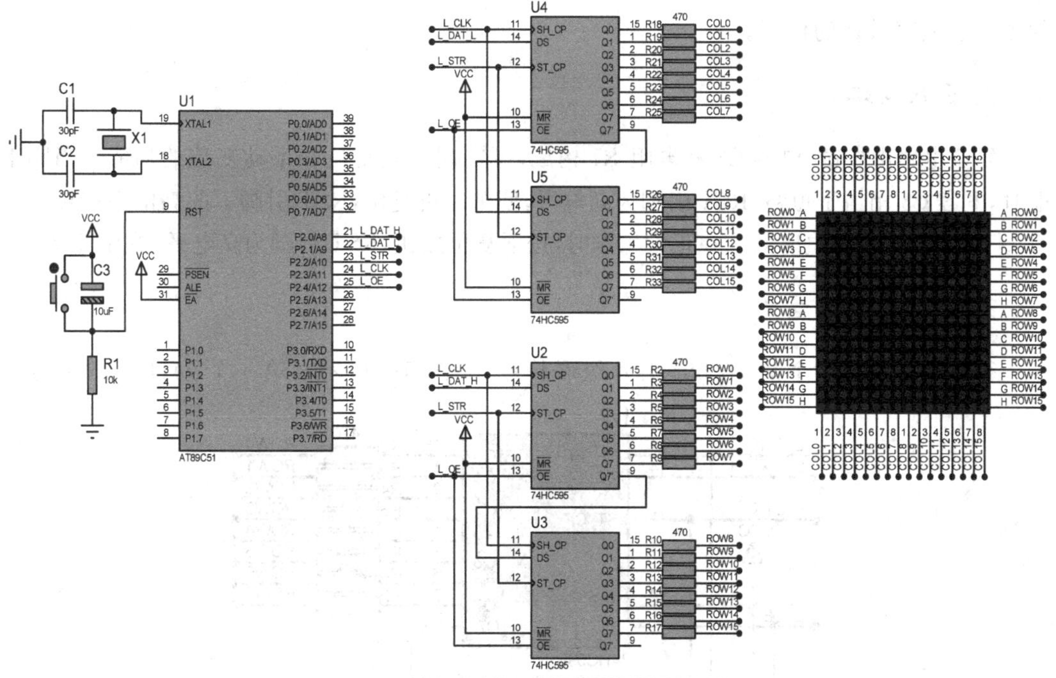

图 5-5　系统硬件电路原理图

表 5-1　16×16 点阵 LED 显示屏仿真所需元件

元件名称	型　号	数　量	Proteus 的关键字
单片机	AT89C51	1	AT89C51
晶振	11.0592MHz	1	CRYSTAL
芯片	74HC595	4	74HC595

续表

元件名称	型 号	数 量	Proteus 的关键字
显示屏	8×8 点阵	4	MATRIX-8×8-GREEN
复位按钮		1	BUTTON
电容	30pF	2	CAP
电解电容	10μF	1	CAP-ELEC
电阻	10kΩ	1	RES
电阻	470Ω	32	RES

1. 时钟电路

时钟电路由晶振 X1 和电容 C1、C2 构成。AT89C51 单片机内部设有一个由反相放大器构成的振荡器，XTAL1 和 XTAL2 分别为振荡电路的输入端和输出端，在 XTAL1 和 XTAL2 引脚上外接定时元件，内部振荡电路就会产生自激振荡。系统采用石英晶体和电容一起组成并联谐振回路。晶振的频率选择 11.0592MHz，C1、C2 的电容值取 30pF，电容的大小起频率微调的作用。

2. 复位电路

复位电路由按键、电容 C3 和电阻 R1 构成，可实现上电复位和手动复位的功能。当刚上电时，电容 C3 相当于短路，RST 引脚为高电平，使单片机复位，RST 引脚上的高电平持续时间取决于电容 C3 的充电时间。在正常工作时，按下复位按钮，RST 引脚为高电平，单片机复位。

3. 行信号驱动电路

行驱动电路由两个 74HC595 芯片级联构成，如图 5-6 所示。第一个 74HC595 串行输

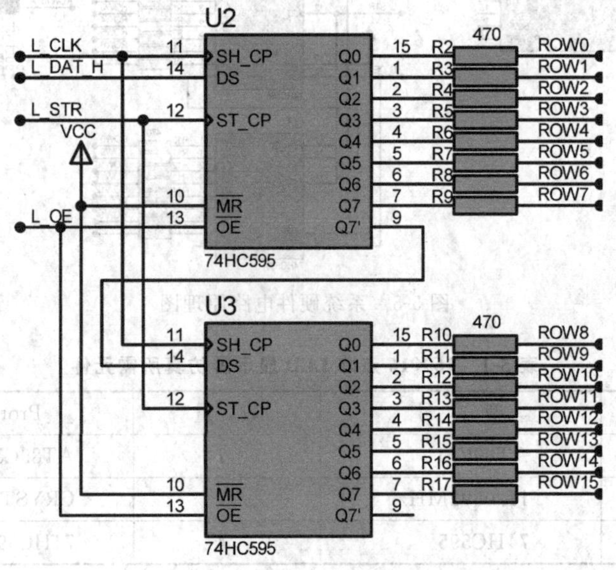

图 5-6 行信号驱动电路

出 Q7′连接到第二个 74HC595 的串行输入端 DS，两个 74HC595 芯片的并行输出 Q0～Q7 一起构成 16 个行控制信号：ROW0～ROW15。每个并行输出端口串接一个 470Ω 的电阻，起限流作用。

4. 列信号驱动电路

列信号驱动电路和行信号驱动电路相似，也由两个 74HC595 芯片级联构成，如图 5-7 所示。第一个 74HC595 串行输出 Q7′连接到第二个 74HC595 的串行输入端 DS，两个 74HC595 芯片的并行输出 Q0～Q7 一起构成 16 个列控制信号：COL0～COL15。每个并行输出端口串接一个 470Ω 的电阻，起限流作用。

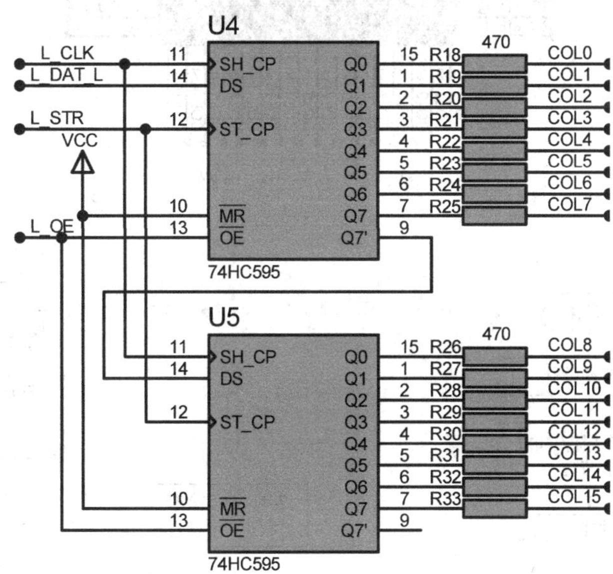

图 5-7 列信号驱动电路

5. 点阵组合电路

16×16 的点阵由 4 个 8×8 点阵组合而成，引脚的分配方式如图 5-8 所示，ROW0～ROW15 为行信号数据端，COL0～COL15 为列信号数据端。

5.1.6 系统控制程序设计思路

本程序主要由主程序、列扫描子程序、水平移动子程序、垂直移动子程序、清屏和延时程序等几部分组成。主程序及一帧显示扫描子程序如图 5-9 和图 5-10 所示。所有要显示的汉字或字符的字模数据通过字模提取软件提取，字模提取软件的设置为阴码、逐列式、逆向、十六进制、C51 格式自定义，将生成的字模复制到程序中所指定的位置插入即可。在主程序中，分别调用水平移动子程序和垂直移动子程序实现字符的水平移动显示和垂直移动显示，在调用水平移动子程序和垂直移动子程序中，参数 time 是指对同一帧的反复扫描次数，实际上决定了显示过程中水平移动或垂直移动的速度。

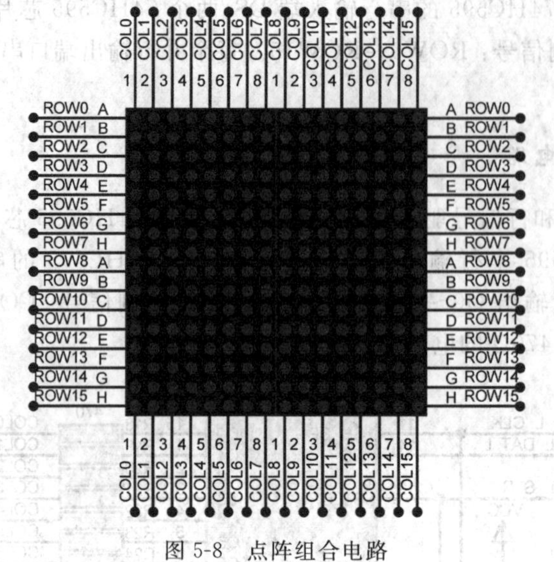

图 5-8 点阵组合电路

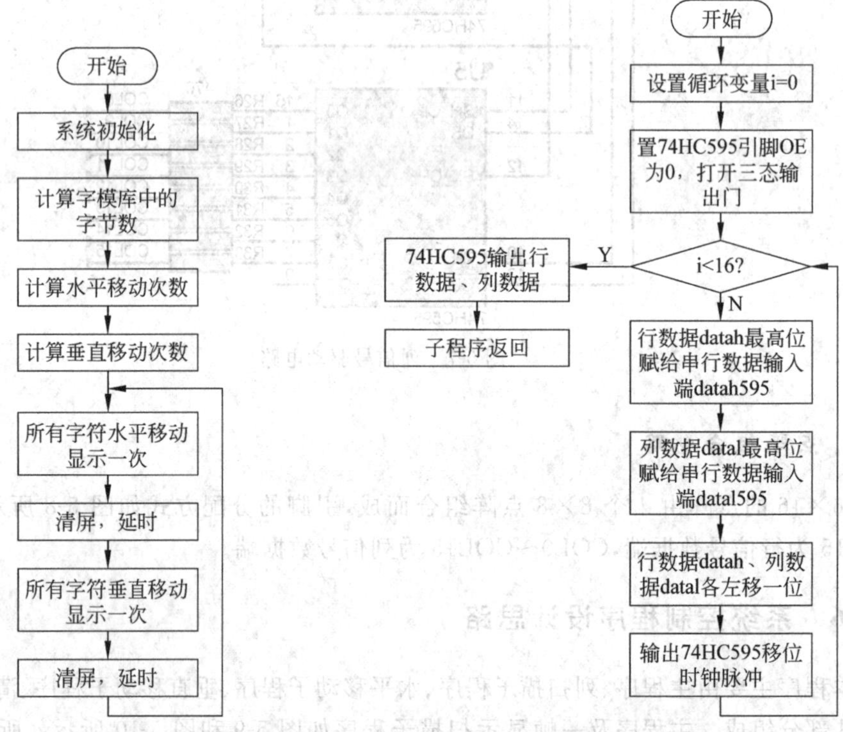

图 5-9 16×16 点阵显示主程序流程图　　　图 5-10 列扫描子程序流程图

5.1.7 系统源程序清单

```
//*********************************************************************//
//16×16点阵电子屏字符显示程序
//AT89C51  11.0592MHz
```

```
//显示效果：先水平向左移动,依次显示所有字符,再垂直向上移动显示所有字符,
//          重复循环
//*********************************************************************//
#include <reg51.h>
typedef unsigned char byte;
typedef unsigned int word;
//************74HC595引脚定义************//
sbit datah595=P2^0;              //行数据串行输入引脚
sbit datal595=P2^1;              //列数据串行输入引脚
sbit clk595=P2^3;                //移位寄存器时钟输入
sbit oe595=P2^4;                 //输出使能
sbit str595=P2^2;                //存储寄存器时钟输入
word data datah,datal;           //datah是行数据,datal是列选通
/*********************************************************************
在ROM中定义一个可变长度数组,供用户填充一定个数的字模,可填充的最大字模数取决于所选用
的单片机ROM空间大小。取模方式：阴码、逐列式、逆向、十六进制、C51格式自定义
*********************************************************************/
byte code displaydata[]=
{
    0x00,0x00,                   //表头
    0x00,0x00,0x00,0x00,0x00,0x00,0x00,0x00,0x00,0x00,0x00,0x00,0x00,0x00,0x00,
    0x00,0x00,0x00,0x00,0x00,0x00,0x00,0x00,0x00,0x00,0x00,0x00,0x00,0x00,0x00,
    0x00,0x00,
    //************在以下位置插入字模************//
    0x00,0x04,0x00,0x43,0xFC,0x70,0x14,0x00,0xD4,0x39,0x54,0x41,0x54,0x41,0xD4,
    0x49,0x04,0x50,0x3F,0x42,0xC4,0x41,0x45,0x61,0x36,0x0A,0x04,0x34,0x00,0x27,
    0x00,0x00,                   /*"感",0*/
    0x40,0x00,0x42,0x00,0xCC,0x3F,0x04,0x50,0x00,0x29,0xFC,0x11,0x56,0x4D,0x55,
    0x83,0xFC,0x7F,0x50,0x00,0x90,0x41,0x10,0x80,0xFF,0x7F,0x10,0x00,0x10,0x00,
    0x00,0x00,                   /*"谢",1*/
    0x80,0x00,0x40,0x20,0x30,0x38,0xFC,0x03,0x03,0x38,0x90,0x40,0x68,0x40,0x06,
    0x49,0x04,0x52,0xF4,0x41,0x04,0x40,0x24,0x70,0x44,0x00,0x8C,0x09,0x04,0x30,
    0x00,0x00,                   /*"您",2*/
    0x40,0x00,0x20,0x00,0xF0,0x7F,0x1C,0x00,0x07,0x40,0xF2,0x41,0x94,0x22,0x94,
    0x14,0x94,0x0C,0xFF,0x13,0x94,0x10,0x94,0x30,0x94,0x20,0xF4,0x61,0x04,0x20,
    0x00,0x00,                   /*"使",3*/
    0x00,0x80,0x00,0x40,0x00,0x30,0xFE,0x0F,0x22,0x02,0x22,0x02,0x22,0x02,0x22,
    0x02,0xFE,0xFF,0x22,0x02,0x22,0x02,0x22,0x42,0x22,0x82,0xFE,0x7F,0x00,0x00,
    0x00,0x00,                   /*"用",4*/
    0x00,0x00,0xF8,0x19,0x08,0x21,0x88,0x20,0x88,0x20,0x08,0x11,0x08,0x0E,0x00,
    0x00,                        /*"5",5*/
    0x00,0x00,0x10,0x20,0x10,0x20,0xF8,0x3F,0x00,0x20,0x00,0x20,0x00,0x00,0x00,
    0x00,                        /*"1", 6*/
    0x00,0x08,0x00,0x08,0xF8,0x0B,0x28,0x09,0x29,0x09,0x2E,0x09,0x2A,0x09,0xF8,
    0xFF,0x28,0x09,0x2C,0x09,0x2B,0x09,0x2A,0x09,0xF8,0x0B,0x00,0x08,0x00,0x08,
```

```
    0x00,0x00,                                    /*"单",7*/
    0x00,0x80,0x00,0x40,0x00,0x30,0xFE,0x0F,0x10,0x01,0x10,0x01,0x10,0x01,0x10,
    0x01,0x10,0x01,0x1F,0x01,0x10,0x01,0x10,0xFF,0x10,0x00,0x18,0x00,0x10,0x00,
    0x00,0x00,                                    /*"片",8*/
    0x08,0x04,0x08,0x03,0xC8,0x00,0xFF,0xFF,0x48,0x00,0x88,0x41,0x08,0x30,0x00,
    0x0C,0xFE,0x03,0x02,0x00,0x02,0x00,0x02,0x00,0xFE,0x3F,0x00,0x40,0x00,0x78,
    0x00,0x00,                                    /*"机",9*/
    0x20,0x22,0x30,0x23,0xA8,0x22,0x67,0x12,0x32,0x12,0x00,0x20,0x0C,0x11,0x24,
    0x0D,0x24,0x41,0x25,0x81,0x26,0x7F,0x24,0x01,0x24,0x05,0x24,0x09,0x0C,0x31,
    0x00,0x00,                                    /*"综",10*/
    0x40,0x00,0x40,0x00,0x20,0x00,0x50,0x7E,0x48,0x22,0x44,0x22,0x42,0x22,0x41,
    0x22,0x42,0x22,0x44,0x22,0x68,0x22,0x50,0x7E,0x30,0x00,0x60,0x00,0x20,0x00,
    0x00,0x00,                                    /*"合",11*/
    0x40,0x00,0x20,0x00,0x10,0x00,0xEC,0x7F,0x07,0x40,0x0A,0x20,0x08,0x18,0x08,
    0x06,0xF9,0x01,0x8A,0x10,0x8E,0x20,0x88,0x40,0x88,0x20,0xCC,0x1F,0x88,0x00,
    0x00,0x00,                                    /*"仿",12*/
    0x00,0x10,0x04,0x90,0x04,0x90,0x04,0x50,0xF4,0x5F,0x54,0x35,0x5C,0x15,0x57,
    0x15,0x54,0x15,0x54,0x35,0x54,0x55,0xF4,0x5F,0x04,0x90,0x06,0x90,0x04,0x10,
    0x00,0x00,                                    /*"真",13*/
    0x00,0x00,0x10,0x82,0x0C,0x82,0x04,0x42,0x4C,0x42,0xB4,0x23,0x94,0x12,0x05,
    0x0A,0xF6,0x07,0x04,0x0A,0x04,0x12,0x04,0xE2,0x14,0x42,0x0C,0x02,0x04,0x02,
    0x00,0x00,                                    /*"实",14*/
    0x02,0x08,0xFA,0x08,0x82,0x04,0x82,0x24,0xFE,0x40,0x80,0x3F,0x40,0x22,0x60,
    0x2C,0x58,0x21,0x46,0x2E,0x48,0x20,0x50,0x30,0x20,0x2C,0x20,0x23,0x20,0x20,
    0x00,0x00,                                    /*"验",15*/
    0x40,0x00,0x20,0x00,0xF0,0xFF,0x0C,0x00,0x03,0x40,0x00,0x40,0x38,0x20,0xC0,
    0x10,0x01,0x0B,0x0E,0x04,0x04,0x0B,0xE0,0x10,0x1C,0x20,0x00,0x60,0x00,0x20,
    0x00,0x00,                                    /*"仪",16*/
    0x00,0x00,0x00,0x00,0x00,0x00,0xF0,0x5F,0x00,0x00,0x00,0x00,0x00,0x00,0x00,
    0x00,0x00,0x00,0x00,0x00,0x00,0x00,0x00,0x00,0x00,0x00,0x00,0x00,0x00,0x00,
    0x00,0x00,                                    /*"!",17*/
    //************至此字模插入结束************//
    0x00,0x00,0x00,0x00,0x00,0x00,0x00,0x00,0x00,0x00,0x00,0x00,0x00,0x00,0x00,
    0x00,0x00,0x00,0x00,0x00,0x00,0x00,0x00,0x00,0x00,0x00,0x00,0x00,0x00,0x00,
    0x00,0x00
};
byte *p=&displaydata[0];                //定义指针 p 指向字模表的第一个汉字
byte *q=&displaydata[32];               //定义指针 q 指向字模表的第二个汉字
                                        //每个汉字含有 32 个字节
void delay(word a)
{
    word b;
    for(b=0;b<a;b++);
}
//***列扫描子程序,向行和列的4个595同时发送数据,显示其中的一列数据***//
```

```
void senddata(word datah,datal)
{
    byte i=0;
    word m,n;
    oe595=0;
    str595=0;
    for(;i<16;i++)                  //行和列各有两片 595 驱动,所以行和列分别需要
                                    //连续送两个字节数据
    {
        clk595=0;
        m=datah;                    //行为高电平驱动
        n=~datal;                   //列为低电平驱动
        m&=0x8000;
        n&=0x8000;
        datah595=(bit)m;
        datal595=(bit)n;
        datah<<=1;
        datal<<=1;
        clk595=1;
    }
    str595=1;                       //一列数据送完,锁存到输出端进行显示
    str595=0;
}
//************水平移动子程序***********//
void horizontal(byte time,word counth)
{
    byte x,y;
    word j,k,z;
    for(z=0;z<counth;z++)
    {
        for(y=0;y<time;y++)         //该屏数据重复显示 time 次后刷新,实际上这是
                                    //水平移动的速度
        {
            datal=0x0001;
            for(x=0;x<16;x++)       //发送一整屏数据,16 个 16 位
            {
                    p+=3;
                j=(word)*p;
                j<<=8;              //16 位中的高字节数据
                j&=0xff00;          //低字节清零
                p-=1;
                k=(word)*p;         //16 位中的低字节数据
                k&=0x00ff;          //高字节清零
                datah=j|k;          //二者拼接,形成一个完整的 16b 行数据
                if(x)               //如果显示的是第一列则使用默认的 datah=0x0001
```

```
                {
                    datal<<=1;
                }
                //datah=~datah;           //去掉此行前面的注释则水平移动呈反白显示
                senddata(datah,datal);   //将行和列数据发送出去进行一列的显示
            }
            p-=32;  //指针恢复为这个汉字首地址,准备重复显示该屏数据 time 次
        }
        p+=2;                             //指向了该汉字的下一列,左移一列汉字
    }                                     //移动了字模表中的所有汉字,左移过程结束
    p=&displaydata[0];                    //指针 p 归位到字模表中第一个汉字
    oe595=1;
}
//************垂直移动子程序***********//
void vertical(byte a,time,word countv)
{
    byte x,y,e,w=0;
    word j,k,z;
    word datah1,datah2;
    for(z=countv;z>0;z--)
    {
        for(e=0;e<16;e++)                //拼字的过程,从一个汉字完整地过渡到下一个汉字
        {
            for(y=0;y<time;y++)          //该屏数据重复显示 time 次后刷新
                                         //实际上这是垂直移动的速度
            {
                datal=0x0001;
                for(x=0;x<16;x++)        //发送一整屏数据,16 个 16 位
                {
                    //处理 p 所指向汉字某一列的拼接
                    p+=3;
                    j=(word) * p;
                    j<<=8;
                    j&=0xff00;
                    p-=1;
                    k=(word) * p;
                    k&=0x00ff;
                    datah1=j|k;
                    datah1>>=w;
                    //处理下一个汉字相应列的拼接
                    q+=3;
                    j=(word) * q;
                    j<<=8;
                    j&=0xff00;
                    q-=1;
```

```
                k=(word)*q;
                k&=0x00ff;
                datah2=j|k;
                datah2<<=(16-w);
                //准备显示这列数据
                datah=datah1|datah2;
                if(x)
                {
                    datal<<=1;
                }
                //datah=~datah;
                               //去掉此行前面的注释则垂直移动呈反白显示
                senddata(datah,datal);
            }                  //一整屏数据发送完毕
        p-=32;q-=32;
        }                      //该屏数据经过了 time 次的显示,显示数据准备更新
        w++;                   //显示上移 w 行的拼接数据移位位数加 1
        if(w==16) w=0;         //如果上移了 15 行,w 归 0,结束此次拼字循环
    }
    //开始对下一组汉字进行拼字操作
    if((a==16)&&(z==2))        //如果字模表中含有半个汉字并且显示最后一组汉字
    {
        p+=32;                 //则 q+16,相当于用 16 个零填充不足的半个汉字
        q+=16;
    }
    else
    {
        p+=32;                 //否则,p 和 q 一律指向下一个汉字
        q+=32;
    }
  }
  p=&displaydata[0];           //指针 p 归位到字模表中第一个汉字
  q=&displaydata[32];          //指针 q 归位到字模表中第二个汉字
  oe595=1;
}
void main(void)
{
  byte time=8;                 //调整这个值的大小将会改变汉字移动的速度
  word size=sizeof(displaydata);   //字模表中数据的字节长度
  word countv=((size-2)>>5)-1;     //这些汉字垂直移动全部完成所需要的拼字次数
  word counth=countv<<4;           //这些汉字水平移动全部完成所需要的左移列数
  byte a=(byte)((size-2)%32);      //判断字模表中是否会出现一个半角的数字
                                   //或符号或字母
  if(a==16)                        //如果余数为 16,说明出现了半角情况
```

```
    {
        counth+=8;                  //这时左移时需要多移动 8 列
        countv+=1;                  //而右移时需要多拼一个汉字
    }
    while(1)
    {
        horizontal(time,counth);    //将字模表中的所有汉字进行水平移动
        delay(65535);
        delay(65535);
        vertical(a,time,countv);    //将字模表中的所有汉字进行垂直移动
        delay(65535);
        delay(65535);
    }
}
```

5.2 DS18B20 数字温度计的设计

5.2.1 系统功能设计要求

数字温度计测温范围在－55～＋125℃，误差在±0.5℃以内，用四位共阴数码管实时显示环境温度，3 位整数，1 位小数，要求高位为 0℃时不显示，低于 0℃时前面显示“－”。

5.2.2 系统设计方案

在日常生活和工业控制中，经常要用到温度的检测及控制，传统的测温元件有热电偶和热电阻，而热电偶和热电阻测出的一般都是电压，再转换成对应的温度，需要比较多的外部硬件电路。其硬件电路复杂，软件调试复杂，故障率高，制作成本高。

本数字温度计设计采用美国 DALLAS 半导体公司生产的智能温度传感器 DS18B20 作为检测元件，DS18B20 是近年来得到广泛应用的数字温度传感器，测温范围为－55～＋125℃，最高分辨率可达到 0.0625℃。DS18B20 可以由单片机直接读出被测温度值，采用“单总线”的数据传输，与单片机之间仅需一根线相连，大大简化了硬件电路的设计，可以实现单点或多点网络的测温、测控。

根据系统设计功能的要求，确定系统由 3 个模块组成：温度检测模块、单片机主控模块和数码管显示模块。数字温度计的总体电路设计框图如图 5-11 所示。

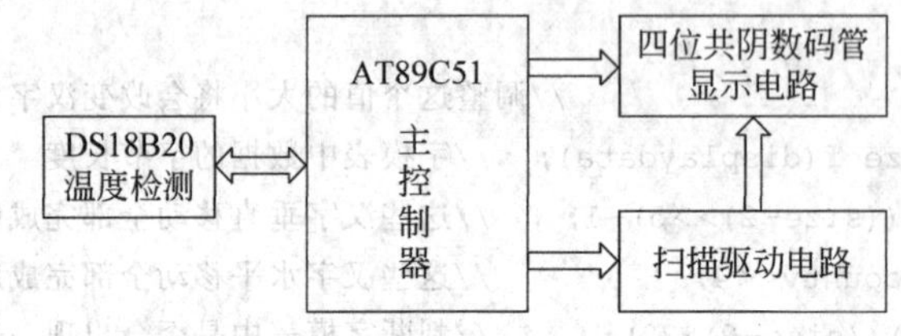

图 5-11　数字温度计总体电路设计框图

5.2.3　数字温度传感器 DS18B20

1. 1-Wire 单总线概述

单总线(也称 1-Wire bus)是由美国 DALLAS 公司推出的外围串行扩展总线。与目前多数标准串行数据通信方式(如 SPI、I^2C、Microwire)不同,它采用单根信号线 DQ,既传输时钟,又传输数据,而且数据传输是双向的,总线上的所有器件都挂在 DQ 上,同时电源也可通过这条信号线供给,这种使用一条信号线的串行扩展技术称为单总线技术。它具有节省 I/O 口线资源、结构简单、成本低廉、便于总线扩展和维护等诸多优点,在电池供电设备、便携式仪器以及现场监控系统中具有良好的应用前景。

1-Wire 单总线适用于单个主机系统,能够控制一个或多个从机设备。当只有一个从机位于总线上时,系统可按照单节点系统操作;而当多个从机位于总线上时,则系统按照多节点系统操作。

目前,DALLAS 公司采用单总线技术生产的芯片很多,主要分类有:存储器、温度传感器、温度开关、1-Wire 转其他接口器件、A/D 转换器、计时和实时时钟、电池保护器、选择器和监视器等。每个芯片都有 64 位 ROM,厂家对每一个芯片用激光烧写编码,其中包括 48 位的器件序列号,它是器件的地址编号,确保它挂在总线上后,可以唯一被确定。

2. DS18B20 简介

DS18B20 是美国 DALLAS 公司生产的单总线数字式温度传感器,具有体积小、结构简单、操作灵活、使用方便等特点,封装形式多样,适用于各种狭小空间内设备的数字测温和控制。

DS18B20 具有如下特点:

(1) 单总线接口,单片机只需要提供一个 I/O 口与该器件进行通信,并可方便地实现多点测温。

(2) 零待机功耗

(3) 每个芯片都有唯一的一个 64 位光刻 ROM,家族码为 28H。

(4) 无须外部元件,可采用数据线为芯片供电,电源电压范围是 3.0～5.5V。

(5) 温度测量范围－55～＋125℃,在－10～＋85℃范围内,测量精度可达到±0.5℃。

(6) 传感器的分辨率为可编程的 9～12 位(包括 1 位符号位)。

(7) 用户可设定非易失性的报警上、下限值,报警搜索命令可识别哪个传感器超温度界限。

(8) 温度数据由两个字节组成,DS18B20 在使用 12 位数据时,分辨率为 0.0625℃。

(9) 负电压保护特性,电源极性接反时,温度计不会因发热而烧毁,只是不能正常工作。

DS18B20 的引脚定义及封装形式如图 5-12 所示。

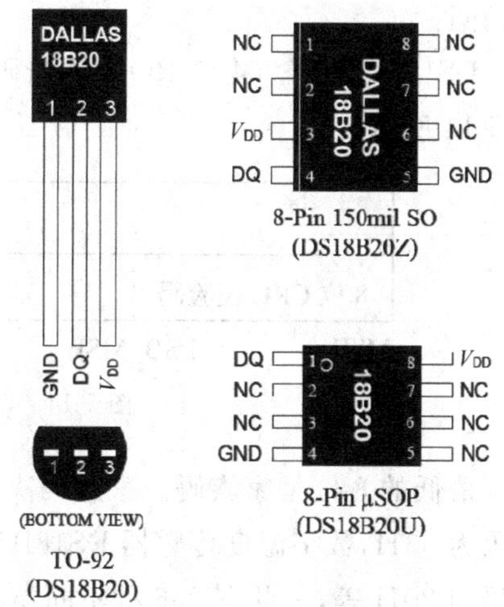

图 5-12　DS18B20 的引脚定义及封装形式

3. DS18B20 内部结构框图

DS18B20 的内部结构框图如图 5-13 所示。DS18B20 由 4 部分组成：寄生电源电路、64 位 ROM 与单总线接口、寄存器控制逻辑以及暂存寄存器。

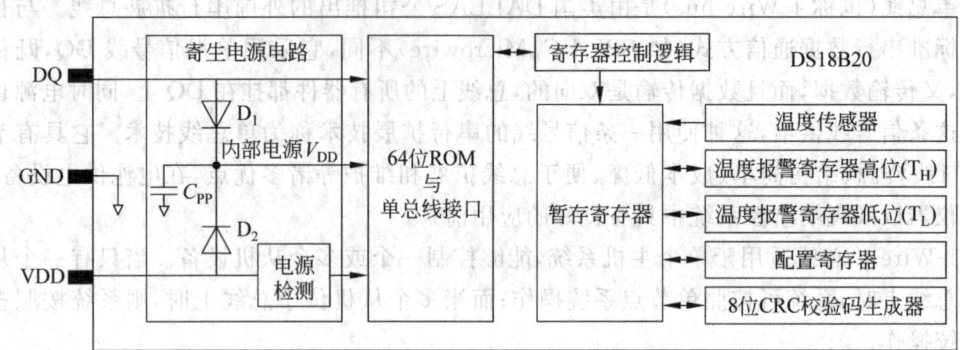

图 5-13 DS18B20 内部结构框图

(1) 寄生电源(Parasite Power)

由图 5-13 可以看出，DS18B20 的寄生电源电路由两个二极管 D_1 和 D_2、一个电容 C_{PP} 以及电源检测电路组成。当 V_{DD} 端连接到系统的 V_{DD} 时，DS18B20 由 V_{DD} 经 D_2 向内部进行供电；当 V_{DD} 端与 GND 端连接并连接到系统中的数字地时，DS18B20 的供电由 D_1 和 C_{PP} 完成。

设 DS18B20 为从设备，当 1-Wire 总线的 DQ 线为高电平“1”时，总线为器件提供了电源，并通过二极管 D_1 对电容 C_{PP} 充电，并使电容 C_{PP} 充电达到饱和；当 1-Wire 总线的 DQ 线为低电平“0”时，电容 C_{PP} 开始向 DS18B20 内部进行供电，这个供电时间不会太长，但必须足以维持到下一次主设备将 1-Wire 总线拉高。这种“偷电”式的供电又称为寄生电源。

(2) 序列号

每个单总线器件都有一个采用激光刻制的序列号，任何单总线器件的序列号都不会重复。当很多单总线器件连接在同一条总线上时，主设备可以通过搜寻每个器件的序列号进行访问。

DS18B20 内含 64 位 ROM 注册码，包括 8 位家族码、48 位序列号、8 位 CRC 校验码，如图 5-14 所示。

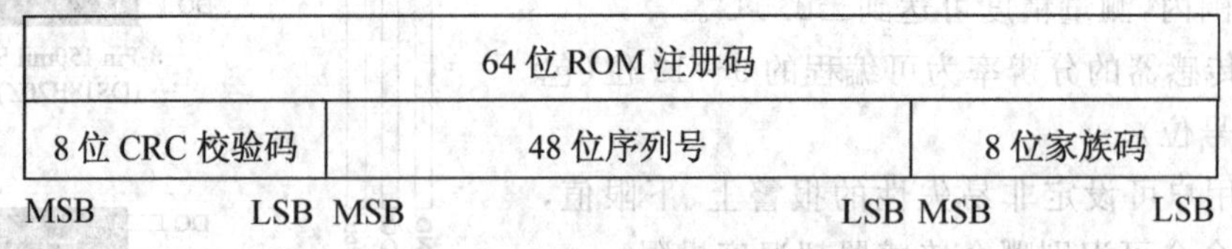

64 位 ROM 注册码		
8 位 CRC 校验码	48 位序列号	8 位家族码
MSB　　LSB	MSB　　LSB	MSB　　LSB

图 5-14 64 位 ROM 注册码的数据格式

最低的 8 位是家族码。家族码决定了单总线器件的分类，如可寻址开关 DS2045 的家族码为 05H，数字温度传感器 DS18B20 的家族码为 28H，4 通道 A/D 转换器 DS2450 的家族码为 20H 等，一共有 256 种不同类型的单总线器件。

接下来的是 48 位序列号，因为 $2^{48}=281\ 474\ 976\ 710\ 656$，所以只有在生产了如上数量

的芯片后序列号才会出现重复，这显然是不可能的。

最高的 8 位是前面 56 位的 CRC 校验码。当主设备接收到 64 位 ROM 注册码后，可以计算出前 56 位序列号的循环冗余校验码，与接收到的 8 位 CRC 校验码比较后便可知道本次数据传输的正确性。

4. DS18B20 的接口电路

DS18B20 有两种工作方式：寄生电源工作方式和外接电源工作方式。其中寄生电源的接口方式如图 5-15 所示，图中包含了一个主机和 3 个从机，V_{DD} 接地，从机共用一条信号线 DQ，DQ 既作为数据线同时又为从机提供供电电源。由于主机和从机都是漏极开路输出的，所以在总线靠近主机的地方必须连接上拉电阻（该电阻的阻值一般为 4.7kΩ），系统才能正常工作。

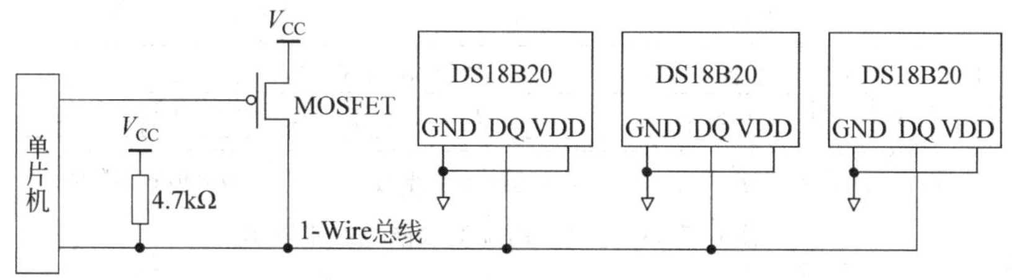

图 5-15　DS18B20 采用寄生电源的接口电路

需要注意的是，当系统中 DS18B20 使用寄生电源供电时，由于“温度转换”和“复制 SRAM”的操作都是在主机发送命令后由 DS18B20 自主完成的，同时又需要较长的时间（“温度转换”的时间最长），所以通常要在主机发出这些命令后，通过 MOSFET 将总线电压强拉至高电平，以保证这些操作的顺利完成，如图 5-15 所示。

一般地，在“温度转换”时，需要根据温度测量的分辨率选择保持强上拉的时间；在“复制 SRAM”时，需要至少保持 10ms 的强上拉，而且必须在主机发出命令的 10μs 的时间内使用 MOSFET 进行上拉。

5. DS18B20 内部存储器

DS18B20 的内部存储器包括 SRAM（暂存寄存器）和 E^2PROM（非易失性寄存器）。DS18B20 的存储器结构如图 5-16 所示。

(1) 字节 0 和字节 1 是温度数字量的低位字节和高位字节，这两个寄存器是只读寄存器，在上电时的默认值为 0550H，即 85℃。主机发出温度转换命令（44H）后，DS18B20 便开始启动温度测量，所产生的温度数据将存储在暂存寄存器中的两个温度寄存器单元中，数据的存储格式为符号位扩展的二进制补码。DS18B20 的温度数据输出单位为“摄氏度”，温度数据在两个温度寄存器单元中的存储格式如图 5-17 所示。

标志位(S)是温度数据的符号扩展位，表示温度的正负：如果温度为正，则 S=0；如果温度为负，则 S=1。在实际使用过程中，如果 DS18B20 被配置为 12 位分辨率，则在温度寄存器单元中所有数据位都为有效位；如果 DS18B20 被配置为 11 位分辨率，则 D0 位数据无效；如果 DS18B20 被配置为 10 位分辨率，则 D0 位、D1 位数据无效；如果 DS18B20 被配置

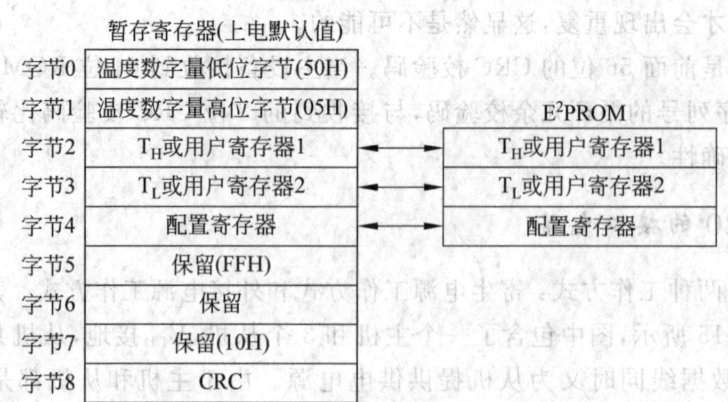

图 5-16 DS18B20 存储器结构

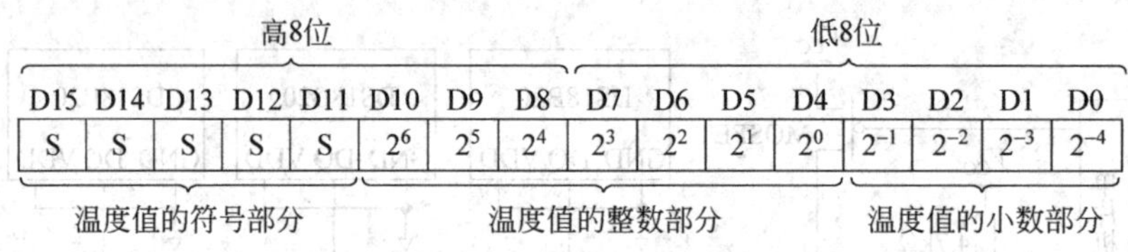

图 5-17 DS18B20 的温度数据的存储格式

为 9 位分辨率，则 D0 位、D1 位、D2 位数据无效。DS18B20 上电后默认为 12 位，以 12 位分辨率为例，表 5-2 给出了部分数字量输出与温度值之间的对应关系。

表 5-2 数字量输出与温度值之间的关系

温度/℃	数字量输出(二进制)	数字量输出(十六进制)
+125	0000 0111 1101 0000	07D0
+85	0000 0101 0101 0000	0550
+25.0625	0000 0001 1001 0001	0191
+10.125	0000 0000 1010 0010	00A2
+0.5	0000 0000 0000 1000	0008
0	0000 0000 0000 0000	0000
−0.5	1111 1111 1111 1000	FFF8
−10.125	1111 1111 0101 1110	FF5E
−25.0625	1111 1110 0110 1111	FE6F
−55	1111 1100 1001 0000	FC90

表 5-2 中，+85℃是 DS18B20 在上电复位后在温度寄存器内的对应的数字量。

(2) 字节 2 和字节 3 用于存放报警寄存器 T_H、T_L 或用户寄存器。T_H 为温度上限值，T_L 为温度下限值，这两个寄存器均为 8 位。T_H 和 T_L 寄存器的格式如图 5-18 所示。

D7	D6	D5	D4	D3	D2	D1	D0
S	2^6	2^5	2^4	2^3	2^2	2^1	2^0

图 5-18 T_H 和 T_L 寄存器格式

在进行温度比较时，只需取出温度值的中间 8 位(D4～D11)进行比较即可。如果温度测量的结果低于 T_L 或高于 T_H，则设置报警标志，这个比较过程会在每次温度测量后进行。一旦报警标志设置后，DS18B20 就会响应系统中主机发出的条件搜索命令(ECH)。这样处理的好处是，可以使单总线上的所有器件同时测量温度，如果有些点上的温度超过了设定的阈值，则这些报警的器件就可以通过条件搜索的方式识别出来，而不需要一个一个地去读取每个器件。

E^2PROM 用于存放报警上限寄存器(T_H)、报警下限寄存器(T_L)和配置寄存器。如果在使用过程中没有使用报警功能，T_H 和 T_L 可作为普通用途的寄存器单元使用。E^2PROM 中的值在掉电后仍然保留，SRAM 中的值在掉电后会丢失。在器件上电时，SRAM 会恢复默认值，同时将 E^2PROM 中的数据复制到 SRAM 中。所以 SRAM 的字节 2、3、4、8 中的值取决于 E^2PROM 的值。

(3) 字节 4 是配置寄存器，用于设置 DS18B20 的温度测量分辨率，格式如图 5-19 所示。

D7	D6	D5	D4	D3	D2	D1	D0
0	R1	R0	1	1	1	1	1

图 5-19　配置寄存器格式

配置寄存器中 D0～D4 在读操作时总为 1，在写操作时可为任意值；D7 在读操作时总为 0，在写操作时可为任意值；D5 和 D6 用于设置温度测量分辨率，如表 5-3 所示。

表 5-3　温度分辨率配置表

R1	R0	分辨率/b	最长转换时间/ms
0	0	9	93.75
0	1	10	187.5
1	0	11	375
1	1	12	750

(4) 字节 5、字节 6 和字节 7 保留未使用。

(5) 字节 8 用于存放前 8 个字节的 CRC 校验值。

6. DS18B20 的 ROM 操作命令

在单总线接口情况下，在 ROM 操作未建立之前不能使用存储器和控制器操作。主机必须在执行 ROM 操作命令之后才能使用存储器和控制器操作。这些 ROM 命令与从机唯一的 64 位注册码有关，允许在一条单总线上连接多个单总线器件。主机可以通过 ROM 命令得知单总线上从机的数量、类型、报警状态以及读取单总线器件内数据等相关信息。

- Read ROM【33H】：读 ROM 命令

此命令允许主机读 DS18B20 的 64 位 ROM 注册码：8 位家族码＋48 位序列号＋8 位 CRC 校验码。此命令只能在总线上仅有一个 DS18B20 的情况下使用。如果总线上存在多个单总线从机，那么当所有从机企图同时发送数据时将发生数据冲突的现象(漏极开路会产生线与的结果)。

- Match ROM【55H】：匹配 ROM 命令

该命令后继以 64 位 ROM 注册码，当总线上连接有多个 DS18B20 并知道每个器件的

ROM 注册码时，可以使用该命令对单总线上特定的 DS18B20 从机进行寻址。只有与 64 位 ROM 注册码严格相符的 DS18B20 才能对后继的存储器操作命令做出响应。所有与 64 位 ROM 注册码不符的从机将等待复位脉冲。此命令在总线上有单个或多个从机的情况下均可使用。

• Skip ROM【CCH】：跳过 ROM 命令

如果总线上只有一个单总线器件，主机可跳过从机的 64 位 ROM 注册码，直接访问从机内存储器；如果总线上连接有多个单总线器件，并且类型相同，在访问一些特殊单元时，也可使用该命令。

例如，总线上连接有多个 DS18B20，主机可通过发出“跳过 ROM”(CCH)命令后，接着发送启动温度转换命令(44H)，这样就可以使总线上所有的 DS18B20 同时启动温度转换。

如果在“跳过 ROM”命令后，接着发送的是读取暂存器等命令(BEH)，这只能用于总线上只有一个 DS18B20 的情况，否则将造成数据的冲突。

• Alarm Search【ECH】：报警搜索命令

此命令的流程与搜索 ROM 命令相同。但是，仅在最近一次温度测量出现报警的情况下，DS18B20 才对此命令做出响应。报警的条件定义为温度高于 T_H 或低于 T_L。只要 DS18B20 一上电，报警条件就保持在设置状态，直到另一次温度测量显示出非报警值，或者改变 T_H 或 T_L 的设置使得测量值再一次位于允许的范围之内。

7. DS18B20 的存储器操作命令

DS18B20 的存储器操作命令分为两大类：温度转换命令和存储器命令。

(1) 温度转换命令

• 温度转换命令【44H】

该命令启动温度转换。主机在发出该命令后，如果在紧接着的读时隙中读到的是 0，说明温度正在转换；如果读到的是 1，说明转换结束。温度转换的结果放入 DS18B20 暂存寄存器的字节 0 和字节 1 中。

(2) 存储器命令

• 读 SRAM(暂存寄存器)【BEH】

该命令从 SRAM 中读取包括 CRC 在内的全部字节。DS18B20 会从字节 0 开始输出包括 CRC 在内的全部 9 个字节。如果不需要读取全部 9 个字节，主机可以在需要的字节后输出复位脉冲终止当前的操作。

• 写 SRAM(暂存寄存器)【4EH】

该命令将需要的数据写入 SRAM 的温度报警上限值 T_H(字节 2)、温度下限报警值 T_L(字节 3)和配置寄存器(字节 4)中。

• 复制 SRAM(暂存寄存器)【48H】

该命令复制 SRAM 中的 T_H、T_L 和配置寄存器的值到 E^2PROM 中。主机在发出该命令后，如果紧接着的读时隙中读到的是 0，说明复制正在进行；如果读到的是 1，说明复制结束。

• 回读 E^2PROM【B8H】

该命令从 E^2PROM 中将 T_H、T_L 和配置寄存器的值回读到 SRAM 中。主机在发出该

命令后，如果在紧接着的读时隙中读到的是 0，说明回读正在进行；如果读到的是 1，说明回读结束。“回读 E^2PROM”命令在 DS18B20 上电时自动完成一次，保证芯片在上电后可以使用有效的数据。

- 读电源【B4H】

该命令读取 DS18B20 的供电方式。主机在发出该命令后，如果在紧接着的时隙中读到的是 0，说明当前使用的是寄生电源；如果读到的是 1，说明当前使用的是外部供电。

8. DS18B20 的数据通信协议

DS18B20 采用的是单总线通信协议，该协议定义了以下几种类型的信号：复位脉冲、应答脉冲、写“0”、写“1”、读“0”、读“1”。在这些信号中，除了应答脉冲外，其他均由主机发出同步信号，并且发送的所有命令和数据都是字节的低位在前。

在单总线协议中还要注意一个十分重要的概念：读/写时隙。当主机向从机输出数据时称为“写时隙”，当主机由从机中读取数据时称为“读时隙”，无论是“写时隙”还是“读时隙”，都以主机驱动数据总线（DQ）为低电平开始，数据线的下降沿触发从机内部的延时电路，使之与主机取得同步。

(1) 初始化序列

单总线上的所有通信都是以初始化序列开始的，包括主机发出的复位脉冲和 DS18B20 的应答脉冲，如图 5-20 所示。

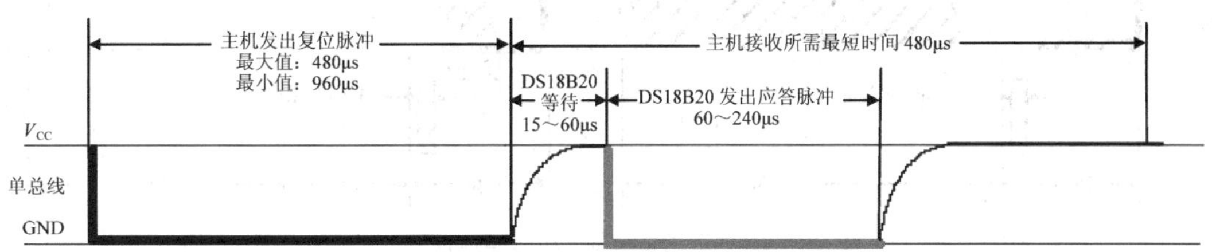

图 5-20 DS18B20 的初始化时序图

在初始化序列中，首先由主机发出 480～960μs 的低电平作为复位脉冲，然后主机释放总线，由上拉电阻将总线拉至高电平，同时主机进入接收状态。在进入接收状态 15～60μs 后，主机开始检测 I/O 引脚上的下降沿，以监测从机 DS18B20 是否产生应答，这个检测时间一般为 60～240μs。检测结束后，主机等待 DS18B20 释放总线。主机的整个接收状态至少应维持 480μs。

从机 DS18B20 接收到主机发出的复位脉冲，在等待 15～60μs 后，向总线发出一个应答脉冲（该应答脉冲是一个 60～240μs 的低电平信号，由 DS18B20 将总线拉低），表示 DS18B20 已经准备好，可根据各类命令发送或接收数据。

(2) “写时隙”

DS18B20 的写时序如图 5-21 所示，图中包括两种“写时隙”：写“0”和写“1”。

所有“写时隙”至少需要 60μs，而且在两次独立的“写时隙”之间至少需要 1μs 的恢复时间。两种“写时隙”均起始于主机拉低总线（DQ）。产生写“0”时隙的方式：在主机拉低总线后，需在整个时隙期间内保持低电平即可（至少 60μs）；产生写“1”时隙的方式：主机在拉低

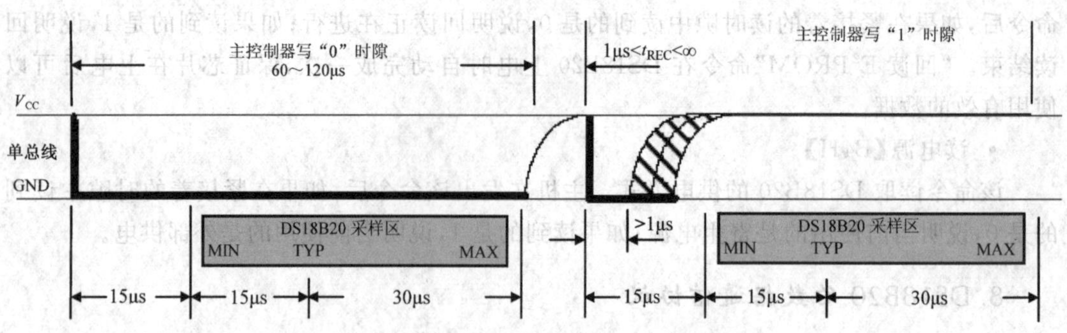

图 5-21 DS18B20 的写时序图

总线后，接着必须在 15μs 之内释放总线，由上拉电阻将总线拉至高电平，并维持整个时隙期间。在“写时隙”起始后 15～60μs 期间，DS18B20 采样总线的电平状态：如果在此期间采样值为低电平，则写入逻辑“0”；如果为高电平，则写入逻辑“1”。

(3) “读时隙”

DS18B20 的读时序如图 5-22 所示，图中包括两种“读时隙”：读“0”和读“1”。

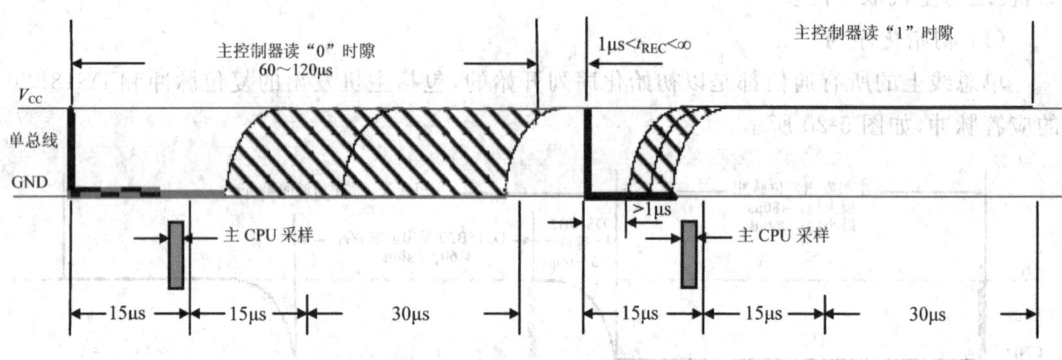

图 5-22 DS18B20 的读时序图

DS18B20 仅在主机发出“读时隙”时才向主机传输数据。所以在主机发出读数据命令后，必须马上产生“读时隙”，以便从机 DS18B20 能够传输数据。所有“读时隙”至少需要 60μs，且在两次独立的“读时隙”之间至少需要 1μs 的恢复时间。每个“读时隙”都由主机发起，至少拉低总线 1μs。在主机发起“读时隙”之后，DS18B20 才开始在总线上发送“0”或“1”，若发送“1”则保持总线为高电平，若发送“0”则拉低总线。当发送“0”时，DS18B20 在该时隙结束后释放总线，由上拉电阻将总线拉回至空闲高电平状态。DS18B20 发出的数据在起始时隙之后，保持有效时间 15μs，因而主机在读时隙期间必须释放总线，并且在时隙起始后的 15μs 之内采样总线的状态。

图 5-20～图 5-22 中的线型含义如下：

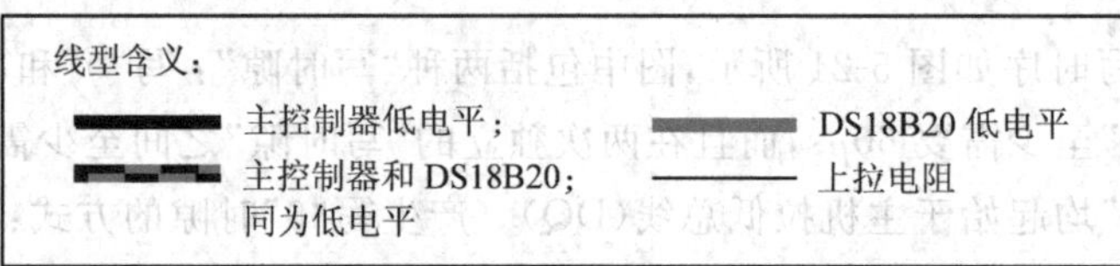

5.2.4　系统硬件电路设计

数字温度计设计在 Proteus 仿真中的电路原理图如图 5-23 所示。主控制器采用单片机 AT89C51，温度传感器采用 DS18B20，DS18B20 和单片机之间通过一根 I/O 口线 P1.0 相连。单片机 P0 口控制数码管显示的段码输出，P2 口控制数码管显示的位扫描信号。电路仿真运行时，单击 DS18B20 上的箭头即可任意改变温度值，仿真结果如图 5-23 所示，电路仿真时所需的元件见表 5-4。

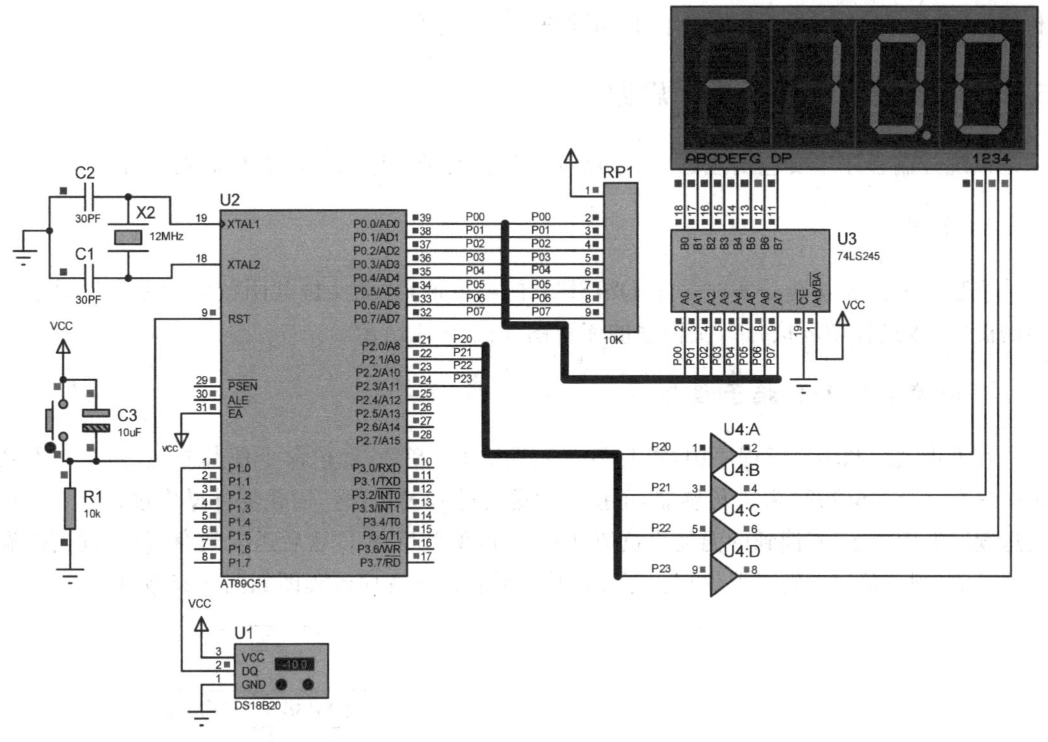

图 5-23　数字温度计电路设计原理图

表 5-4　DS18B20 数字温度计所需元件列表

元 件 名 称	型　　号	数　量	Proteus 的关键字
单片机	AT89C51	1	AT89C51
温度传感器	DS18B20	1	DS18B20
芯片	74LS245	1	74LS245
芯片	7407	1	7407
4 位共阴数码管		1	7SEG-MPX4-CC
晶振	11.0592MHz	1	CRYSTAL
复位按钮		1	BUTTON
电容	30pF	2	CAP
电解电容	10μF	1	CAP-ELEC

续表

元 件 名 称	型　　号	数 量	Proteus 的关键字
电阻	10kΩ	1	RES
上拉电阻	10kΩ	1	RESPACK-8

显示电路采用 4 位共阴 LED 数码管，采用动态扫描的方式，显示格式为 3 位整数，1 位小数，当温度值为负数时，最左边一位数码管显示负号“—”。74LS245 为数码管的段码驱动芯片，P0.0～P0.7 输出段码控制信号。7407 为反相驱动芯片，P2.0～P2.3 输出位扫描控制信号，经由 7407 反相后驱动 4 位共阴数码管的位选信号。

5.2.5　系统控制程序设计思路

系统控制程序主要包括主程序、温度读取和转换子程序和显示数据刷新子程序等。

1. 主程序

主程序的主要功能是实时采集 DS18B20 的温度值，并在 4 位共阴数码管上实时显示当前的温度，该过程循环执行。主程序的流程图如图 5-24 所示。

2. 温度读取和转换子程序

在温度读取和转换子程序中，单片机首先发送 DS18B20 复位命令使其复位，由于在本系统中只有一个 DS18B20 温度传感器，可接着发送跳过 ROM 命令，简化器件操作过程。然后再发送读取温度命令，若读到的温度为负值，则对温度值取反加 1，然后送入暂存器；若读到的温度为正值，则直接送入暂存器保存。温度读取和转换的子程序流程图如图 5-25 所示。

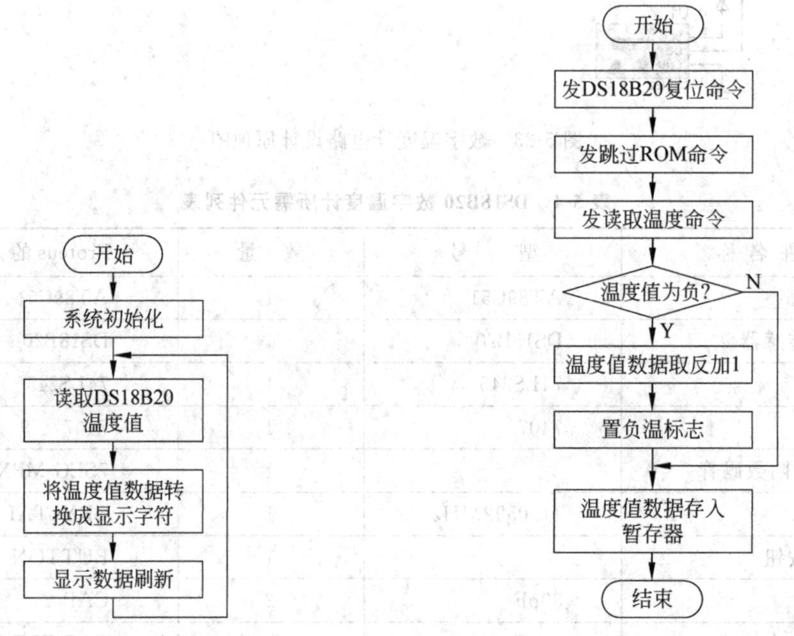

图 5-24　数字温度计主程序流程图

图 5-25　温度读取和转换子程序流程图

3. 显示数据刷新子程序

显示数据刷新子程序主要是对 DS18B20 检测的温度进行实时显示。系统中采用 4 位共阴数码管显示温度值，当温度为负值时，最高位显示“—”；当温度为正值时，若高位为 0，则不显示。显示数据刷新子程序如图 5-26 所示。

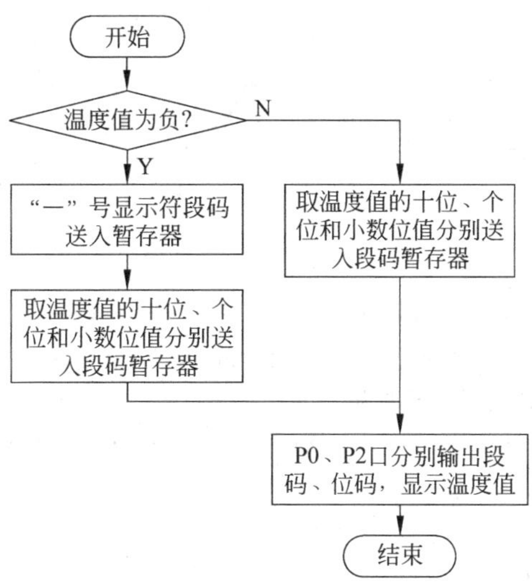

图 5-26　显示数据刷新子程序

5.2.6　系统源程序清单

```
//**************************************************************************//
//  DS18B20数字温度计设计程序
//  AT89C51    12MHz
//  采用 4 位共阴数码管显示测温值,显示精度 0.1℃,测温范围-55~+125℃
//**************************************************************************//
//************74HC595引脚定义***********//
#include <reg51.h>
#include <intrins.h>
#define uchar unsigned char
#define uint unsigned int
sbit DQ=P1^0;
uchar TempTab[4];
bit fu=0;                              //正/负温度值标志: fu=0,温度为正;fu=1,温度为负
uchar tempint,tempdp;                  //温度值整数部分和小数部分
uchar code discode[]={0x3f,0x06,0x5b,0x4f,0x66,0x6d,0x7d,0x07,0x7f,0x6f,0x40,
0x00};
/*共阴 LED 段码表,显示:"0","1","2","3","4","5","6","7","8","—","无显示"*/
//************延时函数***********//
void delay()
```

```
{
    uchar i,j;
    for(i=0;i<5;i++)
    for(j=0;j<250;j++)
    {
        _nop_();
        _nop_();
    }
}
void delay_18B20(uint i)
{
    while(i--);
}
//*****************************复位函数 ***********************************//
//  功能:完成单总线的复位操作,并检测 DS18B20 是否存在
//  复位脉冲低电平的维持时间至少为 480μs
//************************************************************************//
void ds1820rst(void)
{
    char presence=1;
    while (presence)
    {
        while(presence)
        {
            DQ=1;                           //DQ 拉高
            _nop_();
            _nop_();
            DQ=0;                           //DQ 拉低
            delay_18B20(60);                //精确延时 556μs,大于时序要求的 480μs
            DQ=1;                           //DQ 拉高
            delay_18B20(4);                 //延时 52μs
            presence=DQ;                    //presence=0,表示 DS18B20 存在,继续下一步
        }
        delay_18B20(45);
        presence=~DQ;
    }
    DQ=1;
}
//************DS18B20写命令函数***********//
//  向 1-wire 总线上写一个字节
void ds1820wr(uchar wdata)
{
    uchar i;
    for(i=8;i>0;i--)
```

```
    {
        DQ=0;
        _nop_();_nop_();_nop_();_nop_();          //延时 5μs
        DQ=wdata&0x01;                            //先移出最低位
        delay_18B20(6);                           //延时 70μs
        DQ=1;
        wdata>>=1;                                //右移一位
    }
}
//************DS18B20读1字节函数***********//
//  从 1-wire 总线上读取一个字节
uchar ds1820rd(void)
{
    uchar i=0;
    uchar dat=0;
    for(i=8;i>0;i--)
    {
        DQ=0;
        dat>>=1;
        DQ=1;                                     //DQ 拉高,读数据
        _nop_();_nop_();_nop_();_nop_();
        if(DQ) dat|=0x80;
        delay_18B20(6);                           //延时 70μs
    }
    return(dat);
}
//************温度读取并转换函数***********//
void read_temp()
{
    uchar temph,templ;
    uint k;
    fu=0;
    ds1820rst();
    ds1820wr(0xcc);                               //跳过读序列号
    ds1820wr(0x44);                               //启动温度转换
    ds1820rst();
    ds1820wr(0xcc);                               //跳过读序列号
    ds1820wr(0xbe);                               //读取温度
    templ=ds1820rd();
    temph=ds1820rd();
    if((temph&0xf8)!=0x00)                        //若温度值为负,对二进制补码取反加 1
    {
        fu=1;                                     //置负温度标志 fu=1
        temph=~temph;
```

```
        templ=~templ;
        k=templ+1;
        templ=k;
        if(k>255)
        {
            temph++;
        }
    }
    tempdp=(templ&0x0f)*10/16;
    templ>>=4;
    temph<<=4;
    tempint=temph|templ;
}
//************温度显示函数************//
void distemp()
{
    uchar i,j;
    if(fu==0)
    {
        TempTab[0]=tempint/100;
        if(TempTab[0]==0) TempTab[0]=11;
        TempTab[1]=(tempint/10)%10;
        if(TempTab[0]==11&TempTab[1]==0) TempTab[1]=11;
        TempTab[2]=tempint%10;
        TempTab[3]=tempdp;
    }
    else
    {
        TempTab[0]=10;
        TempTab[1]=tempint/10;
        if(TempTab[1]==0) TempTab[1]=11;
        TempTab[2]=tempint%10;
        TempTab[3]=tempdp;
    }
    for(i=0;i<4;i++)
    {
        P2=_crol_(0xfe,i);
        j=TempTab[i];
        if(i==2) P0=discode[j]|0x80;
        else P0=discode[j];
        delay();
        P2=0xff;
    }
}
```

```
//************主函数************//
void main()
{
    while(1)
    {
        _nop_();
        _nop_();
        read_temp();
        _nop_();
        _nop_();
        distemp();
    }
}
```

5.3　基于 PCF8563 的电子万年历设计

5.3.1　系统功能设计要求

电子万年历能实时显示年、月、日、星期、时、分、秒,并能通过蜂鸣器实现报警功能,当设定的报警时钟和当前时钟数值相等时,蜂鸣器发出报警声,报警时长为 5s。

5.3.2　系统设计方案

按照系统设计功能的要求,初步确定系统由主控模块、时钟模块、显示模块和蜂鸣器报警模块共 4 个模块组成,电路系统构成框图如图 5-27 所示。

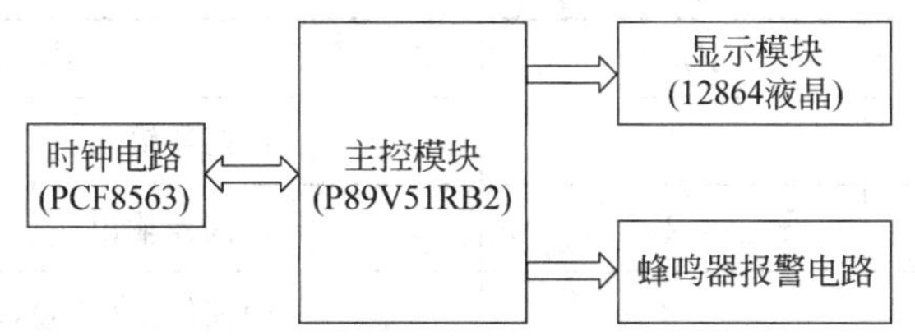

图 5-27　电子万年历系统构成框图

主控芯片采用 P89V51RB2 单片机,时钟芯片采用 NXP 半导体公司设计的一款低功耗 CMOS 实时时钟/日历芯片 PCF8563,该时钟芯片与单片机之间采用 I^2C 总线接口进行通信,最大总线速度可达 400kHz。PCF8563 还提供多种报警功能、定时器功能、时钟输出功能以及中断输出功能。显示模块采用内嵌中文字库的 12864 液晶显示模块。

5.3.3　I^2C 实时时钟/日历芯片 PCF8563

1. PCF8563 概述

PCF8563 是 NXP 半导体公司设计的一款低功耗 CMOS 实时时钟/日历芯片。该芯片提供一个可编程时钟输出、一个中断输出和掉电检测器,所有的地址和数据通过 I^2C 总线接口串行传递，最大总线速度为400kHz，每次读写数据后，其内嵌的子地址寄存器会自动产生增量。PCF8563提供多种报警功能、定时器功能、时钟输出功能以及中断输出功能。此外，PCF8563也是一个功耗极低的芯片，其工作电流典型值为0.25μA，它已被广泛用于电表、水表、气表、电话、传真机、便携式仪器以及电池供电的仪器仪表等产品领域。

2. PCF8563的特性

(1) 提供年、月、日、星期、时、分、秒(基于32.768kHz振荡频率)。

(2) 低工作电流：典型值为0.25μA(在$V_{DD}=3.0V$，$T_{amb}=25℃$时)。

(3) 世纪标志。

(4) 宽工作电压范围：1.0～5.5V。

(5) 400kHz的I^2C总线接口($V_{DD}=1.8～5.5V$)。

(6) 可编程时钟输出：32.768kHz，1024Hz，32Hz，1Hz。

(7) 报警和定时器。

(8) 掉电检测器。

(9) 内部集成的振荡电容。

(10) 片内电源复位功能。

(11) I^2C总线从地址：读，0A3H；写，0A2H。

(12) 开漏中断引脚。

3. PCF8563引脚配置

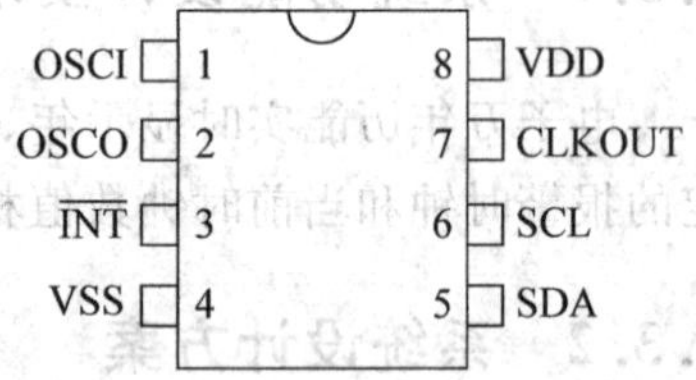

PCF8563的引脚分布如图5-28所示，引脚定义见表5-5。

左侧引脚	号	号	右侧引脚
OSCI	1	8	VDD
OSCO	2	7	CLKOUT
$\overline{INT}$	3	6	SCL
VSS	4	5	SDA

图5-28 PCF8563引脚分布图

表5-5 PCF8563引脚定义

引脚名称	引脚号	引脚描述
OSCI	1	振荡器输入
OSCO	2	振荡器输出
$\overline{INT}$	3	中断输出(开漏，低电平有效)
VSS	4	地
SDA	5	串行数据I/O
SCL	6	串行时钟输入
CLKOUT	7	时钟输出(开漏)
VDD	8	正电源

4. PCF8563功能描述

PCF8563的框图如图5-29所示。

PCF8563有16个8位寄存器，一个可自动增量的地址寄存器，一个内置32.768kHz的

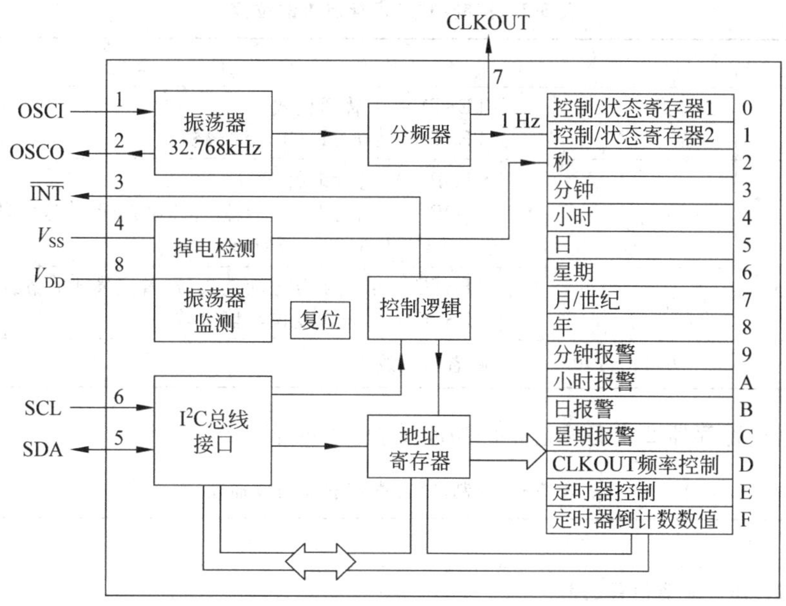

图 5-29　PCF8563 框图

振荡器(带有一个内部集成的电容),一个分频器(用于给实时时钟 RTC 提供源时钟),一个可编程时钟输出,一个定时器,一个报警器,一个掉电检测器和一个 400kHz 的 I²C 总线接口。

所有 16 个寄存器设计成可寻址的 8 位并行寄存器,但不是所有位都有用。前两个寄存器(内存地址 00H、01H)用于控制寄存器和状态寄存器,内存地址 02H～08H 用于时钟计数器(秒～年计数器),地址 09H～0CH 用于报警寄存器(定义报警条件),地址 0DH 控制 CLKOUT 引脚的输出频率,地址 0EH 和 0FH 分别用于定时器控制寄存器和定时器寄存器。秒、分钟、小时、日、月、年、分钟报警、小时报警、日报警寄存器,编码格式为 BCD,星期和星期报警寄存器不以 BCD 格式编码。

PCF8563 包含一个片内复位电路,当振荡器停止工作时,复位电路开始工作。在复位状态下,I²C 总线初始化,寄存器 TF、VL、TD1、TD0、TESTC、AE 被置逻辑 1,其他的寄存器和地址指针被清零。

5. PCF8563 寄存器描述

(1) 控制/状态寄存器

PCF8563 包含控制/状态寄存器 1 和控制/状态寄存器 2,其格式如表 5-6 所示。

表 5-6　控制/状态寄存器的格式

寄存器名	地址	bit7	bit6	bit5	bit4	bit3	bit2	bit1	bit0
控制/状态寄存器 1	00H	TEST1	0	STOP	0	TESTC	0	0	0
控制/状态寄存器 2	01H	0	0	0	TI/TP	AF	TF	AIE	TIE

控制/状态寄存器 1 中各标志位的功能见表 5-7。

表 5-7 控制/状态寄存器 1 的位描述

位符号	bit	描述
TEST1	7	TEST1=0：普通模式 TEST1=1：EXT_CLK 测试模式
STOP	5	STOP=0：芯片时钟运行 STOP=1：所有芯片分频器异步置逻辑 0，芯片时钟停止运行（CLKOUT 在 32.768kHz 时可用）
TESTC	3	TESTC=0：电源复位功能失效（普通模式时置逻辑 0） TESTC=1：电源复位功能有效
0	6,4,2,1,0	缺省值置逻辑 0

控制/状态寄存器 2 中各标志位的功能见表 5-8 和表 5-9。

表 5-8 控制/状态寄存器 2 的位描述

位符号	bit	描述
0	7,6,5	缺省值置逻辑 0
TI/TP	4	TI/TP=0：当 TF 有效时 INT 有效（取决于 TIE 的状态） TI/TP=1：INT 脉冲有效 注意：若 AF 和 AIE 都有效时，则 INT 一直有效
AF	3	当报警发生时，AF 被置逻辑 1；在定时器倒计数结束时，TF 被置逻辑 1，它们在被软件重写前一直保持原有值。若定时器和报警中断都请求时，中断源由 AF 和 TF 决定，若要清除一个标志位而防止另一个标志位被重写，应运用逻辑指令 AND，标志位 AF 和 TF 值的描述见表 5-9
TF	2	
AIE	1	标志位 AIE 和 TIE 决定一个中断的请求有效或无效，当 AF 或 TF 中一个为"1"时中断是 AIE 和 TIE 都置"1"的逻辑或。 AIE=0：报警中断无效；AIE=1：报警中断有效 TIE=0：定时器中断无效；TIE=1：定时器中断有效
TIE	0	

表 5-9 控制/状态寄存器 2 的 AF/TF 位描述

R/W	bit：AF		bit：TF	
	值	描述	值	描述
Read 读	0 1	报警标志无效 报警标志有效	0 1	定时器标志无效 定时器标志有效
Write 写	0 1	报警标志被清除 报警标志保持不变	0 1	定时器标志被清除 定时器标志保持不变

（2）BCD 格式寄存器

PCF8563BCD 格式寄存器包含计时寄存器和报警寄存器，其格式见表 5-10。

表 5-10 BCD 格式相关寄存器描述

寄存器名	地址	bit7	bit6	bit5	bit4	bit3	bit2	bit1	bit0
秒	02H	VL	代表 BCD 码格式的当前秒数值，值为 00～59 例如：<秒>=101 1001，代表 59 秒						

续表

寄存器名	地址	bit7	bit6	bit5	bit4	bit3	bit2	bit1	bit0
分钟	03H	—	代表 BCD 码格式的当前分钟数值,值为 00～59						
小时	04H	—	—	代表 BCD 码格式的当前小时数值,值为 00～23					
日	05H	—	—	代表 BCD 码格式的当前日数值,值为 01～31 当年计数器的值是闰年时,PCF8563 自动给二月增加一个值,使其成为 29 天					
星期	06H	—	—	—	—	—	代表当前星期数 0～6		
月/世纪	07H	C	—	—	代表 BCD 码格式的当前月份,值为 01～12				
年	08H	代表 BCD 码格式的当前年数值,值为 00～99							
分钟报警	09H	AE	代表 BCD 码格式的分钟报警数值,值为 00～59						
小时报警	0AH	AE	—	代表 BCD 码格式的小时报警数值,值为 00～23					
日报警	0BH	AE	—	代表 BCD 码格式的日报警数值,值为 00～31					
星期报警	0CH	AE	—	—	—	—	代表星期报警数值,值为 0～6		

相关寄存器位的说明如下：

秒寄存器：VL(bit7),当 VL=0 时,保证准确的时钟/日历数据;当 VL=1 时,不保证准确的时钟/日历数据。

月/世纪寄存器：C(bit7),世纪位。C=0 指定世纪数为 20××;C=1 指定世纪数为 19××,"××"为年寄存器中的值。当年寄存器中的值由 99 变为 00 时,世纪位会改变。

分钟报警寄存器：AE(bit7),当 AE=0 时,分钟报警有效;当 AE=1 时,分钟报警无效。

小时报警寄存器：AE(bit7),当 AE=0 时,小时报警有效;当 AE=1 时,小时报警无效。

日报警寄存器：AE(bit7),当 AE=0 时,日报警有效;当 AE=1 时,日报警无效。

星期报警寄存器：AE(bit7),当 AE=0 时,星期报警有效;当 AE=1 时,星期报警无效。

当一个或多个报警寄存器写入合法的分钟、小时、日或星期数值并且它们相应的 AE(Alarm Enable)位为逻辑 0,以及这些数值与当前的分钟、小时、日或星期数值相等时,标志位 AF(Alarm Flag)被设置为 1,AF 保存设置值直到被软件清除为止。AF 被清除后,只有在时间增量与报警条件再次相匹配时才可再被设置,报警标志位 AF 只能用软件清除。

报警寄存器在它们相应位 AE 置为逻辑 1 时将被忽略。

(3) CLKOUT 频率寄存器

PCF8365 的引脚 CLKOUT 可以输出可编程的方波,CLKOUT 频率寄存器决定方波的频率,CLKOUT 可以输出 32.768kHz(缺省值)、1024Hz、32Hz、1Hz 的方波,CLKOUT 引脚为开漏输出,通电时有效,无效时为高阻抗。CLKOUT 频率寄存器的格式见表 5-11。

表 5-11 CLKOUT 频率寄存器的位描述

<table>
<tr><th>寄存器名</th><th>地址</th><th>位符号</th><th>Bit</th><th>描　述</th></tr>
<tr><td rowspan="3">CLKOUT 频率寄存器</td><td rowspan="3">0DH</td><td>FE</td><td>7</td><td>FE=0：CLKOUT 输出被禁止并设成高阻抗
FE=1：CLKOUT 输出有效</td></tr>
<tr><td>—</td><td>6～2</td><td>无效</td></tr>
<tr><td>FD1
FD0</td><td>1
0</td><td>用于控制 CLKOUT 的频率输出引脚（f_{CLKOUT}）
<table>
<tr><th>FD1</th><th>FD0</th><th>f_{CLKOUT}</th></tr>
<tr><td>0</td><td>0</td><td>32.768kHz</td></tr>
<tr><td>0</td><td>1</td><td>1024Hz</td></tr>
<tr><td>1</td><td>0</td><td>32Hz</td></tr>
<tr><td>1</td><td>1</td><td>1Hz</td></tr>
</table></td></tr>
</table>

（4）倒计数定时器寄存器

PCF8563 具有倒计数定时功能，包含定时器控制寄存器（地址：0EH）和定时器倒计数数值寄存器（地址：0FH）。定时器倒计数数值寄存器是一个 8 位的倒计数定时器，它由定时器控制寄存器中的位 TE 决定有效或无效。定时器的时钟也可以由定时器控制寄存器选择，其他定时器功能，如中断产生，由控制/状态寄存器 2 控制。

为了能精确读回倒计数的数值，I^2C 总线时钟 SCL 的频率应至少为所选定时器频率的两倍。

定时器控制寄存器的格式见表 5-12。

表 5-12 定时器控制寄存器的位描述

<table>
<tr><th>寄存器名</th><th>地址</th><th>位符号</th><th>bit</th><th>描　述</th></tr>
<tr><td rowspan="3">定时器控制寄存器</td><td rowspan="3">0EH</td><td>TE</td><td>7</td><td>TE=0：定时器无效；TE=1：定时器有效</td></tr>
<tr><td>—</td><td>6～2</td><td>无效</td></tr>
<tr><td>TD1
TD0</td><td>1
0</td><td>定时器时钟频率选择位，决定倒计数定时器的时钟频率。不用时 TD1 和 TD0 应设为“11”，以降低电源损耗
<table>
<tr><th>TD1</th><th>TD0</th><th>定时器时钟频率/Hz</th></tr>
<tr><td>0</td><td>0</td><td>4096</td></tr>
<tr><td>0</td><td>1</td><td>64</td></tr>
<tr><td>1</td><td>0</td><td>1</td></tr>
<tr><td>1</td><td>1</td><td>1/60</td></tr>
</table></td></tr>
</table>

定时器倒计数数值寄存器的格式见表 5-13。

表 5-13 定时器倒计数数值寄存器的位描述

寄 存 器 名	地址	位　符　号	bit	描　　述
定时器倒计数数值寄存器	0FH	定时器倒计数数值	7～0	倒计数数值“n”，倒计数周期＝n/时钟频率

6. PCF8563 串行接口

PCF8563 的串行接口为 I^2C 总线。

5.3.4　12864 中文液晶显示模块

1. 液晶模块概述

本系统中的 12864 液晶显示模块内使用 ST7920 控制器，可以显示字母、数字符号、中文字型及图形，具有绘图及文字画面混合显示功能。该模块提供三种控制接口，分别是 8 位位处理器接口、4 位位处理器接口及串行接口。模块内置的中文字型 ROM(CGROM)提供 8192 个 16×16 点阵的中文字型，半宽字型 ROM 提供 126 个 16×8 点阵的符号字型，并且内含的字符产生 RAM(CGRAM)可提供造字功能，绘图显示画面提供一个 64×256 点的绘图区域(GDRAM)，可以和文字画面混合显示。

2. 模块接口引脚说明

12864 液晶模块接口引脚说明见表 5-14。

表 5-14　12864 液晶模块接口引脚说明

引脚	符号	说　明	引脚	符号	说　明
1	V_{SS}	电源地	11	D4	数据口
2	V_{DD}	电源正极	12	D5	数据口
3	VO	液晶显示对比度调节端	13	D6	数据口
4	RS(CS)	数据/命令选择端(H/L)(串行片选端)	14	D7	数据口
5	R/W(SID)	读/写选择端(H/L)(串行数据口)	15	PSB	并/串选择，H：并行；L：串行
6	E(SCLK)	使能信号(高电平有效)(串行同步时钟信号)	16	NC	空脚
7	D0	数据口	17	RST	复位，低电平有效
8	D1	数据口	18	V_{OUT}	LCD 倍压输出脚
9	D2	数据口	19	BLA	背光电源正极
10	D3	数据口	20	BLK	背光电源负极

12864 液晶模块与单片机的接口方式有两种——并行接口和串行接口，由 PSB 引脚来选择，当 PSB 接高电平时，为并行接口；当 PSB 为低电平时，为串行接口。

配合 RS 及 R/W 引脚可以选择决定并行接口的 4 种读写模式，见表 5-15。

表 5-15　并行接口的 4 种读写模式

RS	R/W	功 能 说 明
L	L	写命令
L	H	读状态：读出忙碌标志(BF)及地址计数器(AC)的状态

续表

RS	R/W	功 能 说 明
H	L	写数据
H	H	读数据

3. 忙碌标志(BF)

当 BF 为"1"时,表示内部的操作正在进行中,即内部处于忙碌状态,此时不接收新的指令,要输入新的指令前,必须先读取 BF 标志,一直到 BF 标志读取为"0"时,才能接收新的指令。如果在输入一个新的指令前并不检查 BF 标志,那么在前一个指令和这个指令中间必须延迟一段时间,即等待前一个指令确实执行完成,指令执行的时间参考表 5-16。

4. 地址计数器(AC)

地址计数器(AC)用来存储 DDRAM/CGRAM/GDRAM 之一的地址,当读取或是写入 DDRAM/CGRAM/GDRAM 的值时,地址计数器(AC)的值就会自动加 1。当 RS 为"0"而 RW 为"1"时,地址计数器(AC)的值会被读取到 DB6～DB0 中。

5. 中文字型产生 ROM(CGROM)及半宽字型 ROM(HCGROM)

中文字型产生 ROM 提供 8192 个 16×16 点的中文字形图像,半宽字型 ROM 提供 126 个 16×8 点的数字符号图像。使用时将要显示的字形码写入到 DDRAM 中,硬件将自动地依照编码从 CGROM 或 HCGROM 中将要显示的字型显示在屏幕上。

6. 字型产生 RAM(CGRAM)

字型产生 RAM 提供使用者图像定义(造字)功能,可以提供四组 16×16 点的自定义图像空间,使用者可以将内部字型没有提供的图像字型自行定义到 CGRAM 中,便可和 CGROM 中的定义一样通过 DDRAM 显示在屏幕中。

7. 显示数据 RAM(DDRAM)

显示数据 RAM 提供 64×2B 的空间,最多可以控制 4 行 16 字(64 个字)的中文字型显示。当写入显示数据 RAM 时,可以分别显示 CGROM、HCGROM 和 CGRAM 的字型。三种字型的选择,由在 DDRAM 中写入的编码选择：在 0000H～0006H 的编码中将选择 CGRAM 的自定义字型;在 02H～7FH 的编码中将选择半宽英文数字的字型;至于 A1 以上的编码将自动的结合下一个字节,组成两个字节的编码达成中文字型的编码 GB(A1A0～F7FF),将 2B(16 位)的编码写入 DDRAM 时通过连续写入两个字节的数据来完成,先写入高字节(D15～D8),再写入低字节(D7～D0)。

8. 用户指令集

12864 液晶模块提供两套用户指令：基本指令(RE=0)和扩充指令(RE=1)。基本指令集见表 5-16,扩充指令集见表 5-17。

表 5-16　基本指令集(RE=0)

指令	指令码										说明	执行时间(540kHz)
	RS	RW	DB7	DB6	DB5	DB4	DB3	DB2	DB1	DB0		
清除指令	0	0	0	0	0	0	0	0	0	1	将 DDRAM 填满“20H”,并且设定 DDRAM 的地址计数器(AC)到“00H”	1.6ms
地址归位	0	0							1	X	设定 DDRAM 的地址计数器(AC)到“00H”,并且将光标移到开头原点位置;这个指令并不改变 DDRAM 的内容	72μs
进入点设定	0	0						1	I/D	S	指定在资料的读取与写入时,设定光标的移动方向及指定显示的移位	72μs
显示状态开/关	0	0					1	D	C	B	D=1：整体显示 ON;D=0：整体显示 OFF C=1：光标 ON;C=0：光标 OFF B=1：光标位置反白且闪烁;B=0：光标位置不反白闪烁	72μs
光标或显示移位控制	0	0				1	S/C	R/L	X	X	设定光标的移动与显示的移位控制位;这个指令并不改变 DDRAM 的内容	72μs
功能设定	0	0			1	DL	X	0 RE	X	X	DL=1：8-bit 控制接口 DL=0：4-bit 控制接口 RE=1：扩充指令集动作 RE=0：基本指令集动作	72μs
设定 CGRAM 地址	0	0	0	1	AC5	AC4	AC3	AC2	AC1	AC0	设定 CGRAM 地址计数器(AC) 需确认扩充指令中 SR=0(卷动地址或 RAM 地址选择)	72μs
设定 DDRAM 地址	0	0	1	0 AC6	AC5	AC4	AC3	AC2	AC1	AC0	设定 DDRAM 地址到地址计数器(AC)AC6 固定为 0	72μs
读取忙碌标志(BF)和地址	0	1	BF	AC6	AC5	AC4	AC3	AC2	AC1	AC0	读取忙碌标志(BF)可以确认内部动作是否完成,同时可以读出地址计数器(AC)的值	0μs
写资料到 RAM	1	0	D7	D6	D5	D4	D3	D2	D1	D0	写入资料到内部的 RAM(DDRAM/CGRAM/GDRAM)	72μs
读出 RAM的值	1	1	D7	D6	D5	D4	D3	D2	D1	D0	从内部 RAM 读取数据(DDRAM/CGRAM/GDRAM)	72μs

表 5-17 扩充指令集(RE=1)

指令	指令码										说明	执行时间/μs (540kHz)
	RS	RW	DB7	DB6	DB5	DB4	DB3	DB2	DB1	DB0		
待命模式	0	0	0	0	0	0	0	0	0	1	进入待命模式,执行任何其他指令都可终止待命模式	72
卷动地址或 RAM 地址选择	0	0	0	0	0	0	0	0	1	SR	SR=1：允许输入垂直卷动地址 SR=0：允许设定 CGRAM 地址(基本指令)	72
反白选择	0	0	0	0	0	0	0	1	R1	R0	选择 4 行中的任一行作反白显示,并可决定反白与否	72
睡眠模式	0	0	0	0	0	0	1	SL	X	X	SL=1：脱离睡眠模式 SL=0：进入睡眠模式	72
扩充功能设定	0	0	0	0	1	DL	X	1 RE	G	0	DL=1：8-bit 控制接口 DL=0：4-bit 控制接口 RE=1：扩充指令集动作 RE=0：基本指令集动作 G=1：绘图显示 ON G=0：绘图显示 OFF	72
设定卷动地址	0	0	0	1	AC5	AC4	AC3	AC2	AC1	AC0	SR=1：AC5～AC0 为垂直卷动地址	72
设定绘图 RAM 地址	0	0	1	0 AC6	0 AC5	0 AC4	AC3 AC3	AC2 AC2	AC1 AC1	AC0 AC0	设定 GDRAM 地址到地址计数器(AC) 先设垂直地址再设水平地址(连续写入两个的资料来完成垂直与水平的坐标地址) 垂直地址范围：AC6～AC0 水平地址范围：AC3～AC0	72

基本指令集命令格式及功能说明如下：

(1) 清除显示

RS	RW	DB7	DB6	DB5	DB4	DB3	DB2	DB1	DB0
0	0	0	0	0	0	0	0	0	1

功能：将 DDRAM 填满“20H”(空格)，并且设定 DDRAM 的地址计数器(AC)到“00H”。

(2) 地址归位

RS	RW	DB7	DB6	DB5	DB4	DB3	DB2	DB1	DB0
0	0	0	0	0	0	0	0	1	X

功能：设定 DDRAM 的地址计数器(AC)到“00H”，并且将光标移到原点位置。该指令并不改变 DDRAM 的内容。

(3) 进入点设定

RS	RW	DB7	DB6	DB5	DB4	DB3	DB2	DB1	DB0
0	0	0	0	0	0	0	1	I/D	S

功能：指定在数据的读取与写入时，设定光标的移动方向及整体显示的移位。

I/D=1：光标右移，DDRAM 地址计数器(AC)加 1；

I/D=0：光标左移，DDRAM 地址计数器(AC)减 1。

S=1 且 I/D=1：显示画面整体左移；

S=1 且 I/D=0：显示画面整体右移。

S=0：显示画面整体不移动。

(4) 显示状态开关

RS	RW	DB7	DB6	DB5	DB4	DB3	DB2	DB1	DB0
0	0	0	0	0	0	1	D	C	B

功能：控制整体显示、光标、光标位置反白显示。

D=1：整体显示 ON；D=0：整体显示 OFF。

C=1：光标显示 ON；C=0：光标显示 OFF。

B=1：光标位置显示反白且闪烁；B=0：光标位置显示不反白闪烁。

(5) 光标或显示移位控制

RS	RW	DB7	DB6	DB5	DB4	DB3	DB2	DB1	DB0
0	0	0	0	0	1	S/C	R/L	X	X

功能：设定光标的移动与显示的移位控制。

S/C=0 且 R/L=0：光标向左移动，AC 减 1；

S/C=0 且 R/L=1：光标向右移动，AC 加 1。

S/C=1 且 R/L=0：整体显示向左移动，光标跟随移动，AC 值不变；

S/C=1 且 R/L=1：整体显示向右移动，光标跟随移动，AC 值不变；

(6) 功能设定

RS	RW	DB7	DB6	DB5	DB4	DB3	DB2	DB1	DB0
0	0	0	0	1	DL	X	RE	X	X

DL=1：8-bit 控制接口；DL=0：4-bit 控制接口。

RE=1：扩充指令集；RE=0：基本指令集。

(7) 设定 CGRAM 地址

RS	RW	DB7	DB6	DB5	DB4	DB3	DB2	DB1	DB0
0	0	0	1	AC5	AC4	AC3	AC2	AC1	AC0

功能：设定 CGRAM 地址到地址计数器(AC)，需确认扩充指令中 SR=0(卷动地址或 RAM 地址选择)。

(8) 设定 DDRAM 地址

RS	RW	DB7	DB6	DB5	DB4	DB3	DB2	DB1	DB0
0	0	1	AC6	AC5	AC4	AC3	AC2	AC1	AC0

功能：设定 DDRAM 地址到地址计数器(AC)。

(9) 读取忙碌标志(BF)和地址

RS	RW	DB7	DB6	DB5	DB4	DB3	DB2	DB1	DB0
0	1	BF	AC6	AC5	AC4	AC3	AC2	AC1	AC0

功能：读取忙碌标志(BF)可以确认内部动作是否完成，同时可以读出地址计数器(AC)的值。当 BF=1 时，表示内部忙碌中，此时不可下指令，需等 BF=0 时才可下新指令。

(10) 写数据到 RAM

RS	RW	DB7	DB6	DB5	DB4	DB3	DB2	DB1	DB0
1	0	D7	D6	D5	D4	D3	D2	D1	D0

功能：写入数据到内部的 RAM，当写入后会使 AC 改变。每个 RAM 地址(CGRAM/DDRAM/GDRAM)都可连续写入两个字节的数据，当写入第二个字节时地址计数器(AC)的值就会自动加 1。

(11) 读取 RAM 的值

RS	RW	DB7	DB6	DB5	DB4	DB3	DB2	DB1	DB0
1	1	D7	D6	D5	D4	D3	D2	D1	D0

功能：从内部的 RAM 读取资料，当读取后会使 AC 改变。

扩充指令集命令格式及功能说明如下：

(1) 待命模式

RS	RW	DB7	DB6	DB5	DB4	DB3	DB2	DB1	DB0
0	0	0	0	0	0	0	0	0	1

功能：进入待命模式，执行任何其他指令都可终止待命模式。该指令并不改变 RAM 的内容。

(2) 卷动地址或 RAM 地址选择

RS	RW	DB7	DB6	DB5	DB4	DB3	DB2	DB1	DB0
0	0	0	0	0	0	0	0	1	SR

SR＝1：允许输入垂直卷动地址。

SR＝0：允许设定 CGRAM 地址(基本指令)。

(3) 反白选择

RS	RW	DB7	DB6	DB5	DB4	DB3	DB2	DB1	DB0
0	0	0	0	0	0	0	1	R1	R0

功能：选择 4 行中的任一行作反白显示，并可决定反白与否。

R1、R0 初值为 0，当第一次设定时为反白显示，再一次设定时为正常显示。

R1＝0 且 R0＝0：第一行反白或正常显示。

R1＝0 且 R0＝1：第二行反白或正常显示。

R1＝1 且 R0＝0：第三行反白或正常显示。

R1＝1 且 R0＝1：第四行反白或正常显示。

(4) 睡眠模式

RS	RW	DB7	DB6	DB5	DB4	DB3	DB2	DB1	DB0
0	0	0	0	0	0	1	SL	0	0

SL＝1：脱离睡眠模式；SL＝0：进入睡眠模式。

(5) 扩充功能设定

RS	RW	DB7	DB6	DB5	DB4	DB3	DB2	DB1	DB0
0	0	0	0	1	DL	X	RE	G	X

DL＝1：8-bit 控制接口；DL＝0：4-bit 控制接口。

RE＝1：扩充指令集动作；RE＝0：基本指令集动作。

G＝1：绘图显示 ON；G＝0：绘图显示 OFF。

(6) 设定卷动地址

RS	RW	DB7	DB6	DB5	DB4	DB3	DB2	DB1	DB0
0	0	0	1	AC5	AC4	AC3	AC2	AC1	AC0

SR＝1：AC5～AC0 为垂直卷动地址。

(7) 设定绘图 RAM 地址

RS	RW	DB7	DB6	DB5	DB4	DB3	DB2	DB1	DB0
0	0	1	AC6	AC5	AC4	AC3	AC2	AC1	AC0

功能：设定 GDRAM 地址到地址计数器(AC)。

9. 串行数据传输时序

单片机与 12864 液晶模块之间的接口方式有并行和串行两种，本系统中采用串行的接口方式。当 PSB 引脚接低电平时，模块将进入串行模式。串行模式的时序图如图 5-30 所示。

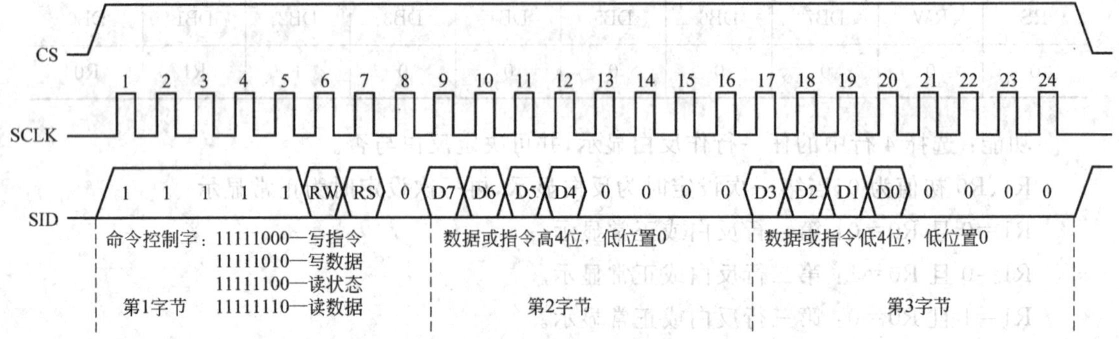

图 5-30　串行数据传输时序图

(1) CS—液晶的片选信号线，每次在进行数据操作时都必须将 CS 端拉高。

(2) SCLK—串行同步时钟线，每操作一位数据都要有一个 SCLK 跳变沿，上升沿有效。即在每次 SCLK 由低电平变为高电平的瞬间，液晶控制器将 SID 上的数据读入或输出。

(3) SID—串行数据。从一个完整的串行传输流程来看，每一次操作都由三个字节数据组成。第一字节向控制器发送命令控制字，告诉控制器接下来是什么操作，如写指令为 11111000，写数据为 11111010。它需先接收到五个连续的“1”(同步位字符串)，再跟随的两个位字符串分别指定传输方向位(RW)及寄存器选择位(RS)，最后的第 8 位则为“0”。第二字节的高 4 位发送指令或数据的高 4 位，第二字节的低 4 位补 0。第三字节的高 4 位发送指令或数据的低 4 位，第三字节的低 4 位同样补 0。

10. 汉字显示坐标

12864 液晶显示模块每行可显示 8 个汉字，共 4 行。汉字显示的坐标见表 5-18。

表 5-18　汉字显示坐标

Y坐标	X坐标							
Line1	80H	81H	82H	83H	84H	85H	86H	87H
Line2	90H	91H	92H	93H	94H	95H	96H	97H
Line3	88H	89H	8AH	8BH	8CH	8DH	8EH	8FH
Line4	98H	99H	9AH	9BH	9CH	9DH	9EH	9FH

5.3.5　I^2C 总线概述

I^2C(Inter Integrated Circuit)是NXP半导体(原Philips半导体)公司开发的一种简单的双向二线制串行通信总线。I^2C 是一种两线式串行总线,多个符合 I^2C 总线标准的器件都可以通过同一条 I^2C 总线进行通信,而不需要额外的地址译码器。目前,I^2C 总线已经成为业界嵌入式应用的标准解决方案,被广泛地应用在各式各样基于微控制器的专业、消费与电信产品中。

1. I^2C 总线的特征

(1) 总线仅由两条信号线组成:一条串行数据线(SDA);一条串行时钟线(SCL)。

(2) 同一条 I^2C 总线上可以挂接很多个器件,一般可达数十个以上。器件之间是靠不同的地址来区分的,每个连接到总线的器件都可以通过唯一的地址来进行寻址。

(3) 通信速率高:串行的8位双向数据传输位速率在标准模式下可达100kb/s,快速模式下可达400kb/s,高速模式下可达3.4Mb/s。

(4) I^2C 是一个真正的多主机总线,如果两个或更多主机同时初始化数据传输可以通过冲突检测和仲裁防止数据被破坏。

(5) 通信距离:一般情况下,I^2C 总线通信距离有几米到几十米。通过降低传输速率等办法,通信距离可延长到数十米乃至数百米以上。

(6) 片上的滤波器可以滤去总线数据线上的毛刺波,保证数据完整。

(7) 连接到相同总线的集成电路数量只受到总线的最大电容400pF限制。

2. I^2C 总线的接口电路

I^2C 总线只需要由两条信号线组成,一条是串行数据线SDA,另一条是串行时钟线SCL。在系统中,I^2C 总线的典型应用接口电路如图5-31所示,注意:连接时需要共地。

一般具有 I^2C 总线的器件其SDA和SCL引脚都是漏极开路(或集电极开路)输出结构。因此实际使用时,SDA和SCL信号线都必须要加上拉电阻(Pull-Up Resistor,Rp)。上拉电阻取值为3～10kΩ,通常情况下为4.7kΩ。

连到总线的器件输出级漏极开路(或集电极开路)的好处:

(1) 当总线空闲时,SDA和SCL这两条信号线都保持高电平,几乎不消耗电流。

(2) 电气兼容性好。上拉电阻接5V电源就能与5V逻辑器件接口;上拉电阻接3V电源又能与3V逻辑器件接口。

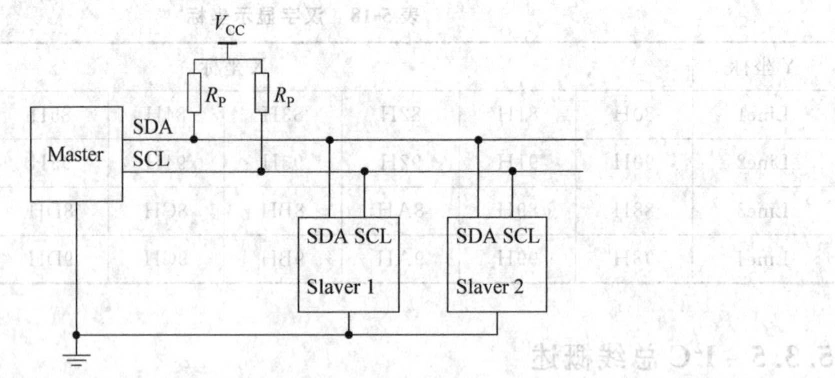

图 5-31　I²C 总线接口电路

(3) 因为是开漏结构，所以不同器件的 SDA 与 SDA 之间、SCL 与 SCL 之间可以直接相连，不需要额外的转换电路。

3. I²C 总线的基本概念

(1) 发送器(Transmitter)：发送数据到总线的器件。

(2) 接收器(Receiver)：从总线接收数据的器件。

(3) 主机(Master)：初始化发送、产生时钟信号和终止发送的器件。

(4) 从机(Slaver)：被主机寻址的器件。

I²C 总线是双向传输的总线，因此主机和从机都可能成为发送器和接收器。如果主机向从机发送数据，则主机是发送器，而从机是接收器；如果主机从从机读取数据，则主机是接收器，而从机是发送器。

4. I²C 总线数据传输速率

I²C 总线的通信速率受主机控制，能快能慢，但是最高速率是有限制的。I²C 总线上数据的传输速率在标准模式(Standard-mode)下最快可达 100kb/s，快速模式下可达 400kb/s，高速模式下可达 3.4Mb/s。

5. I²C 总线上数据的有效性

I²C 总线上数据的有效性如图 5-32 所示。数据线 SDA 的电平状态必须在时钟线 SCL 处于高电平期间保持稳定不变。SDA 的高或低电平状态只有在 SCL 处于低电平期间才允许改变，但是在 I²C 总线的起始和结束时例外。

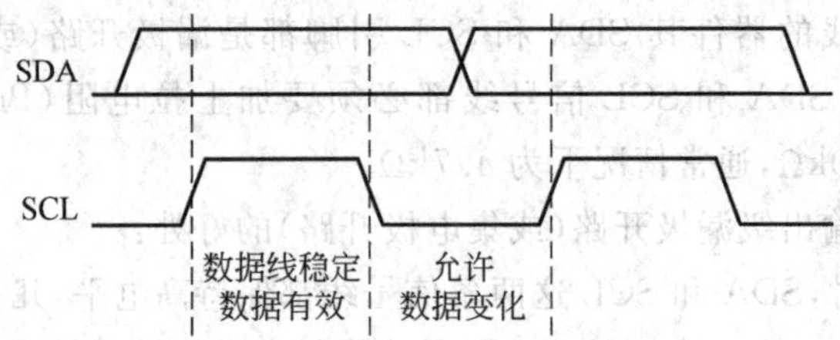

图 5-32　I²C 总线上数据的有效性

6. I^2C 总线的起始条件和停止条件

I^2C 总线的起始条件和停止条件如图 5-33 所示。

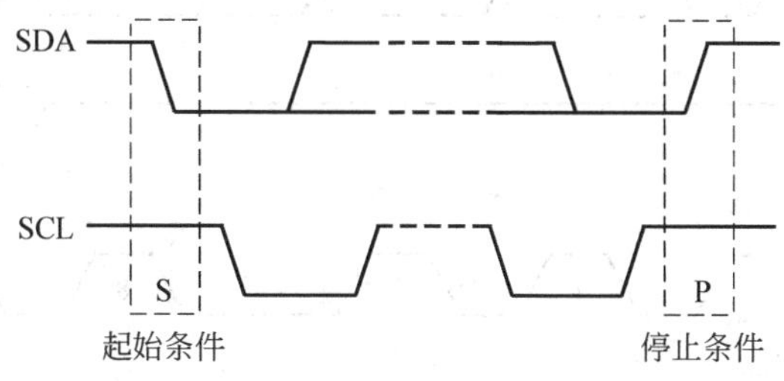

图 5-33　I^2C 总线的起始条件和停止条件

起始条件：当 SCL 处于高电平期间时，SDA 从高电平向低电平跳变时产生起始条件。总线在起始条件产生后便处于忙的状态。起始条件简记为 S。

停止条件：当 SCL 处于高电平期间时，SDA 从低电平向高电平跳变时产生停止条件。总线在停止条件产生后处于空闲状态。停止条件简记为 P。

7. I^2C 总线的数据传输格式

I^2C 总线以字节为单位收发数据。发送到 SDA 线上的每个字节必须为 8 位。每次传输可以发送的字节数量不受限制。首先传输的是数据的最高位 MSB，最后传输的是最低位 LSB，如图 5-34 所示。另外，每个字节后必须跟一个响应位，称为应答。

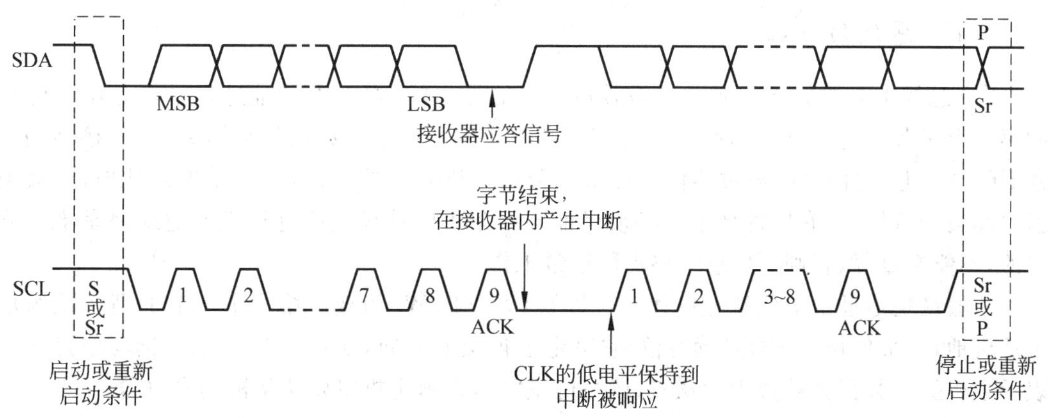

图 5-34　I^2C 总线的数据传输

如果从机要完成一些其他功能(例如一个内部中断服务程序)后才能接收或发送下一个完整的数据字节，可以使时钟线 SCL 保持低电平从而迫使主机进入等待状态；当从机准备好接收下一个数据字节并释放时钟线 SCL 后，数据的传输继续。

8. 应答

在 I^2C 总线传输数据过程中，每传输一个字节，都要跟一个应答状态位。在应答的时钟脉冲期间，发送器释放 SDA 线(高)，同时接收器必须将 SDA 线拉低，使它在这个时钟脉冲的高电平期间保持稳定的低电平，如图 5-35 所示。

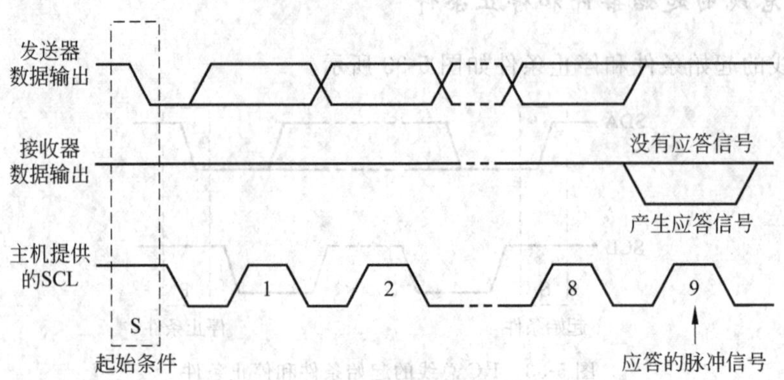

图 5-35 I²C 总线的应答信号

应答位的时钟脉冲仍由主机产生，而应答位的数据状态则遵循"谁接收谁产生"的原则，即总是由接收器产生应答位，接收器接收数据的情况可以通过应答位来告知发送器。主机向从机发送数据时，应答位由从机产生；主机从从机接收数据时，应答位由主机产生。I²C 总线标准规定：应答位为"0"表示接收器应答（ACK），常简记为 A；应答位为"1"则表示非应答（NACK），常简记为 $\overline{\text{A}}$。发送器发送完 LSB 之后，应当释放 SDA 线，以等待接收器产生应答位。如果接收器在接收完最后一个字节的数据，或者不能再接收更多的数据时，应当产生非应答来通知发送器。发送器如果发现接收器产生了非应答状态，则应当终止发送。

9. I²C 总线的寻址

I²C 总线不需要额外的地址译码器和片选信号。I²C 总线的寻址过程是在起始条件后的第一个字节决定主机选择哪一个从机。多个具有 I²C 总线接口的器件都可以连接到同一条 I²C 总线上，它们之间通过器件地址来区分。主机是主控器件，它不需要器件地址，其他器件都属于从机，要有器件地址。必须保证同一条 I²C 总线上所有从机的地址都是唯一确定的，不能有重复，否则 I²C 总线将不能正常工作。

一般从机地址由 7 位地址位和一位读写标志（R/$\overline{\text{W}}$）组成。第一个字节的高 7 位组成了从机地址，最低位（LSB）是读写位，它决定了报文的方向，如图 5-36 所示。读写位是"0"，表示主机会写数据到被选中的从机；读写位是"1"，表示主机将要从从机读取数据。

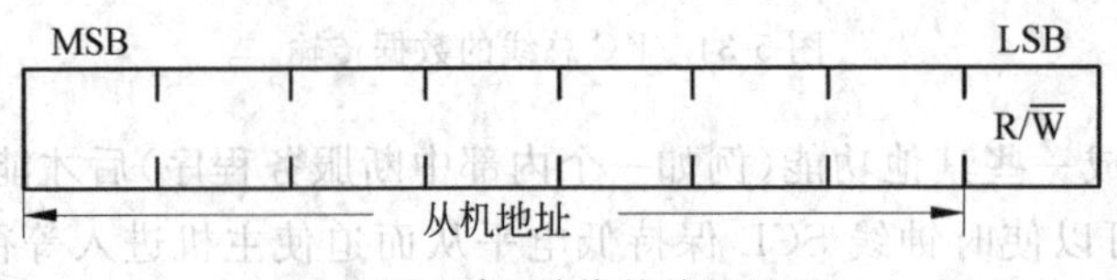

图 5-36 I²C 总线的从机地址

当发送了一个地址后，系统中的每个器件都在起始条件后将地址高 7 位与它自己的地址比较。如果地址完全相同，该器件就被主机寻址，至于是从机接收器还是从机发送器都由 R/$\overline{\text{W}}$ 位决定。

10. 基本的数据传输格式示意图

主机向从机发送数据的基本格式如图 5-37 所示，主机从从机接收数据的基本格式如图 5-38 所示。

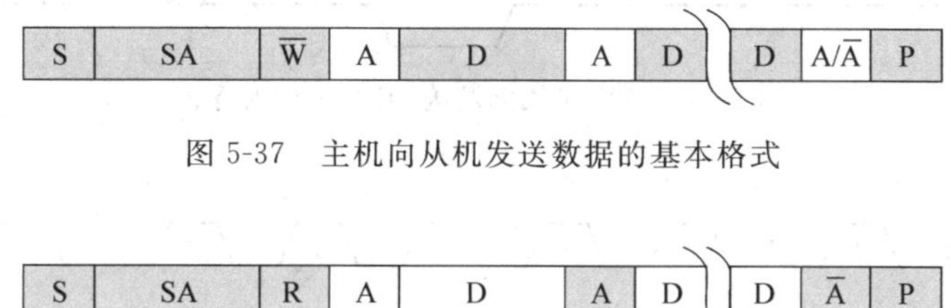

图 5-37　主机向从机发送数据的基本格式

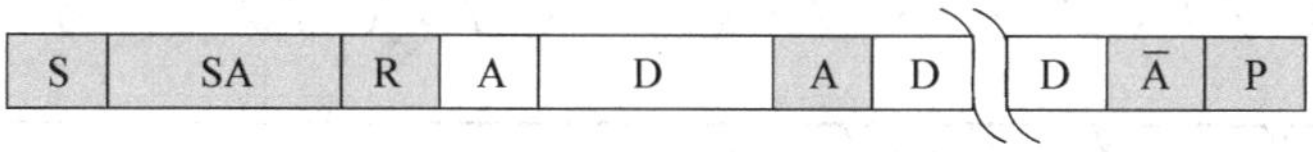

图 5-38　主机从从机接收数据的基本格式

在图 5-37 和图 5-38 中，各种符号的意义为：

S：起始位(Start)；

SA：从机地址(Slave Address)，7 位从机地址；

$\overline{W}$：写标志位(Write)，1 位写标志；

R：读标志位(Read)，1 位读标志；

A：应答位(Acknowlege)，1 位应答；

$\overline{A}$：非应答位(Not Acknowledge)，1 位非应答；

D：数据(Data)，每个数据都必须是 8 位；

P：停止位(STOP)；

阴影：主机产生的信号；

无阴影：从机产生的信号。

应当注意的是：在图 5-37 中，主机向从机发送最后一个字节的数据时，从机可能应答也可能非应答，但不管怎样主机都可以产生停止条件。如果主机在向从机发送数据(甚至包括从机地址在内)时检测到从机非应答，则应当及时停止传输。而在图 5-38 中，主机为接收器，它必须在接收最后一个字节后产生非应答信号，向从机发送器通知数据结束。从机发送器必须释放数据线，允许主机产生一个停止或重复起始条件。

11. 传输一个或多个字节数据的时序图

为了更清楚地了解 I^{2}C 总线的基本数据传输过程，图 5-39 和图 5-40 画出了只传输 1B 的时序图，这是最基本的传输方式。在图 5-39 和图 5-40 中，SDA 信号线被画成了两个，一个是主机产生的，另一个是从机产生的。实际上主机和从机的 SDA 信号线总是连接在一起的，是同一根 SDA。画成两个 SDA 有助于进一步理解在 I^{2}C 总线上主机和从机的不同行为。

传输多个字节数据的时序图如图 5-41 和图 5-42 所示，其中图 5-41 为主机连续向从机发送数据的时序图，图 5-42 为主机从从机接收多个字节数据的时序图。

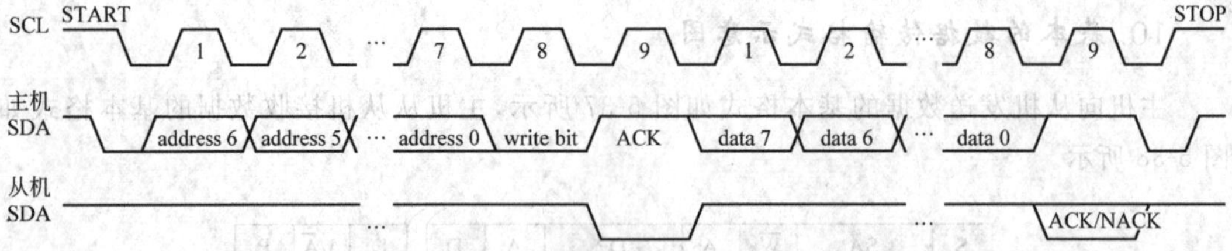

图 5-39　主机向从机发送 1B 数据的时序图

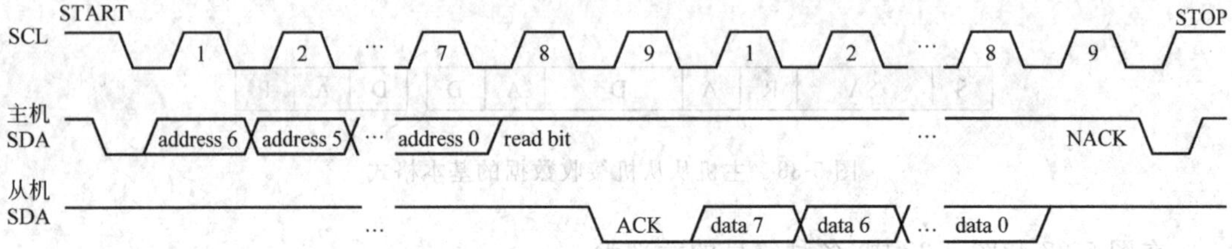

图 5-40　主机从从机接收 1B 数据的时序图

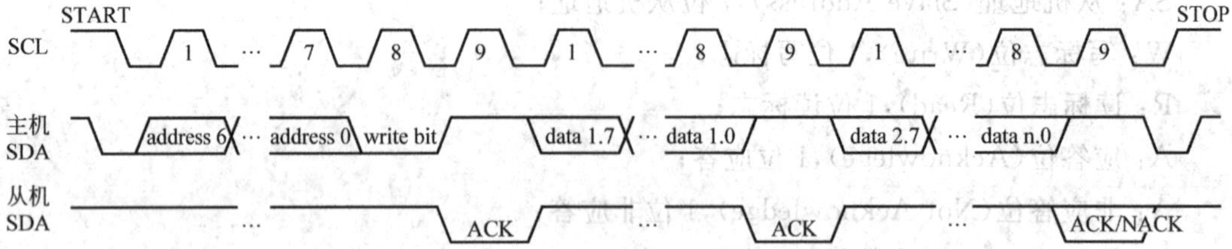

图 5-41　主机向从机连续发送多个字节数据的时序图

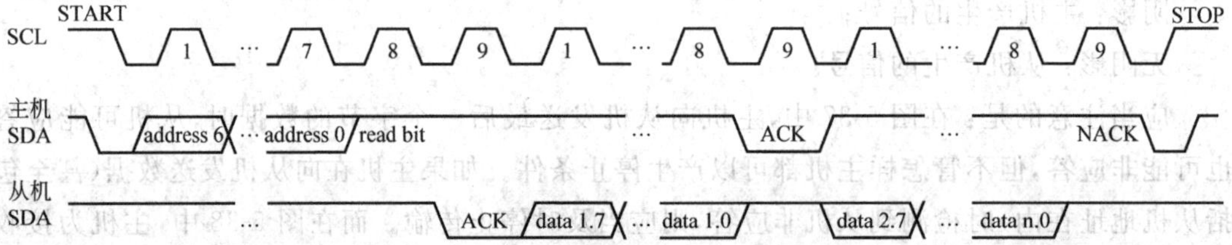

图 5-42　主机从从机连续接收多个字节数据的时序图

12. 重复起始条件

主机与从机进行通信时，有时需要切换数据的收发方向，例如访问某一具有 I^2C 总线接口的 E^2PROM 存储器时，主机先向存储器输入存储单元的地址信息（发送数据），然后再读取其中的存储内容（接收数据）。

在切换数据的传输方向时，可以不必先产生停止条件再开始下次传输，而是直接再一次产生起始条件。I^2C 总线在已经处于忙的状态下，再一次直接产生起始条件的情况被称为重复起始条件。重复起始条件常常简记为 Sr。

正常的起始条件和重复起始条件在物理波形上并没有什么不同，区别仅仅是在逻辑方面。在进行多字节数据传输过程中，只要数据的收发方向发生了切换，就要用到重复起始条件。

图 5-43 为带有重复起始条件的多字节数据传输格式示意图，图中的各种符号的意义与图 5-38 相同。

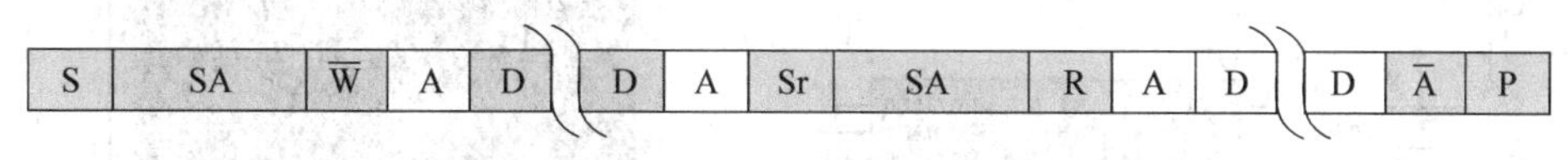

图 5-43　带有重复起始条件的多字节数据传输格式

13. **子地址**

带有 I^2C 总线的器件除了有从机地址（Slave Address）外，还可能有子地址（Sub-Address）。从机地址是指该器件在 I^2C 总线上被主机寻址的地址，而子地址是指该器件内部不同部件或存储单元的编址。例如，带 I^2C 总线接口的 E^2PROM 就是拥有子地址器件的典型代表。

某些器件（只占少数）内部结构比较简单，可能没有子地址，只有必需的从机地址。

与从机地址一样，子地址实际上也是像普通数据那样进行传输的，传输格式仍然是与数据相统一的，区分传输的到底是地址还是数据要靠收发双方具体的逻辑约定。子地址的长度必须由整数个字节组成，可能是单字节（8 位子地址），也可能是双字节（16 位子地址），还可能是 3 字节以上，这要看具体器件的规定。

在 I^2C 总线软件包中，已经同时考虑到了无子地址器件和有子地址器件的情况。

5.3.6　系统硬件电路设计

图 5-44 所示为电子万年历电路设计原理图，由于 Proteus 仿真软件不能仿真内嵌中文字库的 12864 液晶显示模块，所以该系统电路的调试可直接在实物板上进行。

系统中主控制器采用单片机 P89V51RB2，时钟芯片采用 PCF8563，时钟芯片和单片机之间采用 I^2C 串行通信协议进行通信，SDA（串行数据线）和 SCL（时钟线）分别与单片机的 P1.7 和 P1.6 相连。PCF8563 的中断输出引脚/INT 与单片机的外部中断 0（/INT0）相连，当单片机检测到有时钟报警时，由 P1.1 口控制蜂鸣器电路发出报警声。

单片机与 12864 液晶显示模块之间也采用串行通信方式，通过液晶显示模块实时显示年、月、日、星期、时、分、秒等信息。

5.3.7　系统控制程序设计思路

系统控制程序主要包括主程序、I^2C 串行数据通信子程序和 12864 液晶显示子程序等。

1. **主程序**

主程序的控制流程图如图 5-45 所示，首先对单片机、PCF8563、12864 液晶模块进行初始化，然后从 PCF8563 中读取实时时钟数据，并在液晶屏上进行显示。另外，单片机还实时检测外部中断 0（/INT0）引脚上有无时钟报警触发信号，若有，则跳入中断 0 服务子程序，控制蜂鸣器发出时钟报警信号。

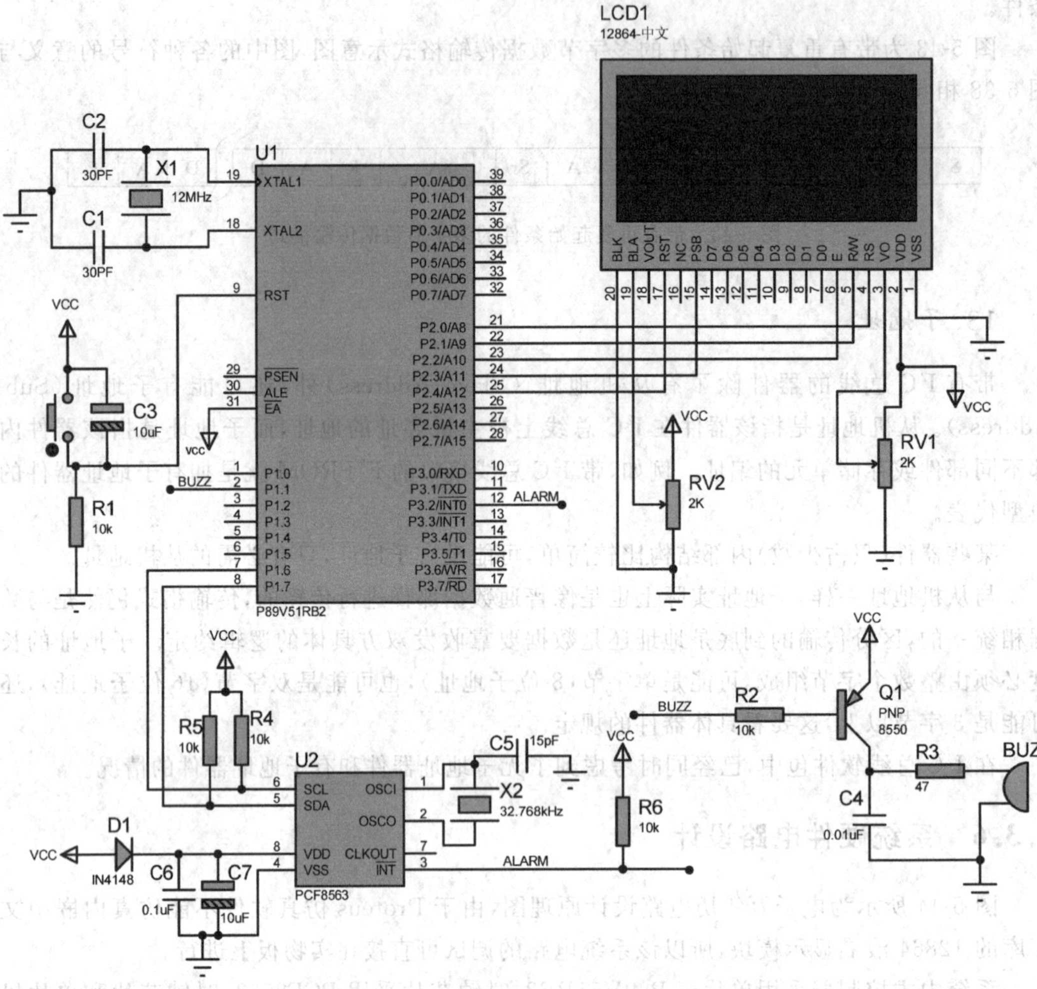

图 5-44　电子万年历电路设计原理图

2. I^2C 串行数据通信子程序

I^2C 串行数据通信子程序主要包括串行数据发送和串行数据接收。单片机向从机 PCF8563 发送多字节数据的流程图如图 5-46 所示，具体过程为：单片机首先发送 I^2C 总线起始信号启动 I^2C 总线，接着发送 PCF8563 的写地址 0xA2，然后再发送需向 PCF8563 内部写入数据的具体子地址，接着发送数据，在所有字节数据全都发送完毕后，单片机发出结束 I^2C 总线的停止信号。

单片机从从机 PCF8563 接收多字节数据流程图如图 5-47 所示，与图 5-46 发送多字节数据不同的是，在发送 PCF8563 器件的子地址后，由于需要切换数据的传输方向（由向 PCF8563 写数据切换成从 PCF8563 读取数据），所以需要再次发送起始条件，接着发送 PCF8563 的读地址 0xA3。在所有数据读取完毕后，单片机需向 PCF8563 发送非应答信号，通知从机数据接收完毕，然后再发送停止信号结束 I^2C 总线通信。

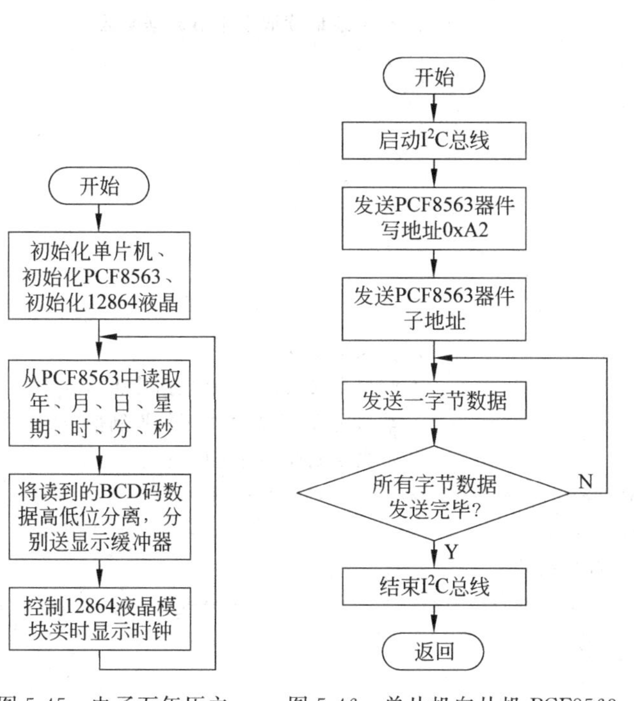

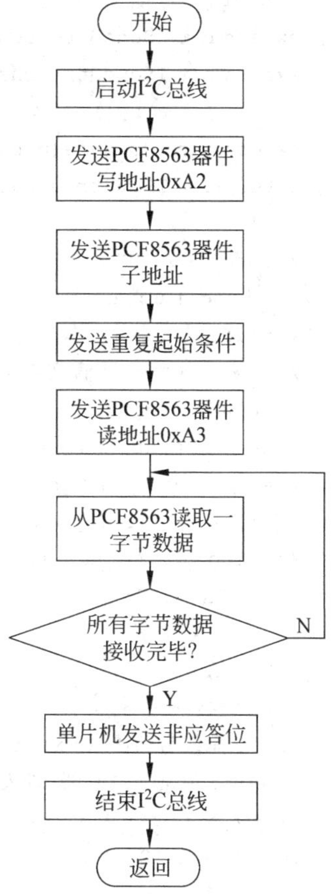

图 5-45　电子万年历主程序流程图

图 5-46　单片机向从机 PCF8563 发送多字节数据流程图

图 5-47　单片机从从机 PCF8563 接收多字节数据流程图

5.3.8　系统源程序清单

```
//**********************************************************************//
// 电子万年历设计程序,包含 VIIC_C51.C,VIIC_C51.H,LCDDISPLAY.H,TIMER.C
// P89V51RB2 12MHz
// 电子万年历能实时显示年、月、日、星期、时、分、秒,并能通过蜂鸣器实现报警功能,
// 报警时长为 5s。
//**********************************************************************//
/* I²C 总线的 P89V51RB2 单片机 C51 驱动程序软件包由两个文件组成:"VIIC_C51.H"和
   "VIIC_C51.C"。头文件"VIIC_C51.H"包括了信号线 SDA 和 SCL 的 I/O 接口定义和用
   户函数的声明,C 语言文件"VIIC_C51.C"是这些函数的具体实现。 */
//**********************************************************************//
//************头文件 VIIC_C51.H***********//
#ifdef uchar
    #define READYDEF 1                          //宏 uchar 已定义
#else
    #define uchar unsigned char
```

```
#endif
extern bit ISendByte(uchar sla,uchar c);        //无子地址发送字节数据函数
extern bit ISendStr(uchar sla,uchar suba,uchar * s,uchar no) ;
                                                //有子地址发送多字节数据函数
extern bit IRcvByte(uchar sla,uchar * c);       //无子地址读字节数据函数
extern bit IRcvStr(uchar sla,uchar suba,uchar * s,uchar no);
                                                //有子地址读取多字节数据函数
#ifndef READYDEF
    #undef uchar
#endif
//************C 语言文件 VIIC_C51.C***********//
#include <reg52.h>
#include <intrins.h>
#define uchar unsigned char
#define uint unsigned int
#define _Nop() _nop_()                          //定义空指令
sbit SDA=P1^7;                                  //端口定义,模拟 I2C 数据传送信号 SDA
sbit SCL=P1^6;                                  //端口定义,模拟 I2C 时钟控制信号 SCL
bit ack;                                        //定义 I2C 应答标志位
//*********************************************************************//
// I2C 总线启动函数: void Start_I2c()
// 功能:启动 I2C 总线,即发送 I2C 起始条件。
//*********************************************************************//
void Start_I2c()
{
    SDA=1;                                      //发送起始条件的数据信号
    _Nop();
    SCL=1;
    _Nop();                                     //起始条件建立时间大于 4.7μs,延时
    _Nop();
    _Nop();
    _Nop();
    _Nop();
    SDA=0;                                      //发送起始信号
    _Nop();                                     //起始条件锁定时间大于 4μs
    _Nop();
    _Nop();
    _Nop();
    _Nop();
    SCL=0;                                      //钳住 I2C 总线,准备发送或接收数据
    _Nop();
    _Nop();
}
//*********************************************************************//
// I2C 总线停止函数: void Stop_I2c()
```

```
// 功能：停止 I²C 总线，即发送 I²C 停止条件。
//*************************************************************************//
void Stop_I2c()
{
    SDA=0;                                      //发送停止条件的数据信号
    _Nop();
    SCL=1;                                      //发送停止条件的时钟信号
    _Nop();                                     //停止条件建立时间大于 4μs
    _Nop();
    _Nop();
    _Nop();
    _Nop();
    SDA=1;                                      //发送 I²C 总线停止信号
    _Nop();
    _Nop();
    _Nop();
    _Nop();
}
//*************************************************************************//
// 字节数据发送函数：void SendByte(uchar c)
// 功能：将数据 c 发送出去，c 可以是地址，也可以是数据。
// 一字节发送完后等待从机应答，从机正确应答：ack=1；非应答：ack=0。
//*************************************************************************//
void SendByte(uchar c)
{
    uchar BitCnt;
    for(BitCnt=0;BitCnt<8;BitCnt++)            //要传送的数据长度为 8 位 */
    {
        if((c<<BitCnt)&0x80) SDA=1;
        else SDA=0;
        _Nop();
        SCL=1;                         //置时钟线为高，通知被控器开始接收数据位
        _Nop();
        _Nop();                        //保证时钟高电平周期大于 4μs
        _Nop();
        _Nop();
        _Nop();
        SCL=0;
    }
    _Nop();
    _Nop();
    SDA=1;                             //8 位数据发送完后释放数据线，准备接收应答位
    _Nop();
    _Nop();
    SCL=1;
```

```
    _Nop();
    _Nop();
    _Nop();
    if(SDA==1)ack=0;
    else ack=1;                        //判断是否接收到应答信号
    SCL=0;
    _Nop();
    _Nop();
}
//*********************************************************************//
// 字节数据接收函数：uchar RcvByte()
// 功能：用来接收从机发来的一字节数据。
// 该函数后一般为应答函数,用来产生主机应答信号。
//*********************************************************************//
uchar RcvByte()
{
    uchar retc;
    uchar BitCnt;
    retc=0;
    SDA=1;                             //置数据线 SDA 为输入方式
    for(BitCnt=0;BitCnt<8;BitCnt++)
    {
        _Nop();
        SCL=0;                         //置时钟线为低,准备接收数据位
        _Nop();
        _Nop();                        //时钟低电平周期大于 4.7μs
        _Nop();
        _Nop();
        _Nop();
        SCL=1;                         //置时钟线为高使数据线上数据有效
        _Nop();
        _Nop();
        retc=retc<<1;
        if(SDA==1)retc=retc+1;         //读数据位,接收的数据位放入 retc 中
        _Nop();
        _Nop();
    }
    SCL=0;
    _Nop();
    _Nop();
    return(retc);
}
//*********************************************************************//
// 应答函数：void Ack_I2c(bit a)
// 功能：主机发送应答信号,可以是应答或非应答信号。
```

```
//*********************************************************************//
void Ack_I2c(bit a)
{
    if(a==0) SDA=0;                    //发出应答信号
    else SDA=1;                        //发出非应答信号
    _Nop();
    _Nop();
    _Nop();
    SCL=1;
    _Nop();
    _Nop();
    _Nop();
    _Nop();
    _Nop();
    SCL=0;
    _Nop();
    _Nop();
}
//*********************************************************************//
// 向无子地址器件发送字节数据函数: bit ISendByte(uchar sla,ucahr c)
// 功能: 从启动总线到发送地址、数据和停止总线的全过程。
// sla: 从机地址,c: 要发送的数据。
// 函数返回"1"表示操作成功,返回"0"操作有误。
//*********************************************************************//
bit ISendByte(uchar sla,uchar c)
{
    Start_I2c();                       //启动总线
    SendByte(sla);                     //发送器件地址
    if(ack==0)return(0);               //ack=0: 无应答
    SendByte(c);                       //发送数据
    if(ack==0)return(0);               //ack=0: 无应答
    Stop_I2c();                        //结束总线
    return(1);                         //返回 1,表示有应答,操作成功
}
//*********************************************************************//
// 向有子地址器件发送多字节数据函数:
// bit ISendStr(uchar sla,uchar suba,uchar * s,uchar no)
// 功能: 从启动总线到发送地址、数据和停止总线的全过程。
// sla: 从机地址。
// suba: 从机子地址。
// s: 指针 s 指向要发送内容的首地址。
// no: 要发送数据的字节个数。
// 函数返回"1"表示操作成功,返回"0"操作有误。
//*********************************************************************//
bit ISendStr(uchar sla,uchar suba,uchar * s,uchar no)
```

```
{
    uchar i;
    Start_I2c();                        //启动总线
    SendByte(sla);                      //发送从机地址
    if(ack==0) return(0);               //ack=0,无应答
    SendByte(suba);                     //发送从机子地址
    if(ack==0) return(0);               //ack=0,无应答
    for(i=0;i<no;i++)
    {
        SendByte(*s);                   //发送数据
        if(ack==0)return(0);            //ack=0,无应答
        s++;
    }
    Stop_I2c();                         //停止总线
    return(1);                          //返回 1,表示有应答,操作成功
}
//***************************************************************************//
// 向无子地址器件读字节数据函数: bit IRcvByte(uchar sla,ucahr *c)
// 功能:从启动总线到发送地址、读取数据和停止总线的全过程。
// sla:从机地址。
// c:接收的数据存放在 c 所指向的单元中。
// 函数返回"1"表示操作成功,返回"0"操作有误。
//***************************************************************************//
bit IRcvByte(uchar sla,uchar *c)
{
    Start_I2c();                        //启动总线
    SendByte(sla+1);                    //发送器件地址
    if(ack==0) return(0);
    *c=RcvByte();                       //读取数据
    Ack_I2c(1);                         //发送非应答位
    Stop_I2c();                         //停止总线
    return(1);
}
//***************************************************************************//
// 向有子地址器件读取多字节数据函数:
// bit IRcvStr(uchar sla,uchar suba,uchar *s,uchar no)
// 功能:从启动总线到发送地址、子地址,读取数据和停止总线的全过程。
// sla:从机地址。
// suba:从机子地址。
// s:接收的数据依次存放在指针 s 指向的单元中。
// no:接收数据的字节个数。
// 函数返回"1"表示操作成功,返回"0"操作有误。
//***************************************************************************//
bit IRcvStr(uchar sla,uchar suba,uchar *s,uchar no)
{
```

```
    uchar i;
    Start_I2c();                            //启动总线
    SendByte(sla);                          //发送从机地址
    if(ack==0) return(0);
    SendByte(suba);                         //发送从机子地址
    if(ack==0) return(0);
    Start_I2c();                            //数据由写到读,要有重复起始条件
    SendByte(sla+1);                        //sla+1 为从机的读地址
    if(ack==0) return(0);
    for(i=0;i<no-1;i++)
    {
        * s=RcvByte();                      //发送数据
        Ack_I2c(0);                         //发送应答位
        s++;
    }
    * s=RcvByte();
    Ack_I2c(1);                             //发送非应答位
    Stop_I2c();                             //停止总线
    return(1);
}
//************************头文件 LCDDISPLAY.H******************************//
// 头文件 LCDDISPLAY.H 中为 12864 液晶显示驱动文件
//***********************************************************************//
#define uchar unsigned char
#define uint unsigned int
//******** 12864LCD 引脚定义 ********/
sbit LCD_RS =P2^0;                          //串行通信时为片选信号 CS,高电平有效
sbit LCD_RW =P2^1;                          //串口数据口 SID
sbit LCD_EN =P2^2;                          //液晶串口时钟信号 SCLK,上升沿有效
sbit LCD_PSB =P2^3;                       //串/并方式控制,高电平为并行方式,低电平为串行方式
sbit LCD_RST =P2^4;                         //液晶复位端口 RST,低电平有效
//********函数声明********//
void lcd_wcmd(uchar cmd);
void lcd_init();
void lcd_clr();
void send(uchar DATA) ;
void lcd_wdis(uchar y_add ,uchar x_add ,uchar * str) ;
unsigned char cal_data_len(unsigned char * str);
//********延时函数********//
void Delay_ms(uint xms)
{
    uint i,j;
    for(i=xms;i>0;i--)
        for(j=110;j>0;j--);
}
```

```
uchar get_byte()
{
    uchar i,temp1=0,temp2=0;
    LCD_PSB=0;
    for(i=0;i<8;i++)
    {
        temp1=temp1<<1;
        LCD_EN =0;
        LCD_EN =1;
        LCD_EN =0;
        if(LCD_RW) temp1++;
    }
    for(i=0;i<8;i++)
    {
        temp2=temp2<<1;
        LCD_EN =0;
        LCD_EN =1;
        LCD_EN =0;
        if(LCD_RW) temp2++;
    }
    return ((0xf0&temp1)+(0x0f&temp2));
}
//********LCD是否空闲检查函数********//
void check_busy()
{
    do
    { 
        send(0xfc);                      //0xfc：读状态指令
    }
        while(get_byte()&0x80);          //判断 BF 位是否为忙
}
void send(uchar DATA)                    //发送 1 字节数据
{
    uchar i;
    LCD_PSB=0;                           //PSB=0：串行
    for(i=0;i<8;i++)
    {
        LCD_EN=0;
        LCD_RW=(DATA&0x80)==0?0:1;
        DATA<<=1;
        LCD_EN=1;                        //SCLK上升沿有效
    }
}
//********发送指令函数********//
void lcd_wcmd(uchar cmd)
```

```
{
    check_busy();
    send(0xf8);                         //0xf8: 写指令命令
    send(cmd&0xf0);                     //发送指令的高 4 位
    send((cmd&0x0f)<<4);                //发送指令的低 4 位
}
//********发送数据函数********//
void lcd_wdata(uchar DATA)
{
    check_busy();
    send(0xfa);                         //0xfa: 写数据命令
    send(DATA&0xf0);                    //发送数据的高 4 位
    send((DATA&0x0f)<<4);               //发送数据的低 4 位
}
//********LCD 串行初始化函数********//
void lcd_init()
{
    LCD_RS =1;
    LCD_PSB =0;                         //设置为串口方式
    LCD_RST =1;
    Delay_ms(5) ;
    lcd_wcmd(0x30);                     //8b 控制接口,基本指令集
    lcd_wcmd(0x0C);                     //整体显示,游标 off,游标位置 off
    lcd_wcmd(0x01);                     //清 DDRAM,将 DDRAM 填满"20H"(空格)代码,
                                        //并且设定 DDRAM 的地址计数器(AC)为 00H;
    lcd_wcmd(0x02);                     //DDRAM 地址归位
    lcd_wcmd(0x80);                     //设定 DDRAM 7 位地址 0000000 到地址计数器 A
}
//********清屏显示函数********//
void lcd_clear()
{
    lcd_wcmd(0x01);
}
//**********************************************************************//
// 显示位置定位函数: void lcd_pos(uchar y_add , uchar x_add)
// y_add: 第几行(1~4 行)
// x_add: 第几列(0~7 列)
//**********************************************************************//
void lcd_pos(uchar y_add , uchar x_add)
{
    switch(y_add)
    {
        case 1:
            lcd_wcmd(0X80|x_add);break;
        case 2:
```

```
        lcd_wcmd(0X90|x_add);break;
    case 3:
        lcd_wcmd(0X88|x_add);break;
    case 4:
        lcd_wcmd(0X98|x_add);break;
    default:break;
  }
}
//************************************************************************//
// LCD 显示函数: void lcd_wdis(uchar y_add ,uchar x_add ,uchar * str)
// y_add: 第几行(1~4 行)
// x_add: 第几列(0~7 列)
// str: 要显示数据的首地址
//************************************************************************//
void lcd_wdis(uchar y_add ,uchar x_add ,uchar * str)
{
    uchar i;
    lcd_pos(y_add , x_add);
    for(i=0;str[i]!='\0';i++)
    {
        lcd_wdata(str[i]);
    }
}
//**************************主程序文件 TIMER.C***************************//
#include "reg51.h"
#include "VIIC_C51.H"                   //包含 VI²C 软件包
#include "LCDDISPLAY.H"
#define PCF8563 0xA2                    //定义从机 PCF8563 地址
#define WRADDR 0x00                     //定义写单元首地址
#define RDADDR 0x02                     //定义读单元首地址
#define CON_STATUS2 0x01                //定义控制/状态寄存器 2 的地址
#define MINALARMADDR 0x09               //定义分钟报警寄存器的地址
#define HOUALARMADDR 0x0A               //定义小时报警寄存器的地址
sbit BUZZ=P1^1;
unsigned char time=100;                 //定时器定时 5s 的中断次数,100 次
unsigned char rcon_sta;                 //读控制/状态寄存器 2 的内容存储单元
unsigned char wcon_sta;                 //写控制/状态寄存器 2 的内容存储单元
unsigned char alarmflag=0;              //时钟报警标志
unsigned char DelayNS(unsigned char no)
{
    unsigned char i,j;
    for(; no>0; no--)
        for(i=0; i<100; i++)
            for(j=0; j<100; j++);
    return 0;
```

```
}
void delay_time(unsigned short t)
{
    unsigned short i,n;
    for(n=0;n<t;n++)
        for(i=0;i<10000;i++)
        {;}
}
//********单片机初始化函数********//
void initmcu()
{
    EA=1;
    IT0=1;                                  //下降沿触发方式
    EX0=1;                                  //开外部中断 0 中断
    ET0=1;                                  //开定时器 0 中断
    TMOD=0x01;
    TH0=(65536-50000)/256;
    TL0=(65536-50000)%256;                  //12MHz时,定时50ms的初值
}
//********定时器T0中断函数********//
void tt0() interrupt 1 using 1
{
    TH0=(65536-50000)/256;
    TL0=(65536-50000)%256;
    time--;
    if(time==0) {BUZZ=1;TR0=0;time=100;}  //5s时间到,停止蜂鸣器报警
}
//********外部中断0中断函数********//
void intt0() interrupt 0 using 0
{
    BUZZ=0;                                 //启动蜂鸣器响
    TR0=1;                                  //启动定时器 T0
    alarmflag=1;                            //置时钟报警标志位
}
void main()
{
    unsigned char code td[9]={0x00,0x12,0x00,0x58,0x11,0x06,0x05,0x02,0x04};
    //初始化控制/状态寄存器1、控制/状态寄存器2、秒、分、时、日、星期、月、年
    unsigned char rd[7];                    //定义接收缓冲区
    unsigned char minalarm=0x59;            //定时11时59分报警;AE=0,报警有效
    unsigned char houralarm=0x11;
    unsigned char dis_data[]="2000年01月01日";
    unsigned char dis_time[]="00时00分00秒";
    unsigned char * dis_week="星期一 ";
```

```
unsigned char weekvalue;
LCD_PSB=0;
lcd_init();
delay_time(10);
initmcu();
ISendStr(PCF8563,WRADDR,td,0x5);
                              //初始化控制/状态寄存器 1、控制/状态寄存器 2、秒、分、时
DelayNS(1);
ISendStr(PCF8563,WRADDR+5,&td[5],0x4);      //初始化日、星期、月、年
DelayNS(1);
ISendStr(PCF8563,MINALARMADDR,&minalarm,0x1);
ISendStr(PCF8563,HOUALARMADDR,&houralarm,0x1);
IRcvStr(PCF8563,CON_STATUS2,&rcon_sta,0x01);
                              //读控制/状态寄存器 2 的内容,并存储到 rcon/sta
wcon_sta=rcon_sta|0x02;      //置报警中断允许位 AIE=1
ISendStr(PCF8563,CON_STATUS2,&wcon_sta,0x01);
while(1)
{
    DelayNS(1);
    IRcvStr(PCF8563,RDADDR,rd,0x7);         //读现在的秒、分、时、日、星期、月、年
    if(alarmflag==1)
    {
        IRcvStr(PCF8563,CON_STATUS2,&rcon_sta,0x01);
                                            //清 PCF8563 的 AF 标志位
        wcon_sta=rcon_sta&0xF7;             //清 AF 位,但其他位不改变
        ISendStr(PCF8563,CON_STATUS2,&wcon_sta,0x01);
        alarmflag=0;
    }
    DelayNS(1);
    //置显示日期: 年 月 日 到 dis_data 数组中
    dis_data[2]=rd[6]/16+'0';               //取年的高 4 位到 dis_data[2]中
    dis_data[3]=rd[6]%16+'0';               //取年的低 4 位到 dis_data[3]中
    dis_data[6]=rd[5]/16+'0';               //取月的高 4 位到 dis_data[6]中
    dis_data[7]=rd[5]%16+'0';               //取月的低 4 位到 dis_data[7]中
    dis_data[10]=rd[3]/16+'0';              //取日的高 4 位到 dis_data[10]中
    dis_data[11]=rd[3]%16+'0';              //取日的低 4 位到 dis_data[11]中
    //置显示时间: 时 分 秒 到 dia_time 数组中
    dis_time[0]=rd[2]/16+'0';               //取时的高 4 位到 dis_time[0]中
    dis_time[1]=rd[2]%16+'0';               //取时的低 4 位到 dis_time[1]中
    dis_time[4]=rd[1]/16+'0';               //取分的高 4 位到 dis_time[4]中
    dis_time[5]=rd[1]%16+'0';               //取分的低 4 位到 dis_time[5]中
    dis_time[8]=rd[0]/16+'0';               //取秒的高 4 位到 dis_time[8]中
    dis_time[9]=rd[0]%16+'0';               //取秒的低 4 位到 dis_time[9]中
    //置显示星期
```

```
        weekvalue=rd[4]%16;
        switch(weekvalue)
        {
            case 0x00:
                {dis_week="星期日"; break;}
            case 0x01:
                {dis_week="星期一"; break;}
            case 0x02:
                {dis_week="星期二"; break;}
            case 0x03:
                {dis_week="星期三"; break;}
            case 0x04:
                {dis_week="星期四"; break;}
            case 0x05:
                {dis_week="星期五"; break;}
            case 0x06:
                {dis_week="星期六"; break;}
            default: break;
        }
        //显示时间
        lcd_wdis(1,0,"现在是北京时间：");
        lcd_wdis(2,0,dis_data);
        lcd_wdis(3,0,dis_week);
        lcd_wdis(4,0,dis_time);
    }
}
```

5.4　超声波测距仪的设计

5.4.1　系统功能设计要求

超声波测距是一种非接触式的检测方式，可应用在工业控制、勘探测量、汽车倒车以及机器人定位等领域。其测量范围为 2cm～400cm，精度为 1cm，测量结果能实时显示在液晶显示屏上，并且可以任意设定和修改最小距离，当距离小于最小距离时，给出报警提醒。

5.4.2　系统设计方案

超声波是一种振动频率高于声波的机械波，它具有频率高、波长短、绕射现象小，特别是方向性好等特点。利用超声波发射器发出一串超声波信号，遇到障碍物后信号返回，由超声波接收器对信号接收处理，如图 5-48 所示，测量输出脉冲的宽度，即发射超声波与接收超声波的时间间隔 t，故被测距离为

$$s=\frac{d}{2}=\frac{v\times t}{2}$$

其中，d 为超声波从发射到接收所经历的路程；v 为超声波在空气中传播的速度。

本系统采用 NXP 公司的 P89V51RB2 单片机作为主控制器，超声波发射及接收的时间间隔 t 由单片机内部定时器来完成。利用 LCD1602 显示测量距离，通过对按键的设置实现系统复位及修改报警距离等功能，当测量距离小于报警距离时，利用蜂鸣器实现报警提醒。超声波测距仪的系统框图如图 5-49 所示。

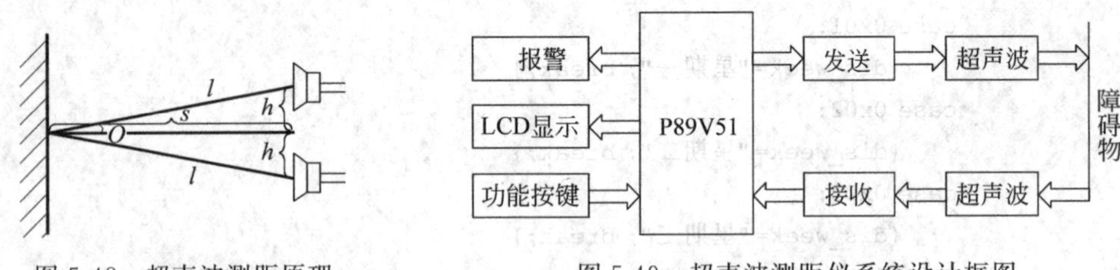

图 5-48　超声波测距原理　　图 5-49　超声波测距仪系统设计框图

5.4.3　超声波传感器分类

超声波发生器可以分为两大类：一类是用电气方式产生超声波，一类是用机械方式产生超声波。电气方式包括压电型、磁致伸缩型和电动型等；机械方式有加尔统笛、液哨和气流旋笛等。它们所产生的超声波的频率、功率和声波特性各不相同，因而用途也各不相同。目前较为常用的是压电式超声波发生器。

压电式超声波发生器是利用压电晶体的谐振进行工作的。它由两个压电晶片和一个共振板组成，若给两极外加脉冲信号，其频率等于压电晶片的固有振荡频率时，压电晶片将会发生共振，并带动共振板振动，便产生超声波。反之，若两极间未外加电压，当共振板接收到超声波时，将压迫压电晶片作振动，将机械能转换为电信号，这时就可称为超声波接收器。超声波传感器外部结构如图 5-50 所示，其内部结构如图 5-51 所示。

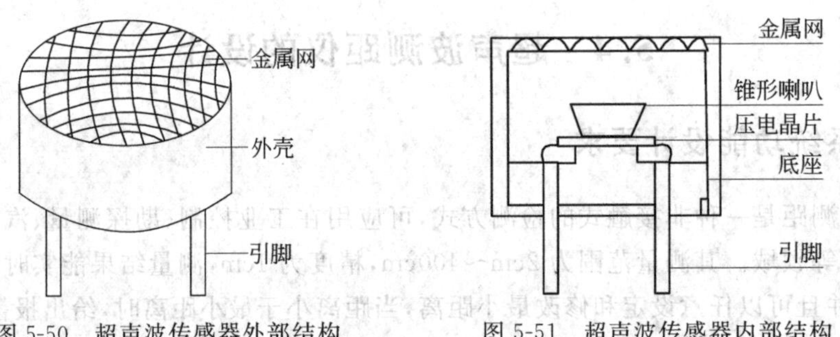

图 5-50　超声波传感器外部结构　　图 5-51　超声波传感器内部结构

5.4.4　LCD1602 字符液晶模块概述

1. LCD1602 引脚说明

字符型液晶显示器是专门用于显示字母、数字、符号等的点阵式 LCD，LCD1602 是 16×2 型，可以实现 2 行每行 16 个字符的显示。芯片的工作电压范围是 4.5～5.5V 之间，当工作电压为 5V，此时工作电流为 2.0mA，内部控制器为 HD44780。LCD1602 液晶模块接口引脚说明见表 5-19。

表 5-19　LCD1602 液晶模块接口引脚说明

引脚	符号	说　明	引脚	符号	说　明
1	V_{SS}	电源地	9	D2	数据
2	V_{DD}	电源正极	10	D3	数据
3	VL	液晶显示偏压	11	D4	数据
4	RS	数据/命令选择端	12	D5	数据
5	R/W	读/写选择端	13	D6	数据
6	E	使能信号	14	D7	数据最高位
7	D0	数据最低位	15	BLA	背光电源正极
8	D1	数据	16	BLK	背光电源负极

下面对需要与单片机接口的引脚进行详细说明。

第 3 引脚：VL 为液晶显示器对比度调整端，接正电源时对比度最弱，接地时对比度最高，使用时可以通过一个 10kΩ 的电位器调整对比度。

第 4 引脚：RS 为寄存器选择端，高电平时选择数据寄存器，低电平时选择指令寄存器。

第 5 引脚：R/W 为读写选择端，高电平时进行读操作，低电平时进行写操作，当 RS 和 R/W 都为低电平时写入指令；当 RS 为高电平、R/W 为低电平时，可以写入数据；当 RS 为低电平、R/W 为高电平时，可以读忙信号。

第 6 引脚：E 端为使能端，当 E 端由高电平跳变为低电平时，液晶模块执行命令。

第 7～14 引脚：D0～D7 为 8 位双向数据线。

控制器内部带有 RAM 缓冲区 DDRAM，DDRAM 地址与屏幕显示之间的对应关系见表 5-20。

表 5-20　DDRAM 地址和屏幕的对应关系

行　数	DDRAM 地址							
第一行	00H	01H	02H	03H	04H	05H	06H	07H
第二行	40H	41H	42H	43H	44H	45H	46H	47H
第一行	08H	09H	0AH	0BH	0CH	0DH	0EH	0FH
第二行	48H	49H	4AH	4BH	4CH	4DH	4EH	4FH

LCD1602 液晶显示屏显示为 16 个字，共两行。若在屏幕的某个位置显示字符，将该字符码写入相应的 DDRAM 地址中即可。

2. LCD1602 指令集

LCD1602 液晶显示模块内部的控制器共有 11 条控制指令，现分别介绍如下：

(1) 清屏指令

指令功能	指 令 编 码										执行时间/ms
	RS	R/W	DB7	DB6	DB5	DB4	DB3	DB2	DB1	DB0	
清屏	0	0	0	0	0	0	0	0	0	1	1.64

功能：清除液晶显示器，即将DDRAM的内容全部填入"空白"的ASCII码20H。光标归位，即将光标撤回液晶显示屏的左上方。将地址计数器(AC)的值设为0。

(2) 光标归位指令

指令功能	指令编码										执行时间/ms
	RS	R/W	DB7	DB6	DB5	DB4	DB3	DB2	DB1	DB0	
光标归位	0	0	0	0	0	0	0	0	1	X	1.64

功能：光标撤回到显示器的左上方，把地址计数器(AC)的值设置为0。保持DDRAM的内容不变。

(3) 进入模式设置指令

指令功能	指令编码										执行时间/μs
	RS	R/W	DB7	DB6	DB5	DB4	DB3	DB2	DB1	DB0	
进入模式设置	0	0	0	0	0	0	0	1	I/D	S	40

功能：光标和显示模式设置指令，I/D控制光标移动的方向，I/D=0表示写入新数据后光标左移，I/D=1为写入新数据后光标右移。S=0表示写入新数据后显示屏不移动，S=1则为显示屏整体右移1个字符。

(4) 显示开关控制指令

指令功能	指令编码										执行时间/μs
	RS	R/W	DB7	DB6	DB5	DB4	DB3	DB2	DB1	DB0	
显示开关控制	0	0	0	0	0	0	1	D	C	B	40

功能：控制显示器开/关、光标显示/关闭以及光标是否闪烁。D=0时，表示显示功能关，D=1显示功能开；C=0表示无光标，C=1表示有光标；B=0表示光标不闪烁，B=1表示光标闪烁。

(5) 设定显示屏或光标移动方向指令

指令功能	指令编码										执行时间/μs
	RS	R/W	DB7	DB6	DB5	DB4	DB3	DB2	DB1	DB0	
设定显示屏或光标移动方向	0	0	0	0	0	1	S/C	R/L	X	X	40

功能：使光标移动或使整个显示字符移位。参数设定的情况如下：

S/C=0且R/L=0：光标左移1格，且AC值减1；

S/C=0且R/L=1：光标右移1格，且AC值加1；

S/C=1且R/L=0：显示器上字符全部左移1格，但光标不动；

S/C=1且R/L=1：显示器上字符全部右移1格，但光标不动。

(6) 功能设定指令

指令功能	指令编码										执行时间/μs
	RS	R/W	DB7	DB6	DB5	DB4	DB3	DB2	DB1	DB0	
功能设定	0	0	0	0	1	DL	N	F	X	X	40

功能：设定数据总线位数、显示的行数及字型。参数设定的情况如下：

DL=0 表示数据总线为 4 位，DL=1 表示数据总线为 8 位；

N=0 表示显示 1 行，N=1 表示显示 2 行；

F=0 表示选择 5×7 点阵/每字符，F=1 表示选择 5×10 点阵/每字符。

(7) CGRAM 地址指令

指令功能	指令编码										执行时间/μs
	RS	R/W	DB7	DB6	DB5	DB4	DB3	DB2	DB1	DB0	
设定 CGRAM 地址	0	0	0	1	CGRAM 的地址(6 位)						40

功能：设定下一个要存入数据的 CGRAM 的地址。DB5、DB4、DB3 为字符号；也就是要显示该字符时用到的字符；DB2、DB1、DB0 为行号。

(8) 设定 DDRAM 地址指令

指令功能	指令编码										执行时间/μs
	RS	R/W	DB7	DB6	DB5	DB4	DB3	DB2	DB1	DB0	
设定 DDRAM 地址	0	0	1	DDRAM 的地址(7 位)							40

功能：设定下一个要存入数据的 DDRAM 的地址。双行显示时，首行 D6～D0 范围是 00H～0FH，次行 D6～D0 范围是 40H～4FH。

(9) 读取忙信号或 AC 地址指令

指令功能	指令编码										执行时间/μs
	RS	R/W	DB7	DB6	DB5	DB4	DB3	DB2	DB1	DB0	
读取忙碌信号或 AC 地址	0	1	BF	AC 内容(7 位)							40

功能：读取忙碌信号 BF 和计数器(AC)的值，BF=1 表示忙，暂时无法接收数据或指令，BF=0 表示空闲。

(10) 写数据及读数据

指令功能	指令编码										执行时间/μs
	RS	R/W	DB7	DB6	DB5	DB4	DB3	DB2	DB1	DB0	
数据写入到 DDRAM 或 CGRAM	1	0	要写入的数据 D7～D0								40

功能：将字符码写入DDRAM，以使液晶显示屏显示相应的字符；将使用者自己设计的图形存入CGRAM。DB7、DB6、DB5可为任何数据，一般取"000"，DB4、DB3、DB2、DB1、DB0对应于每行5点的字模数据。

指令功能	指令编码										执行时间/μs
	RS	R/W	DB7	DB6	DB5	DB4	DB3	DB2	DB1	DB0	
从DDRAM或CGRAM读数据	1	1	要读出的数据D7～D0								40

功能：读取DDRAM或CGRAM中的内容。

3. LCD1602基本操作时序

图5-52和图5-53分别为HD44780控制器读/写操作时序图。

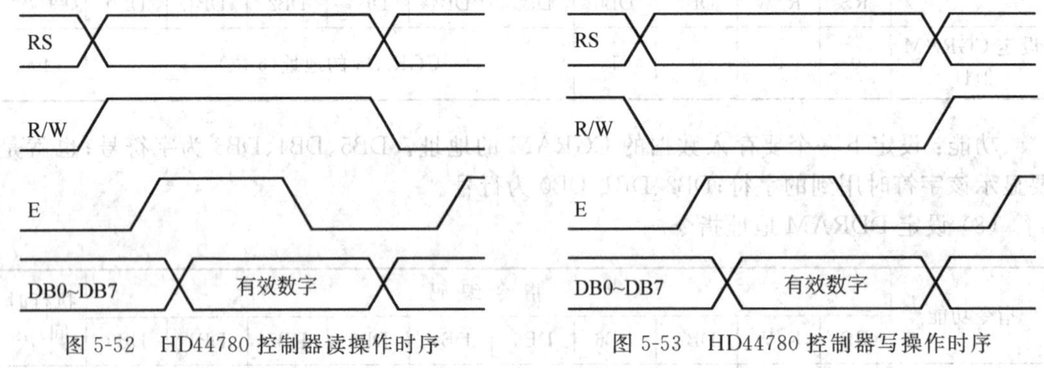

图5-52 HD44780控制器读操作时序　　图5-53 HD44780控制器写操作时序

读状态　输入：RS=L，RW=H，E=H；输出：DB0～DB7为状态字。

写指令　输入：RS=L，RW=L，E=下降沿脉冲，DB0～DB7为指令码；无输出。

读数据　输入：RS=H，RW=H，E=H；输出：DB0～DB7为状态字数据。

写数据　输入：RS=H，RW=L，E=下降沿脉冲，DB0～DB7为数据；无输出。

5.4.5 系统硬件电路设计

系统电路主要由单片机控制电路、LCD1602显示电路、按键设置电路、报警电路、超声波发射及接收电路组成。其中显示电路、超声波发射与接收电路的原理简单介绍如下：

1. 超声波发射电路

在超声波的发射电路的设计中，采用电路结构简单的集成电路构成发射电路。由反相器74LS04构成的发射电路如图5-54所示。用反相器74LS04构成的电路简单，调试容易，易通过软件控制。40kHz的信号由单片机某个I/O发出，经过74LS04产生两路推挽式的驱动电路，提高发射器T的发射强度。图中把两个非门的输出接到一起的目的是为了提高其吸入电流，电路驱动能力提高。另外，上拉电阻R1、R2一方面可以提高反相器74LS04输出高电平的驱动能力，另一方面可以增加发射器T的阻尼效果，缩短其自由振荡的时间。

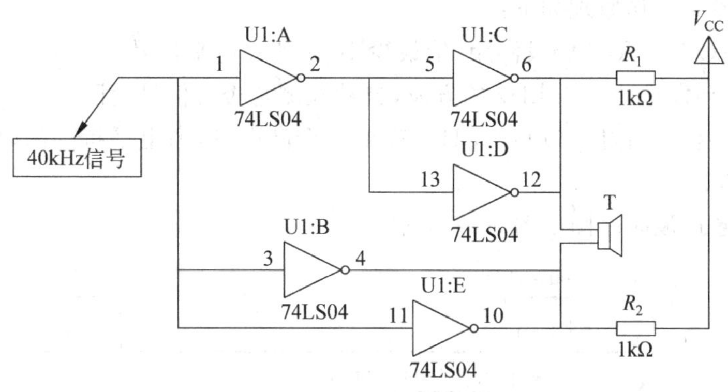

图 5-54 超声波发射电路

2. 超声波接收电路

图 5-55 是由 CX20106A 构成的超声波接收电路。CX20106A 是由索尼公司生产的彩电专用红外遥控接收器，是 CX20106 的改进型，也可以用于超声波测试，有较强的抗干扰性和灵敏度。CX20106A 采用 8 脚直插式，超小型封装，+5V 供电。引脚 1 是超声波信号输入端，其输入阻抗约为 40kΩ；引脚 2 的 R_4、C_3 决定接收器 R 的总增益，增大电阻 R_4 或减小电容 C_3，将使放大倍数下降，负反馈量增大，电容 C_3 的改变会影响到频率特性，实际使用时一般不改动；引脚 3 与 GND 之间连接检波电容 C_4，考虑到检波输出的脉冲宽度变动大，推荐参数为 3.3μF；引脚 5 上的电阻 R_5 用以设置带通滤波器的中心频率，阻值越大，中心频率越低，当取 $R_5=200\text{k}\Omega$ 时，中心频率约为 42kHz；引脚 6 与 GND 之间接入一个积分电容 C_5，电容值越大，探测距离越短；引脚 7 是遥控命令输出端，它是集电极开路的输出方式，因此该引脚必须接上一个上拉电阻到电源端，没接收信号时，该端输出为高电平，有信号时则会下降；引脚 8 接+5V 电源。

在进行硬件电路的制作时，超声波发射及接收电路可以按照上述的电路原理进行设计和制作，也可采用 HC-SR04 超声波测距模块实现，该模块可提供 2～400cm 的非接触式距离感测功能，测距精度可达高到 3mm，模块包括超声波发射器、接收器与控制电路。HC-SR04 超声波测距模块如图 5-56 所示，该模块共 4 个引脚，V_{CC} 为电源引脚，一般接+5V，GND 为接地端，TRIG 为触发控制信号输入端，ECHO 为回响信号输出端。

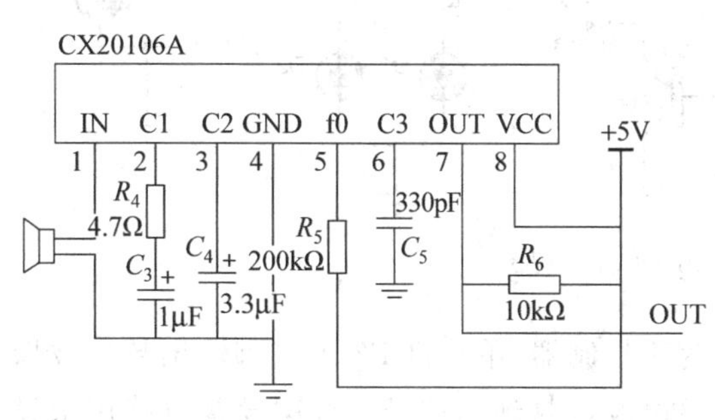

图 5-55 CX20106A 构成的超声波接收电路

图 5-56 HC-SR04 模块外形图

HC-SR04 基本工作原理如下：

(1) 采用 I/O 口 TRIG 触发测距，给最少 10μs 的高电平信号。

(2) 模块自动发送 8 个 40kHz 的方波，自动检测是否有信号返回。

(3) 有信号返回，通过 I/O 口 ECHO 输出一个高电平，高电平持续的时间就是超声波从发射到返回的时间。

HC-SR04 超声波时序图如图 5-57 所示。

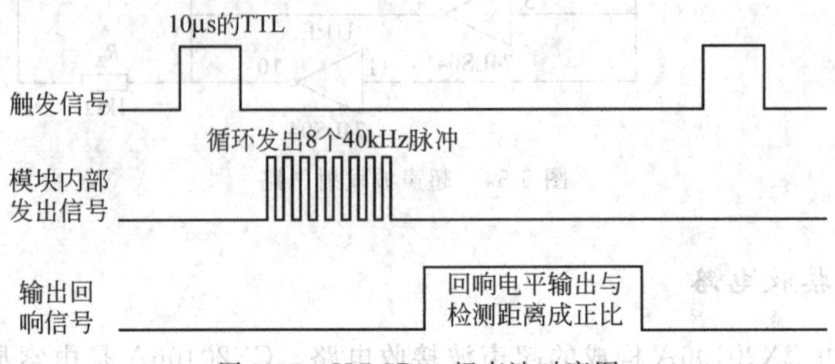

图 5-57　HC-SR04 超声波时序图

时序图 5-57 表明只需要提供一个 10μs 以上脉冲触发信号，该模块内部将发出 8 个 40kHz 周期电平并检测回波。一旦检测到有回波信号则输出回响信号。回响信号的脉冲宽度与所测的距离成正比，由此通过发射信号到收到的回响信号时间间隔可以计算得到距离。采用 HC-SR04 超声波测距模块设计的系统电路原理图如图 5-58 所示。

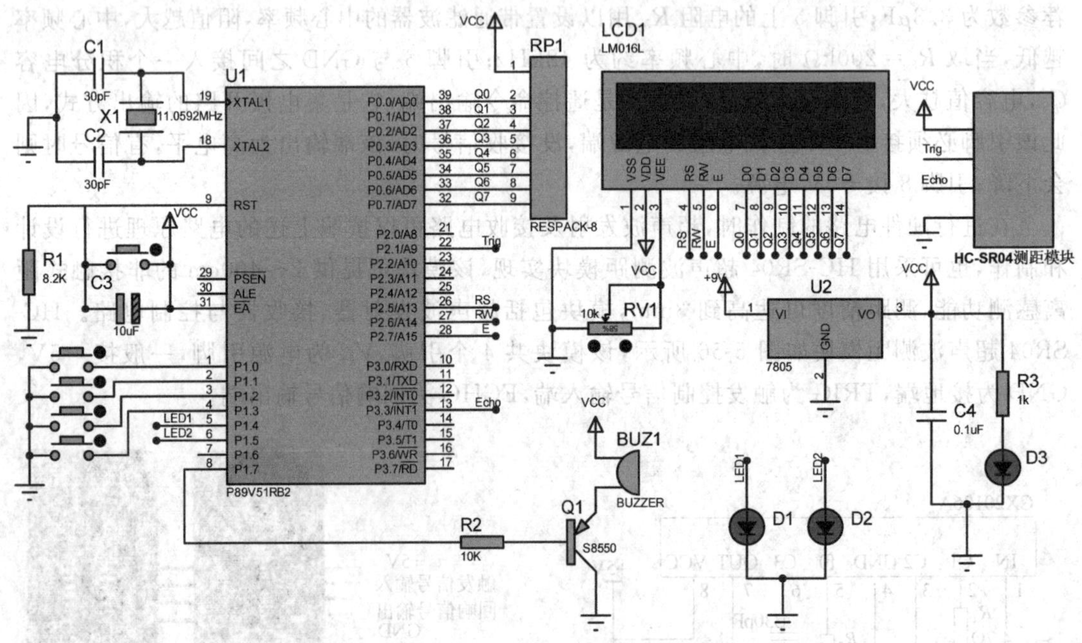

图 5-58　超声波测距系统原理图

单片机控制电路采用 P89V51RB2 单片机为主控制器，单片机 P2.1 引脚输出超声波探头所需的触发信号，P3.3 口(外部中断 1)监测超声波接收到的信号。按键设置电路用来设置最小报警距离，由 4 个按键组成，最小报警距离设置可以加 10cm 或减 10cm 设置，也可以加 1cm 或减 1cm 设置，这 4 个按键值分别由 P1.1～P1.4 端口输入。报警电路采用蜂鸣器实现，当被测距离小于设置的最小距离时，蜂鸣器发出报警声，用 PNP 型三极管 S8550 驱动蜂鸣器。

系统采用 LCD1602 液晶显示屏显示距离，具有体积小、功耗低、界面美观大方等优点。有两组电源引脚，V_{DD}是模块的电源引脚，V_{EE}是液晶显示器对比度调节，均为＋5V 供电。RV1 是调节对比度的引脚，调节该引脚上的电压可以改变对比度。RS 是命令/数据选择引脚，与单片机的 P2.5 口线相连。R/W 是读写选择端，该端口与单片机的 P2.6 口线相连。使能端 E 与 P2.7 端口相连，DB0～DB7 为 8 位双向并行总线，与 P0 口相连，用来接收命令或传输数据。

5.4.6　系统控制程序设计思路

超声波测距仪的软件设计主要由主程序、超声波发射子程序、超声波接收中断程序及显示子程序组成。根据超声波测距的距离计算公式 $s=\frac{d}{2}=\frac{v\times t}{2}$，利用单片机的定时器测量时间 t。设单片机内部定时器的计数值为 T_1，晶振频率选择 11.0592MHz，超声波在空气中的传播速度为 $v=332+0.6\times T$，T 为空气的温度，以摄氏度为单位，取常温 20℃，可得声速为 344m/s。因此测量距离 $s=T_1\times\frac{12}{11.0592}\times10^{-6}\times\frac{344}{2}\times100\approx\frac{T_1}{58}$(cm)。

1. 主程序

主程序流程图如图 5-59 所示，主要包括系统初始化、超声波发射子程序、延时子程序、检测回波子程序及 LCD 显示子程序。系统初始化包含设置定时器的工作模式、计数方式及中断允许等初始化。

2. 超声波发射及接收子程序

超声波发射子程序的作用是通过 P2.1 端口发送 20μs 的高电平触发信号，延时一段时间等待超声波模块内部发射信号，当检测有回波信号时启动计数器开始计时。超声波发生子程序较简单，其流程图如图 5-60 所示。

超声波测距仪主程序利用外部中断 1 检测返回的超声波信号，一旦超声波信号结束（即 INT1 引脚出现低电平），则立即进入中断程序。在中断程序中首先关闭计数器 T1 停止计时，则表示本次测距成功。超声波接收子程序流程图如图 5-61 所示。若计数器溢出时还未检测到超声波返回结束信号，则定时器 T1 溢出中断将使外部中断 1 关闭，则表示本次测距不成功。

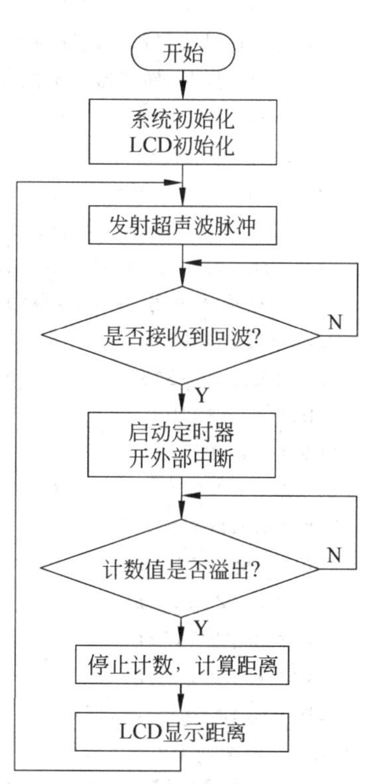

图 5-59　超声波发射及接收主程序流程图

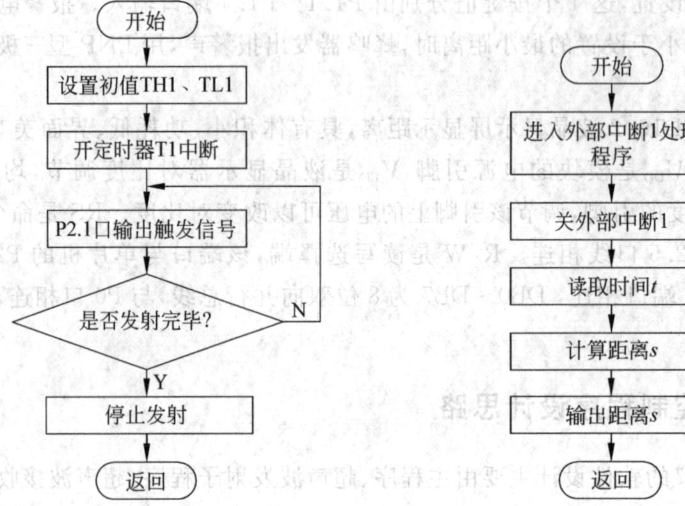

图 5-60 定时发射超声波流程图　　图 5-61 接收回波程序流程图

5.4.7 系统源程序清单

```
//**************************************************************//
// 超声波测距设计程序
// P89V51RB2  11.0592MHz
// 初始化时报警距离设置为 50cm,可通过 4 个按键修改报警距离,当测量距离小于
   报警距离时,蜂鸣器发出报警声
//**************************************************************//
#include <reg51.h>                         //包括一个 51 标准内核的头文件
#define uchar unsigned char                //宏定义数据类型
#define uint unsigned int
#define ulong unsigned long
//************引脚定义************//
sbit Trig = P2^1;                          //产生脉冲引脚
sbit Echo = P3^3;                          //回波引脚
sbit RS = P2^5;                            //LCD1602 数据/命令选择端
sbit RW = P2^6;                            //LCD1602 读/写选择端
sbit E = P2^7;                             //LCD1602 使能信号端
sbit buzzer= P1^7;                         //控制蜂鸣器引脚定义
sbit key1= P1^0;                           //按键+1
sbit key2= P1^1;                           //按键-1
sbit key3= P1^2;                           //按键+10
sbit key4= P1^4;                           //按键-10
sbit normal_led= P1^4;                     //正常范围指示灯引脚
sbit alarm_led= P1^5;                      //led 报警灯备用引脚
uchar table1[]= "Distance:   cm ";         //LCD1602 初始化显示数组
uchar table2[]= "Alarm: 050cm   ";
uchar outcomeH,outcomeL,bai_data=0,shi_data=0,ge_data=0;          //自定义寄存器
```

```
uint distance_data;                      //测量距离
uint distance_alarm=50;                  //设置初始报警距离
bit succeed_flag;                        //测量成功标志

//*****************20μs 短延时**************//
void delay_20us()
{  uchar bt ;
   for(bt=0;bt<20;bt++);
}
//************长延时函数,单位 ms***********//
void delay(uint z)
{
    uint x,y;
    for(x=z;x>0;x--)
        for(y=110;y>0;y--);
}
//****************************延时函数**********************************//
//延时函数,与距离相关,距离越短,延时越短,用于改变蜂鸣器报警频率
//**********************************************************************//
void delay_fmq()
{
    uint y;
    for(y=4*distance_data;y>0;y--);
}
//************蜂鸣器报警程序***********//
void alarm()
{
    uchar i;
    for(i=0;i<200;i++)              //蜂鸣器发声的时间循环,改变大小可以改变发声时间长短
    {
        delay_fmq();                     //距离决定发声的频率
        buzzer=!buzzer;
    }
}
//************LCD1602读数据(8B)***********//
void WriteCommand(uchar com)             //LCD1602 写命令
{
    delay(5);                            //操作前短暂延时,保证信号稳定
    E=0;
    RS=0;
    RW=0;
    P0=com;
    E=1;
    delay(5);
    E=0;
```

```
}
//************LCD1602写数据(8B)***********//
void WriteData(uchar dat)
{
    delay(5);                        //操作前短暂延时,保证信号稳定
    E=0;
    RS=1;
    RW=0;
    P0=dat;
    E=1;
    delay(5);
    E=0;
}
//************LCD1602初始化程序***********//
void InitLcd()
{
    uchar num;
    delay(15);
    WriteCommand(0x38);              //显示功能设定
    WriteCommand(0x06);              //当读或写一个字符后地址指针加 1,且光标加 1
    WriteCommand(0x0c);              //显示功能开及光标不闪烁
    WriteCommand(0x01);              //清屏
    WriteCommand(0x80);
    for(num=0;num<15;num++)          //第一行的显示
    {
        WriteData(table1[num]);
        delay(15);
    }
    WriteCommand(0x80+0x40);
    for(num=0;num<15;num++)          //第二行的显示
    {
        WriteData(table2[num]);
        delay(15);
    }
}
//************键盘扫描函数并显示设定的温度***********//
void keyscan()
{
    key1=1;                          //拉高电平,以读取数据
    key2=1;
    key3=1;
    key4=1;
    if(key1==0)                      //键 1 被按下
    {
        delay(5);                    //延时消抖
```

```
        if(key1==0)
        {
            distance_alarm++;                    //报警距离加
            if(distance_alarm>=200)              //加到 200 之后不再加
                distance_alarm=200;
        }
        delay(5);                                //延时消抖
        while(!key1);                            //松手检测
    }
    if(key2==0)
    {
        delay(5);
        if(key2==0)
        {
            distance_alarm--;                    //报警距离减
            if(distance_alarm<=10)               //减到 10 之后不再减
                distance_alarm=10;
        }
        delay(5);
        while(!key2);
    }
    if(key3==0)                                  //键 3 被按下
    {
        delay(5);                                //延时消抖
        if(key3==0)
        {
            distance_alarm=distance_alarm+10;    //报警距离加
            if(distance_alarm>=200)              //加到 200 之后不再加
                distance_alarm=200;
        }
        delay(5);                                //延时消抖
        while(!key3);                            //松手检测
    }
    if(key4==0)
    {
        delay(5);
        if(key4==0)
        {
            distance_alarm=distance_alarm-10;    //报警距离减
            if(distance_alarm<=10)               //减到 10 之后不再减
                distance_alarm=10;
        }
        delay(5);
        while(!key4);
    }
```

```
}
//************显示数据转化函数,得到数据的百十个位,并显示************//
void dis_bsg(uint temp_data)
{
    bai_data=temp_data/100;                          //求出百十个的数据
    temp_data=temp_data%100;                         //取余运算
    shi_data=temp_data/10;
    temp_data=temp_data%10;
    ge_data=temp_data;
    WriteData(0x30+bai_data);                        //显示百十个的数据
    delay(5);
    WriteData(0x30+shi_data);
    delay(5);
    WriteData(0x30+ge_data);
    delay(5);
}
//************LCD1602显示程序************//
void display()
{
    uchar num;
    WriteCommand(0x80+0x0a);                         //移动光标
    if(succeed_flag==1 && distance_data!=0)          //测试成功显示内容
    {
        dis_bsg(distance_data);
    }
    else                                             //测试失败显示内容
    {
        for(num=0;num<3;num++)
        {
            WriteData('*');
            delay(5);
        }
    }

    WriteCommand(0x80+0x40+0x07);                    //将光标移动到显示报警距离的地方
    dis_bsg(distance_alarm);                         //显示报警距离
}
//************主程序************//
void main(void)
{
    buzzer=1;                                        //初始化蜂鸣器引脚
    normal_led=1;                                    //初始化正常范围指示灯引脚
    alarm_led=1;                                     //初始化 led 报警灯引脚
    Trig=0;                                          //首先拉低脉冲输入引脚
```

```
    TMOD=0x11;                                       //设置定时器 1 为 16 位计数
    IT1=0;                                           //低电平触发外部中断
    EX1=0;                                           //关闭外部中断
    InitLcd();                                       //LCD1602 初始化
    while(1)
    {
        EA=0;
        Trig=1;
        delay_20us();
        Trig=0;                                      //在 Trig 引脚产生一个 20μs 的脉冲
        while(Echo==0);                              //等待 Echo 回波引脚变高电平
        succeed_flag=0;                              //清测量成功标志
        EX1=1;                                       //打开外部中断
        TH1=0;                                       //定时器 1 清零
        TL1=0;                                       //定时器 1 清零
        TF1=0;
        TR1=1;                                       //启动定时器 1
        EA=1;
        while(TH1 <255);                    //等待测量的结果,周期 65.535ms(可用中断实现)
        TR1=0;                                       //关闭定时器 1
        EX1=0;                                       //关闭外部中断
        if(succeed_flag==1)
        {
            distance_data=outcomeH;                  //测量结果的高 8 位
            distance_data<<=8;                       //放入 16 位的高 8 位
            distance_data=distance_data|outcomeL;    //与低 8 位合并成为 16 位结果数据
            distance_data/=58;                       //计算测量距离
        }
        keyscan();                                   //按键扫描
        display();                                   //显示测量距离
        if(succeed_flag==1 && distance_data<distance_alarm && distance_data !=0)
        {
            alarm();                                 //蜂鸣器报警
            normal_led=1;                            //正常范围指示灯灭
            alarm_led=0;                             //报警灯亮
        }
        else
        {
            normal_led=0;                            //正常范围指示灯亮
            alarm_led=1;                             //报警灯灭
        }
    }
}
//************外部中断1,用做判断回波电平************//
INT1_() interrupt 2                                  //外部中断 1 中断程序
{
```

```
    outcomeH =TH1;                                    //取出定时器的值
    outcomeL =TL1;                                    //取出定时器的值
    succeed_flag =1;                                  //置成功测量的标志
    EX1=0;                                            //关闭外部中断
}
```

5.5 北斗实时定位信息显示系统的设计

5.5.1 系统功能设计要求

北斗卫星导航定位系统是我国自行研制的卫星导航定位系统，具有双向通信、实时导航、精密授时等特点，已广泛应用在国防、通信、经济建设等领域中。

北斗卫星导航系统(BeiDou Navigation Satellite System，BDS)，是中国自主建设、独立运行、与世界其他卫星导航系统兼容共用的全球卫星导航系统。该系统可在全球范围内全天候、全天时为各类用户提供高精度、高可靠的定位、导航、授时服务。系统由空间段、地面段和用户终端三部分组成。空间段包括 5 颗静止轨道卫星和 30 颗非静止轨道卫星。地面段包括主控站、注入站和监测站等若干个地面操作控制站。用户终端由北斗用户终端以及与其他卫星导航系统(如 GPS)兼容的终端组成。

在实际应用中，用户终端收到轨道卫星的信号后，经过解调输出标准格式的定位数据，该数据必须经过进一步处理才能在数据终端上显示。本系统主要是关于用户终端的设计，利用单片机、液晶显示器和北斗定位模块设计一种实时定位信息显示系统，要求能显示经纬度、时间和椭球高等实时信息。

5.5.2 系统设计方案

北斗实时定位信息显示系统的设计框图如图 5-62 所示。

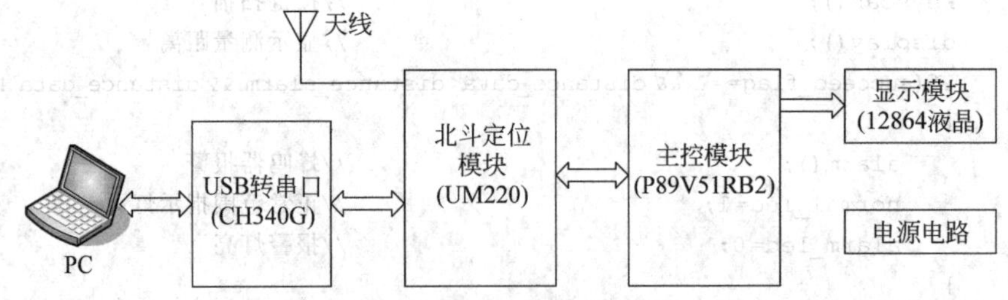

图 5-62　北斗实时定位信息显示系统构成框图

系统硬件电路主要由单片机主控单元、北斗定位模块、液晶显示器、USB 转串口模块和电源模块组成。系统以 P89V51RB2 单片机为核心控制器件，通过串行口与北斗定位模块 UM220 通信，接收 UM220 模块输出的时间和定位信息，单片机将接收到的时间和定位信息经过处理后送液晶显示模块进行显示。

同时，系统中 USB 转串口接口电路用于计算机和 UM220 定位模块之间的通信，在计算机中通过上位机软件可对 UM220 模块进行参数设计，并能实时监测北斗定位模块输出的帧数据。

电源电路为系统分别提供＋5V 和＋3.3V 的直流电源。

5.5.3　北斗定位模块 UM220 简介

UM220 是和芯星通科技（北京）有限公司推出的 BD2/GPS 双系统导航/授时模块，能够同时支持 BD2 B1、GPS L1 两个频点。该模块尺寸小、集成度高、功耗低，具有出色的导航、定位和授时功能，非常适合在车辆监控、气象探测和电信/电力授时等领域的应用需求。

1. UM220 模块的主要性能特点

UM220 模块的主要性能特点如下：

（1）两种定位模式：BD2 或 GPS 系统单独定位，BD2 与 GPS 系统混合定位。

（2）支持 BD2 B1 和 GPS L1 两个频点。

（3）支持 UART、事件输入、SPI、1PPS、I^2C 等多种接口。

（4）定位时间　重捕获：<1s；冷启动：35s；热启动：1s。

（5）定位精度（RMS）：3m。

（6）速度精度（RMS）：0.1m/s。

（7）数据格式：可同时兼容和芯星通软件数据格式和 NMEA-0183 数据格式。

（8）电压：3.0～3.6V(DC)。

（9）功耗：350mW（典型值）。

（10）天线参数　输入阻抗：50Ω；增益：15～50dB。

2. UM220 模块的引脚定义

UM220 模块的引脚封装如图 5-63 所示，其详细说明如下：

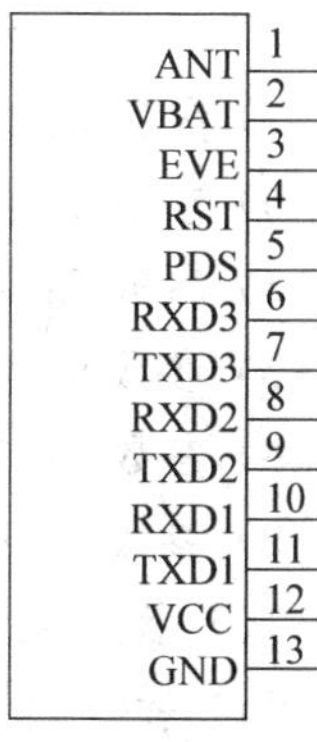

图 5-63　UM220 模块的引脚图

（1）ANT：天线信号输入引脚，50Ω 阻抗匹配。UM220 模块采用有源天线，有源天线内部集成 LNA（低噪声放大器），可以直接连接到模块 ANT 引脚。用户若采用非＋2.85V 的有源天线，则需要为天线供电。

（2）VBAT：电池供电。模块内部 RTC 时钟供电源，电压 2.0～3.3V，未使用 RTC 时，该引脚保留。

（3）EVE：脉宽和极性可调的事件输入信号。

（4）RST：复位信号，低电平有效，有效时间不少于 2ms。

（5）PDS：脉宽和极性可调的秒脉冲信号。

（6）RXD3：串行口 3 数据接收端。

（7）TXD3：串行口 3 数据发送端。

（8）RXD2：串行口 2 数据接收端。

（9）TXD2：串行口 2 数据发送端。

（10）RXD1：串行口 1 数据接收端。

（11）TXD1：串行口 1 数据发送端。UM220 模块包括 3 个可配置的串口，默认波特率为 9600bps。3 个串口波特率均可由用户自行配置，最高可设为 230400bps。输入/输出信号类型为LVTTL电平。

(12) V_{CC}：供电电源。电源的纹波电压峰峰值最好不要超过50mV_{pp}。

(13) GND：地信号。

3. UM220模块的输出消息格式

UM220模块是BD2/GPS双系统导航/授时模块，在默认状态下为GPS和BD2双系统卫星联合定位，所以模块的数据输出格式能同时兼容和芯星通软件接口协议和美国国家海洋电子协会制定的NEMA-0183通信标准格式。数据以ASCII码格式输出，传输速率可由用户自行设置，默认为9600bps。

UM220模块的输出消息语句包括GGA、GLL、GSA、GSV、RMC、VGT等，在本设计中单片机主要采集RMC和GGA消息语句，从中解析出经纬度、时间、椭球高等信息进行显示。下面以GGA语句为例，详细说明语句中各个参数的含义，其他语句的格式和定义可参考和芯星通公司UM220的软件接口协议。

GGA消息语句的格式如下：

```
$ --GGA,<参数 1>,<参数 2>,<参数 3>,<参数 4>,<参数 5>,<参数 6>,<参数 7>,<参数 8>,
<参数 9>,<参数 10>,<参数 11>,<参数 12>,<参数 13> * hh<CR><LF>
```

消息以$(0x24)开始，后面紧跟消息名，参数之间以逗号进行分隔。其中各个参数的说明如下：

(1) 消息名：--GGA，“--”为定位系统标识，“GP”表示GPS系统单独定位，“BD”表示BD2系统单独定位，“GN”表示GPS与BD2系统混合定位。

(2) 参数1：UTC时间，格式为hhmmss. sss。hh：小时；mm：分钟；ss. sss：秒。

(3) 参数2：纬度，格式为ddmm. mmmm。dd：度；mm. mmmm：分。

(4) 参数3：北纬或南纬指示，N为北纬，S为南纬。

(5) 参数4：经度，格式为dddmm. mmmm。ddd：度；mm. mmmm：分。

(6) 参数5：东经或西经指示，E为东经，W为西经。

(7) 参数6：定位状态标识，0表示无效，1表示单点定位。

(8) 参数7：参与定位的卫星数量。

(9) 参数8：水平精度因子，0.0～99.999。

(10) 参数9：椭球高。

(11) 参数10：椭球高单位，固定为“M”。

(12) 参数11：海平面分离度。

(13) 参数12：海平面分离度单位，固定为“M”。

(14) 参数13：差分校正时延，单位为“秒”，非差分定位时为空。

(15) 参数14：参考站ID，非差分定位时为空。

(16) * hh：校验和。指本条消息从“$”到“*”之间的所有字符进行异或得到的16进制数。

例如实时收到的一条GGA消息如下：

```
$GNGGA,010123.000,3142.184723,N,11852.797414,E,1,08,1.217,23.640,M,0,M,,*5B
```

从这条消息可解析出的信息：系统为 GPS 和 BD2 混合定位模式，UTC 时间为 01 时 01 分 23 秒，北纬 31°42.184723′，东经 118°52.797414′，单点定位，参与定位的卫星数量为 8 个，椭球高为 23.640M，校验和为 5BH。

5.5.4 USB 转串口芯片 CH340G

CH340G 是一个 USB 总线转串行口的芯片，具有硬件全双工串口，内置收发缓冲区，支持的通信波特率范围为 50bps～2Mbps。通过外加电平转换器件，可以提供 RS-232、RS-485、RS-422 等接口。支持 5V 和 3.3V 两种电源电压。

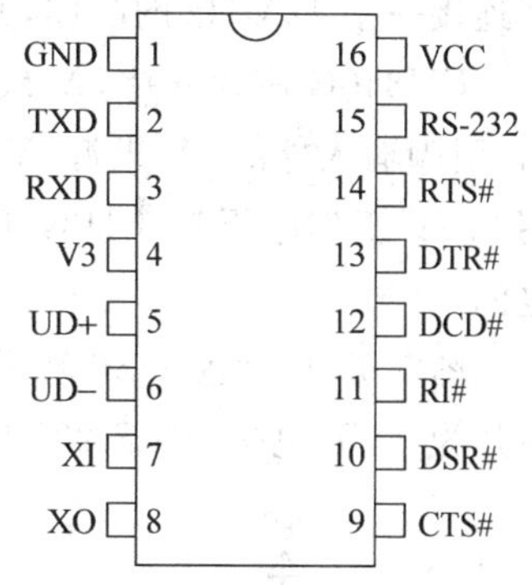

图 5-64　CH340G 引脚分布图

CH340G 的引脚分布如图 5-64 所示，引脚定义见表 5-21。

表 5-21　CH430G 的引脚定义

引脚名称	引脚号	引 脚 描 述
V_{CC}	16	正电源输入端，需要外接 0.1μF 的电源退耦电容
GND	1	公共接地端
V3	4	在 3.3V 电源电压时连接 V_{CC} 输入外部电源，在 5V 电源电压时外接 0.01μF 的退耦电容
XI	7	晶体振荡的输入端
XO	8	晶体振荡的反相输出端
UD+	5	USB 信号，直接连到 USB 总线的 D+数据线
UD−	6	USB 信号，直接连到 USB 总线的 D−数据线
TXD	2	串行数据输出
RXD	3	串行数据输入
CTS#	9	MODEM 联络输入信号，清除发送
DSR#	10	MODEM 联络输入信号，数据装置就绪
RI#	11	MODEM 联络输入信号，振铃指示
DCD#	12	MODEM 联络输入信号，载波检测
DTR#	13	MODEM 联络输出信号，数据终端就绪
RTS#	14	MODEM 联络输出信号，请求发送
RS-232	15	辅助 RS-232 使能，高电平有效

CH340G 芯片工作时需要外部向 XI 引脚提供 12MHz 的时钟信号。一般情况下，时钟

信号由 CH340 内置的反相器通过晶体稳频振荡产生，外围电路只需要在 XI 和 XO 引脚之间连接一个 12MHz 的晶体，并且分别为 XI 和 XO 引脚对地连接振荡电容。

CH340G 芯片支持 5V 或 3.3V 的电源电压。当使用 5V 工作电压时，CH340G 芯片的 V_{CC}引脚输入外部 5V 电源，V3 引脚应外接容量为 4700pF 或 0.01μF 的电源退耦电容；当使用 3.3V 工作电压时，CH340G 芯片的 V3 引脚应与 V_{CC}引脚相连接，同时输入外部的 3.3V 电源。

图 5-65 所示为 USB 转最常用的 3 线制的 RS-232 串口的电路原理图。图中 MAX232 芯片为 TTL 电平与 RS-232 串口电平的转换芯片。

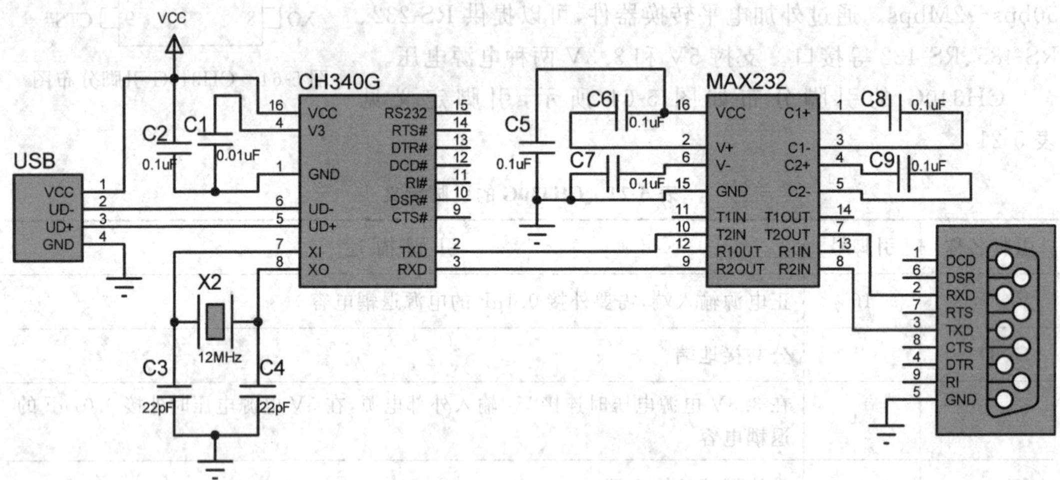

图 5-65　USB 转 RS232 原理图

5.5.5　系统硬件电路设计

图 5-66 为北斗实时定位信息显示系统的电路原理图，由于本设计中采用了北斗 UM220 定位模块，proteus 软件中不提供相关模块的仿真，所以该系统电路的调试可在实物板上进行。

系统以单片机 P89V51RB2 为主控单元，显示屏为内嵌中文字库的 12864 液晶显示器，单片机和液晶显示屏之间采用并行的接口方式，液晶屏的引脚 D0～D7 分别连到单片机的 8 位数据总线 P0.0～P0.7 上。12864 液晶显示屏在采用并行控制方式时，LCD_RS 为数据/命令选择端，LCD_RW 为读/写选择端，LCD_EN 为使能信号端，LCD_PSB 为并行/串行控制选择端，LCD_RST 为复位端。可调电阻 RV1 和 RV2 分别用来调节液晶显示的对比度和背光。

北斗 UM220 定位模块包括 3 个串行口：串口 1～串口 3，与单片机之间通过串口 2 相连。系统运行时，单片机由串口实时接收来自 UM220 的消息语句，经过解析后在 LCD 液晶上显示经纬度、时间、椭球高等信息。

CH340G 用来实现 USB 转串口，串口引脚 TXD、RXD 分别与 UM220 串口 1 的 RXD1、TXD1 相连，安装了上位机软件的电脑可通过 USB 口对 UM220 进行参数设置，同时也可实

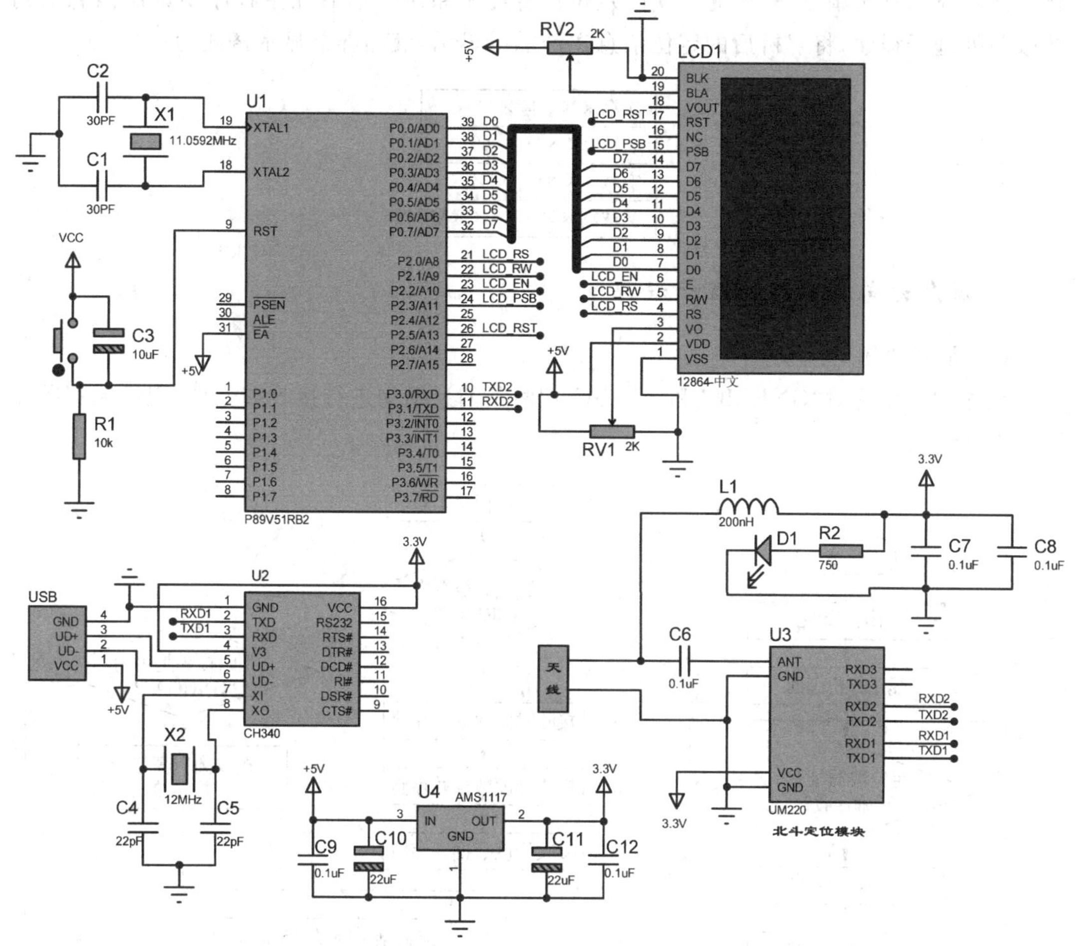

图 5-66　北斗实时定位信息显示系统原理图

时监测 UM220 输出的实时定位消息语句。

AMS1117 是一个正向低压降稳压器，最高输出电流可达 800mA。本设计中用来将 5V 转换为 3.3V 输出电压，分别给 CH340G 和 UM220 模块供电。

5.5.6　系统控制程序设计思路

系统软件运行总体设计流程如下：系统初始化，显示开机画面，串行中断接收 UM220 模块输出的“GNRMC”和“GNGGA”两条消息语句，并从接收的消息语句中解析出经纬度、时间和椭球高等数据，同时更新显示一次。系统软件控制程序由主程序、消息语句接收与处理子程序、显示子程序组成。

1. 主程序

主程序流程图如图 5-67 所示，系统运行后首先进行初始化，包括设置单片机串行口的工作方式、设置波特率为 9600bps、开串行口中断等，同时系统还需对液晶显示器进行初始化。接着显示开机画面——“北斗实时定位信息显示系统”，然后在主程序中调用消息语句接收与处理子程序，将解析后的定位信息送液晶屏显示，液晶屏幕显示格式为：

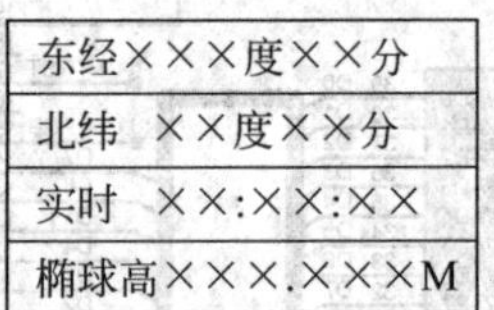

东经×××度××分
北纬 ××度××分
实时 ××:××:××
椭球高×××.×××M

2. 消息语句接收与处理子程序

(1) 消息语句的接收

程序中主要是对“GNRMC”和“GNGGA”两条消息语句进行接收和处理，程序流程图如图 5-68 所示。

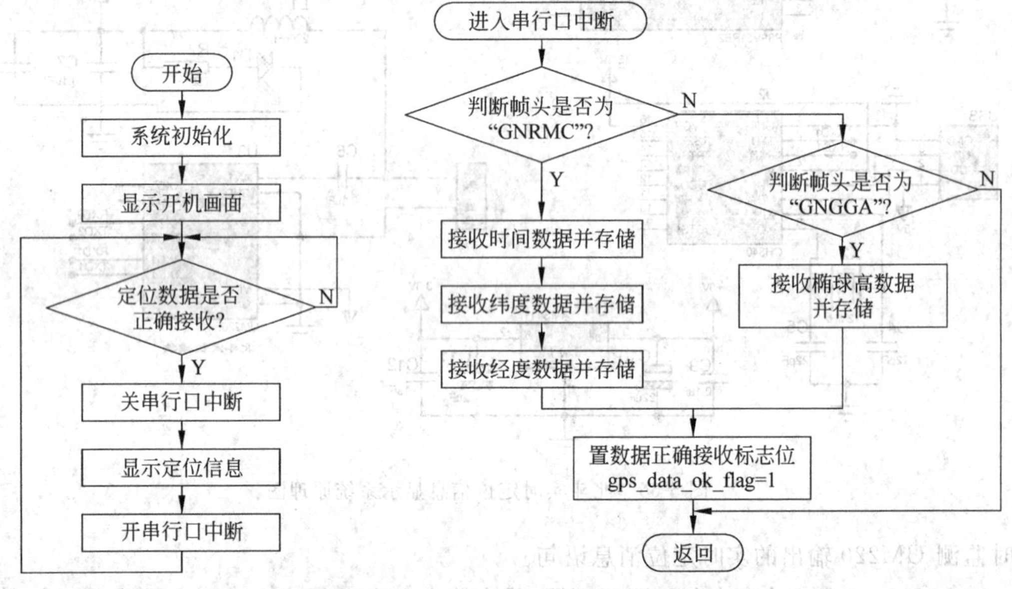

图 5-67 北斗定位显示系统主程序流程图　　图 5-68 消息语句接收流程图

首先进入串口中断服务子程序开始接收数据，接着判断接收的数据是否为“$”，如是“$”，则说明新的一帧数据开始，紧接着判断该帧是否为“GNRMC”或“GNGGA”，如果是则根据逗号为间隔标志分别接收经度、纬度、时间、椭球高等信息，并存储到单片机的内存单元中。一帧数据正确接收完毕置 gps_data_ok_flag 标志位为 1。读者也可根据实际应用的需要对程序稍作修改，即可采集如日期、速度等其他数据信息。

(2) 消息语句的处理

在处理程序中主要是对单片机内存单元中接收的经纬度、时间和椭球高等数据进行显示格式和显示内容的处理。例如对实时时间的处理，由于 UM220 定位模块传给单片机的是 UTC 时间(格林尼治时间)，也就是东一区的时间，而北京时间与 UTC 时间相差 8 小时，即北京时间＝UTC 时间＋8 小时，当 UTC 时间 16 点以后，北京时间已经是第 2 天的凌晨了，也就是当算出来的北京时间大于 24 时必须减去 24 才是正确的北京时间。

5.5.7 系统源程序清单

```
//**********************************************************************//
// 北斗实时定位信息显示系统程序
// 包含 BD_Positioning.C,BD_Driver.H, LCD_Display.H 文件
// P89V51RB2    11.0592MHz
// 系统能显示经度、纬度、时间、椭球高等实时信息
//**********************************************************************//
//**********************************************************************//
/*
头文件 BD_Driver.H 实现定位数据的采集和处理功能,单片机接收 UM220 模块传来的标准格式定
位数据,从中解析出经纬度、UTC 时间、椭球高等参数,并根据显示要求对数据进行处理。
*/
//**********************************************************************//
//************头文件 BD_Driver.H***********//
#define uchar unsigned char
#define uint unsigned int
#define MAX_RX_BUF 12                          //定义数据接收缓存区最大长度
void rx_BD_data(unsigned char com_rx_byte);    //接收数据函数声明
uchar bd_time1[12];                            //时间数据
uchar bd_time2[10];
uchar bd_mode[3];                              //模式数据
uchar bd_longitude[15];                        //经度数据
uchar bd_longitude_dir[3];                     //经度方向
uchar bd_latitude[15];                         //纬度数据
uchar bd_latitude_dir[3];                      //纬度方向
uchar bd_height[10];                           //椭球高
uchar rx_height_mode;
uchar rx_height_count;
uchar bd_data_ok_flag;                         //数据正确接收标志位
uchar bd_rx_mode;
uchar rx_pointer;
uchar com_rx_buf[MAX_RX_BUF+1];                //接收数据缓存区
//************串行口中断函数***********//
void Uart_Isr(void) interrupt 4
{
    if(RI)
    {
        rx_BD_data(SBUF);
    }
    if(TI)
        {;}
    RI=0;
    TI=0;
```

```
}
//************定位消息语句接收函数 ************//
void rx_BD_data(uchar com_rx_byte)
                              //com_rx_byte 中存放的是从单片机串口得到的一字节数据
{
    uchar i;
    if(com_rx_byte=='$ ')                 //com_rx_byte[0]为'$',开始接收新一帧数据
    {
        bd_rx_mode=0;
            rx_pointer=0;
            for(i=0;i<5;i++)
        com_rx_buf[i]=0;
    }
    else
    {
        if(rx_pointer<MAX_RX_BUF)                 //防止无效数据造成数据溢出
        com_rx_buf[rx_pointer++]=com_rx_byte;
    }
    switch(bd_rx_mode)
    {
        case 0:
            if(com_rx_byte==',')
            {
                if((com_rx_buf[0]=='G')&&(com_rx_buf[1]=='N')&&(com_rx_
                buf[2]=='R')&&(com_rx_buf[3]=='M')&&(com_rx_buf[4]=='C'))
                                                  //为"GNRMC"帧数据
                {
                    bd_rx_mode=1;
                }
                else if((com_rx_buf[0]=='G')&&(com_rx_buf[1]=='N')&&(com_rx_
                buf[2]=='G')&&(com_rx_buf[3]=='G')&&(com_rx_buf[4]=='A'))
                                                  //为"GNGGA"帧数据
                {
                    rx_height_count=0;
                    rx_height_mode=0;
                    bd_rx_mode=12;
                }
                rx_pointer=0;                     //计数指针清 0
            }
            break;
        case 1:                     //接收"GNRMC"数据帧中的 UTC 时间字段,hhmmss.sss
            if(com_rx_byte==',')
            {
                for(i=0;i<rx_pointer;i++)
                {
```

```
                bd_time1[i]=com_rx_buf[i];      //存储 UTC 时间字段
            }
            bd_rx_mode=2;
            rx_pointer=0;
        }
        break;
    case 2:                                     //接收定位状态字段,V(无效)或 A(有效)
        if(com_rx_byte==',')
        {
            for(i=0;i<rx_pointer;i++)
            {
                bd_mode[i]=com_rx_buf[i];       //存储定位状态字段
            }
            bd_rx_mode=3;
            rx_pointer=0;
        }
        break;
    case 3:                                     //接收纬度数据字段,ddmm.mmmm
        if(com_rx_byte==',')
        {
            for(i=0;i<rx_pointer;i++)
            {
                bd_latitude[i]=com_rx_buf[i];       //存储纬度数据
            }
            bd_rx_mode=4;
            rx_pointer=0;
        }
        break;
    case 4:                                     //接收纬度方向字段,N(北纬)或 S(南纬)
        if(com_rx_byte==',')
        {
            for(i=0;i<rx_pointer;i++)
            {
                bd_latitude_dir[i]=com_rx_buf[i];       //存储纬度方向
            }
            bd_rx_mode=5;
            rx_pointer=0;
        }
        break;
    case 5:                                     //接收经度数据字段,dddmm.mmmm
        if(com_rx_byte==',')
        {
            for(i=0;i<rx_pointer;i++)
            {
                bd_longitude[i]=com_rx_buf[i];       //存储经度数据
```

```
            }
            bd_rx_mode=6;
            rx_pointer=0;
        }
        break;
    case 6:                                         //接收经度方向字段,E(东经)或 W(西经)
        if(com_rx_byte==',')
        {
            for(i=0;i<rx_pointer;i++)
            {
                bd_longitude_dir[i]=com_rx_buf[i];     //存储经度方向
            }
            bd_rx_mode=0;
            rx_pointer=0;
        }
        break;
    case 12:                                        //接收"GNGGA"数据帧中的椭球高字段
        if(com_rx_byte==',')
        {
            if(rx_height_mode==0)
            {
                rx_height_count++;
                if(rx_height_count==8)
                {
                    rx_height_mode=1;
                    rx_pointer=0;
                }
            }
            else
            {
                for(i=0;i<rx_pointer;i++)
                {
                    bd_height[i]=com_rx_buf[i];     //存储椭球高数据
                }
                bd_rx_mode=0;
                rx_pointer=0;
                bd_data_ok_flag=1;
            }
        }
        break;
    default:
        bd_rx_mode=0;
        rx_pointer=0;
        break;
}
```

```
    com_rx_byte=0xff;
}
//************计算接收的字段数据长度函数 ************//
uchar cal_data_len(uchar * str)
{
    uchar i=0;
    while(* str!=',')
    {
        i++;
        str++;
    }
    return i;
}
//************椭球高数据显示处理函数,在最后加上单位“M” ************//
void Cal_BD_height(void)
{
    uchar i;
    i=cal_data_len(bd_height);
    bd_height[i]='M';
    bd_height[i+1]='\0';
}
//**********纬度数据显示处理函数,转换后显示格式为××度××分*********//
void cal_latiposition_disp_data(uchar * str)
{
    uchar * ptr,* temp;
    while(* str!='.')
    str++;
    ptr=str-2;
    * str++=' ';
    temp="分";
    * (str++)=temp[0];
    * (str++)=temp[1];
    * str='\0';
    while(str!=ptr)
    {
        * (str+5)= * (str);
        str--;
    }
    * (str+5)= * (str);
    str+=4;
    * str--=' ';
    temp="度";
    * str--=temp[1];
    * str--=temp[0];
    * str--=' ';
```

```
    * str--= * (str-1);
    * str--= * (str-1);
    * str=' ';
}
//**********经度数据显示处理函数,转换后显示格式为×××度××分*********//
void cal_longposition_disp_data(uchar * str)
{
    uchar * ptr, * temp;
    while(* str!='.')
    str++;
    ptr=str-2;
    * str++=' ';
    temp="分";
    * (str++)=temp[0];
    * (str++)=temp[1];
    * str='\0';
    while(str!=ptr)
    {
        * (str+4)= * (str);
        str--;
    }
    * (str+4)= * (str);
    str+=3;
    * str--=' ';
    temp="度";
    * str--=temp[1];
    * str--=temp[0];
    * str=' ';
}
void Cal_BD_longitude_latitude_data(void)
{
    if(cal_data_len(bd_latitude)!=0)
    cal_latiposition_disp_data(bd_latitude);
    if(cal_data_len(bd_longitude)!=0)
    cal_longposition_disp_data(bd_longitude);
}
//*********UTC 时间处理函数,转换后显示时间为北京时间*********//
void Cal_BD_time(void)
{
    uchar hh;
    uchar i,temp_buff[10];
    if(cal_data_len(bd_time1)!=0)
    {
        hh=(bd_time1[0]-'0') * 10+(bd_time1[1]-'0');
                                //数据格式的调整,将 bd_time1[]中的 ASCII 码转为十进制数值
```

```
        hh+=8;                                    //将格林尼治时间校正成北京时间
        if(hh>=24)
            hh-=24;
        temp_buff[0]=hh/10+'0';
        temp_buff[1]=hh%10+'0';
        temp_buff[2]=':';
        temp_buff[3]=bd_time1[2];
        temp_buff[4]=bd_time1[3];
        temp_buff[5]=':';
        temp_buff[6]=bd_time1[4];
        temp_buff[7]=bd_time1[5];
        temp_buff[8]='\0';
        for(i=0;i<=8;i++)
            bd_time1[i]=temp_buff[i];             //转换后的数据存放到 bd_time1[]中
    }
}
uchar Cal_BD_data_to_disp(void)
{
    Cal_BD_time();
    Cal_BD_longitude_latitude_data();
    Cal_BD_height();
    if(bd_mode[0]=='A')
        return 1;                                 //已经定位
    else
        return 0;                    //还没有定位,没有天线的时候,输出没有定位的数据
}
//*************************头文件 LCDDISPLAY.H**************************//
/*
头文件 LCDDISPLAY.H 中为12864液晶显示驱动文件,液晶和单片机之间采用并行控制方式
*/
//**********************************************************************//
#define uchar unsigned char
#define uint unsigned int
#define LCDDATA P0
//******** 12864LCD 引脚定义 ********/
sbit LCD_RS =P2^0;                                //数据/命令选择端,H: 数据,L: 命令
sbit LCD_RW =P2^1;                                //读/写选择端,H: 读,L: 写
sbit LCD_EN =P2^2;                                //使能控制端,高电平有效
sbit LCD_PSB =P2^3;                  //串/并方式控制,高电平为并行方式,低电平为串行方式
sbit LCD_RST =P2^5;                               //液晶复位端口: 低电平有效
sbit BUSY=P0^7;
bit lcd_busy();
void lcd_wcmd(uchar cmd);
void lcd_init();
void lcd_clear();
```

```
    void lcd_wdis(uchar y_add ,uchar x_add ,uchar * str);     //函数声明
    void Delay_ms(uint xms)
    {
        uint i,j;
        for(i=xms;i>0;i--)
            for(j=110;j>0;j--);
    }
    //**********检测液晶是否忙碌函数*********//
    void check_busy()
    {
        LCDDATA=0xff;
    LCD_RS=0;
    LCD_RW=1;
    LCD_EN=1;
    while(BUSY==1);                                   //判断 BF 位是否为忙
    LCD_EN=0;
}
//**********写命令数据函数*********//
void lcd_wcmd(uchar cmd)
{
    check_busy();
    LCD_RS=0;
    LCD_RW=0;
    LCD_EN=0;
    LCDDATA=cmd;
    Delay_ms(5);
    LCD_EN=1;
    Delay_ms(5);
    LCD_EN=0;
}
//**********写显示数据函数*********//
void lcd_wdata(uchar DATA)
{
    check_busy();
    LCD_RS=1;
    LCD_RW=0;
    LCD_EN=0;
    LCDDATA=DATA;
    Delay_ms(5);
    LCD_EN=1;
    Delay_ms(5);
    LCD_EN=0;
}
//**********LCD 初始化函数*********//
void lcd_init()
```

```
{
    LCD_PSB =1;                                    //设置为并口方式
    LCD_RST =1;
    Delay_ms(5) ;
    lcd_wcmd(0x30);                    //8b 控制接口,基本指令集
    lcd_wcmd(0x0C);                    //整体显示,游标 off,游标位置 off
    lcd_wcmd(0x01);                    //清 DDRAM,将 DDRAM 填满"20H"(空格)代码,
                                       //并且设定 DDRAM 的地址计数器(AC)为 00H;
    lcd_wcmd(0x02);                    //DDRAM 地址归位
    lcd_wcmd(0x80);                    //设定 DDRAM 7 位地址 0000000 到地址计数器 A
}
//********清屏显示函数********//
void lcd_clear()
{
    lcd_wcmd(0x01);
}
//*********************************************************************//
//  显示位置定位函数:void lcd_pos(uchar y_add , uchar x_add)
//  y_add:第几行(1~4 行)
//  x_add:第几列(0~7 列)
//*********************************************************************//
void lcd_pos(uchar y_add , uchar x_add)
{
    switch(y_add)
    {
        case 1:
            lcd_wcmd(0X80|x_add);break;
        case 2:
            lcd_wcmd(0X90|x_add);break;
        case 3:
            lcd_wcmd(0X88|x_add);break;
        case 4:
            lcd_wcmd(0X98|x_add);break;
        default:
            break;
    }
}
//*********************************************************************//
//  LCD 显示函数:void lcd_wdis(uchar y_add ,uchar x_add ,uchar * str)
//  y_add:第几行(1~4 行)
//  x_add:第几列(0~7 列)
//  str:要显示数据的首地址
//*********************************************************************//
void lcd_wdis(uchar y_add ,uchar x_add ,uchar * str)
{
```

```
    uchar i;
    lcd_pos(y_add , x_add);
    for(i=0;str[i]!='\0';i++)
    {
        lcd_wdata(str[i]);
    }
}
//**********************主程序文件 BD_Positioning.C***********************//
#include<reg51.h>
#include<BD Drive.h>
#include<LCDDISPLAY.H>
#define uchar unsigned char
#define uint unsigned int
void delay_time(unsigned short t)
{
    unsigned short i,n;
    for(n=0;n<t;n++)
        for(i=0;i<10000;i++)
        {;}
}
//********初始化函数********//
void Init_BD_module(void)
{
    rx_pointer=0;
    bd_rx_mode=0;
    bd_data_ok_flag=0;
    RI=0;
    TI=0;
    SCON=0x40;                          //采用串口方式 1,8 位异步收发,波特率可变
    PCON=0x00;                          //波特率不倍增
    TMOD=0x20;                          //定时器 1 设置成工作方式 2,自动装载初值
    TH1=0xFD;
    TL1=0xFD;                           //9600bps (11.0592MHz)
    TR1=1;
    REN=1;                              //允许串口接收数据
    ES=1;                               //串行口中断允许
}
//********定位信息显示函数********//
void disp_BD_data(void)
{
    uchar *temp_disp_buff1;
    uchar *temp_disp_buff2;
    lcd_wdis(3,0,"实时");
    lcd_wdis(3,2,bd_time1);             //显示实时时间
    if(bd_longitude_dir[0]=='E')
    {
        temp_disp_buff1="东经";
```

```
    }
    else if(bd_longitude_dir[0]=='W')
    {
        temp_disp_buff1="西经";
    }
    lcd_wdis(1,0,temp_disp_buff1);
    lcd_wdis(1,2,bd_longitude);          //显示经度数据
    if(bd_latitude_dir[0]=='N')
    {
        temp_disp_buff2="北纬";
    }
    else if(bd_latitude_dir[0]=='S')
    {
        temp_disp_buff2="南纬";
    }
    lcd_wdis(2,0,temp_disp_buff2);       //显示纬度数据
    lcd_wdis(2,2,bd_latitude);
    lcd_wdis(4,0,"椭球高");
    lcd_wdis(4,3,bd_height);             //显示高度
}
//********主函数********//
void main(void)
{
    P1=0xff;
    lcd_init();
    delay_time(10);
    lcd_wdis(1,1,"北斗实时定位");        //显示开机画面
    lcd_wdis(3,2,"显示系统");
    delay_time(100);
    lcd_clear();
    delay_time(10);
    Init_BD_module();
    delay_time(100);
    EA=1;
    while(1)
    {
        if(bd_data_ok_flag)              //查询数据是否正确接收
        {
            EA=0;
            Cal_BD_data_to_disp();       //采集定位数据并处理
            disp_BD_data();              //显示定位数据
            bd_data_ok_flag=0;
            EA=1;
        }
    }
}
```

5.6 2.4GHz 近距离无线通信系统设计

5.6.1 系统功能设计要求

随着电子信息技术、无线通信技术和自动化技术的不断发展，无线数据传输系统也得到了广泛的应用，小型的无线通信系统正在不断地渗入到社会生产的各个方面，给人们带来极大的方便。掌握了无线数据通信技术将给我们的智能设计带来锦上添花的效果。

本系统采用了一款 2.4GHz 频段、2Mbps 高速率、低功耗的无线收发芯片 nRF24L01＋，目的是设计一个多点环境温湿度监测系统。系统设计两个环境监测点（从机），分别为 01 号从机和 02 号从机，各自采集环境的温度和湿度，监测终端（主机）发送命令读取两个从机采集的数据，然后在 12864 液晶显示模块上分别显示两个环境检测点的温度和湿度数据。

5.6.2 系统设计方案

基于 2.4GHz 的无线多点环境温湿度监测系统的设计框图如图 5-69 所示。系统有两个环境检测点用于数据的采集，分别为从机 1 和从机 2，其内部由 DHT11 温湿度传感器、单片机和 nRF24L01＋无线数据传输模块构成。工作时，从机置于被测环境中，利用单片机对 DHT11 进行控制，将 DHT11 采集的环境温湿度数据通过无线模块发送出去。

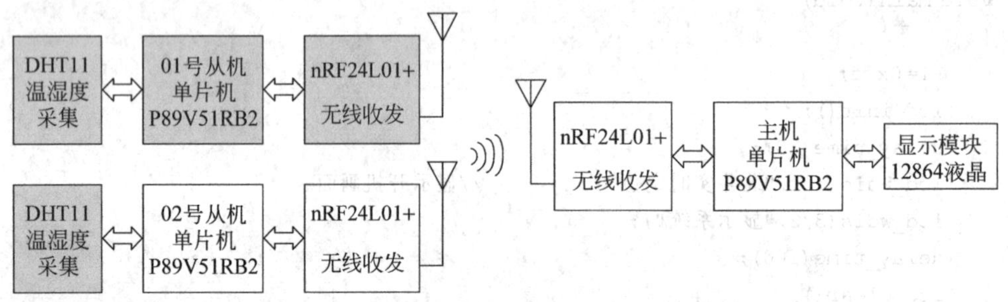

图 5-69 2.4GHz 无线多点温湿度监测系统框图

监测终端（主机）作为数据的接收端，安装在测量人员工作处，通过 nRF24L01＋无线模块同时接收从机 1 和从机 2 发送来的温湿度数据，经过单片机处理后在液晶显示模块上进行显示。

5.6.3 nRF24L01＋无线模块简介

1. nRF24L01+ 芯片概述

nRF24L01＋是 Nordic 公司推出的一款工作在 2.4～2.5GHz 世界通用 ISM 频段的单片无线收发一体化的芯片，在一个 20 引脚的芯片中集成了频率发生器、增强型 SchockBurst™模式控制器、功率放大器、GFSK 调制器和 GFSK 解调器等部件。采用 SPI 串行通信协议与单片机通信，最高传输速率可达 2Mbps，并具有数据自动重发、自动应答、CRC 校验和地址匹配等功能。nRF24L01＋是目前低功率无线数据通信的理想选择，可广泛应用于遥控、遥测、无线抄表、门禁系统、工业数据采集系统、非接触 RF 智能卡、小型无线数据终端、安全防火系统、无线遥控系统、生物信号采集、水文气象监控、机器人控制、信息家电、无线 RS-232 数据通信、无线 RS-485/422 数据通信等。本系统中采用的 nRF24L01＋无线数据收发模块如图 5-70 所示。

2. nRF24L01+ 的主要性能特点

nRF24L01＋芯片的主要性能特点如下：

(1) 采用 2.4GHz 全球开放 ISM 频段，最大 0dBm 发射功率，开阔地无干扰通信距离 30～60m。

(2) 低电压工作：1.9～3.6V 供电电压。

(3) 高无线速率：1Mbps 或 2Mbps，由于空中传输时间很短，极大地降低了无线传输中的碰撞现象。

(4) 自动重发功能：自动检测和重发丢失的数据包，重发时间及重发次数可软件控制。

(5) 自动应答功能：在收到有效数据后，芯片自动发送应答信号，无须另行编程。

(6) 内置 CRC 检错和点对多点通信地址控制。

(7) 可同时设置 6 路接收通道地址，可有选择性的打开接收通道。

3. nRF24L01+ 的引脚排列与功能描述

nRF24L01＋的引脚排列如图 5-71 所示，其引脚功能描述见表 5-22。

图 5-70　nRF24L01＋无线模块实物图

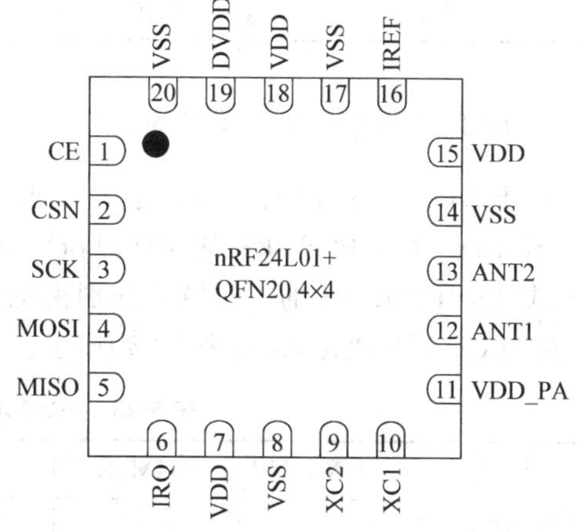

图 5-71　nRF24L01＋引脚排列

表 5-22　nRF24L01＋引脚功能描述

引脚	名称	引脚功能	描　　述
1	CE	数字输入	RX 或 TX 模式选择
2	CSN	数字输入	SPI 片选信号
3	SCK	数字输入	SPI 时钟
4	MOSI	数字输入	从 SPI 数据输入脚

续表

引脚	名称	引脚功能	描述
5	MISO	数字输出	从SPI数据输出脚
6	IRQ	数字输出	可屏蔽中断脚
7	V_{DD}	电源	电源(1.9～3.6V DC)
8	V_{SS}	电源	接地(0V)
9	XC2	模拟输出	晶体振荡器2脚
10	XC1	模拟输入	晶体振荡器1脚/外部时钟输入脚
11	VDD_PA	电源输出	给RF的功率放大器提供的+1.8V电源
12	ANT1	天线	天线接口1
13	ANT2	天线	天线接口2
14	V_{SS}	电源	接地(0V)
15	V_{DD}	电源	电源(1.9～3.6V DC)
16	IREF	模拟输入	参考电流
17	V_{SS}	电源	接地(0V)
18	V_{DD}	电源	电源(1.9～3.6V DC)
19	DVDD	电源输出	去耦电路电源正极端
20	V_{SS}	电源	接地(0V)

4. nRF24L01+的工作模式

nRF24L01+有两种工作模式和两种节能模式。工作模式分别是增强型的ShockBurst™发送模式和增强型的ShockBurst™接收模式；节能模式分别是待机模式和掉电模式。nRF24L01+的工作模式分别由配置寄存器CONFIG中的PWR_UP位、PRIM_RX位和CE引脚决定，详见表5-23所列。

表5-23 nRF24L01+工作模式设定

模式	PWR_UP	PRIM_RX	CE	FIFO寄存器状态
接收模式	1	1	1	
发送模式	1	0	1	数据在TX FIFO寄存器中
发送模式	1	0	1→0	停留在发送模式，直至数据发送完
待机模式Ⅱ	1	0	1	TX FIFO为空
待机模式Ⅰ	1		0	无数据传输
掉电模式	0			

(1) 增强型ShockBurst™模式(Enhanced ShockBurst™)

在增强型ShockBurst™模式下，与射频数据包有关的高速信号处理都在nRF24L01+

片内进行，nRF24L01+提供SPI接口与单片机相连，数据速率由单片机配置的SPI接口决定，数据在单片机中低速处理，但在nRF24L01+中高速发送，数据在空中停留时间短，减小了通信的平均消耗电流，抗干扰性高。在此模式下，即使使用低速的单片机，也能得到很高的射频数据发射速率。

在增强型ShockBurst™模式下，当发送数据时，nRF24L01+自动产生字头和CRC校验码；当接收数据时，nRF24L01+自动把字头和CRC校验码移去，然后单片机从RX FIFO寄存器中读出接收到的数据。

增强型ShockBurst™模式可以使得双向链接协议执行起来更为容易、有效。典型的双向链接为：发送方要求终端设备在接收到数据后有应答信号，以便于发送方检测有无数据丢失。一旦数据丢失，则通过重新发送功能将丢失的数据重发。增强型ShockBurst™模式可以同时控制应答及重发功能而无须增加单片机的工作量。下面是nRF24L01+详细的发送与接收流程分析。

① 增强型ShockBurst™发送模式

a. 配置寄存器位PRIM_RX为低。

b. 当单片机有数据要发送时，接收节点地址(TX_ADDR)和有效数据(TX_PLD)通过SPI接口写入nRF24L01+。发送数据的长度以字节计数从单片机写入TX_FIFO。当CSN为低时数据被不断地写入。

c. 设置CE为高，启动发射。CE高电平持续时间最小为10μs。

d. nRF24L01+的增强型ShockBurst™发送(过程)：

- 无线系统上电；
- 启动内部16MHz时钟；
- 无线发送数据打包(加字头和CRC校验码)；
- 高速发送数据(由单片机设定为1Mbps或2Mbps)。

e. 如果启动了自动应答模式，nRF24L01+立即进入接收模式。如果在有效应答时间范围内收到应答信号，则认为数据成功发送到了接收端，此时状态寄存器的TX_DS位置高；如果在设定时间范围内没有接收到应答信号，则重新发送数据。

f. 如果CE置低，则系统进入待机模式Ⅰ。如果不设置CE为低，则系统会发送TX_FIFO寄存器中下一包数据。如果TX_FIFO寄存器为空并且CE为高，则系统进入待机模式Ⅱ。

g. 如果系统在待机模式Ⅱ，当CE置低后系统立即进入待机模式Ⅰ。

② 增强型ShockBurst™接收模式

a. 配置寄存器位PRIM_RX为高。使能接收数据的通道(由EN_RXADDR寄存器设置)，使能自动应答功能(由EN_AA寄存器设置)，有效数据宽度是由RX_PW_Px来设置的。

b. 设置CE为高启动接收模式。

c. 130μs后nRF24L01+开始检测空中信息，等待数据包的到来。

d. 接收到有效的数据包后(地址匹配、CRC校验正确)，数据存储在RX_FIFO中，同时RX_DR位置高，并产生中断。

e. 如果启用自动应答功能，则发送应答信号。

f. 单片机设置CE脚为低，进入待机模式Ⅰ。

g. 单片机通过SPI串行口将数据读出。

h. 芯片准备好进入发送模式、接收模式或掉电模式。

(2) 待机模式

待机模式Ⅰ在保证快速启动的同时减少系统的平均消耗电流。在待机模式Ⅰ下，晶振正常工作。在待机模式Ⅱ下，部分时钟缓冲器处在工作模式。当发送端TX_FIFO寄存器为空并且CE为高电平时进入待机模式Ⅱ。在待机模式期间，寄存器配置字内容保持不变。

(3) 掉电模式

在掉电模式下，nRF24L01＋各功能关闭，保持电流消耗最小。进入掉电模式后，nRF24L01＋停止工作，但寄存器内容保持不变。掉电模式由寄存器中PWR_UP位来控制。

5. nRF24L01+ 的SPI指令和时序

(1) SPI指令

nRF24L01＋与单片机之间通过SPI串行协议进行通信。nRF24L01＋的SPI指令见表5-24。

表5-24 nRF24L01＋的SPI指令

指令名称	指令格式	操作
R_REGISTER	000A AAAA	读配置寄存器。AAAAA指出读操作的寄存器地址
W_REGISTER	001A AAAA	写配置寄存器。AAAAA指出写操作的寄存器地址。只有在掉电模式和待机模式下可操作
R_RX_PAYLOAD	0110 0001	读RX有效数据：1～32B。读操作全部从字节0开始。当读RX有效数据完成后，FIFO寄存器中有效数据被清除。应用于接收模式下
W_TX_PAYLOAD	1010 0000	写TX有效数据：1～32B。写操作从字节0开始。应用于发射模式下
FLUSH_TX	1110 0001	清除TX FIFO寄存器，应用于发射模式下
FLUSH_RX	1110 0010	清除RX FIFO寄存器，应用于接收模式下。在传输应答信号过程中不应执行此指令，否则，应答信号不能被完整地传输
REUSE_TX_PL	1110 0011	重新使用上一包有效数据。当CE为高电平过程中，数据包被不断地重新发射
NOP	1111 1111	空操作。可以用来读状态寄存器

(2) SPI时序图

nRF24L01＋的SPI读写数据的时序图分别如图5-72和图5-73所示。当CSN为低时，SPI接口开始等待一条指令，任何一条新指令均由CSN的由高到低的转换开始。图中，Cn—SPI指令位(每字节由高位到低位依次发送)，Sn—状态寄存器位，Dn—数据位(由低字节到高字节依次发送，每字节高位在前)。

6. nRF24L01+ 的寄存器配置

(1) 配置寄存器CONFIG

配置寄存器CONFIG的位定义见表5-25。

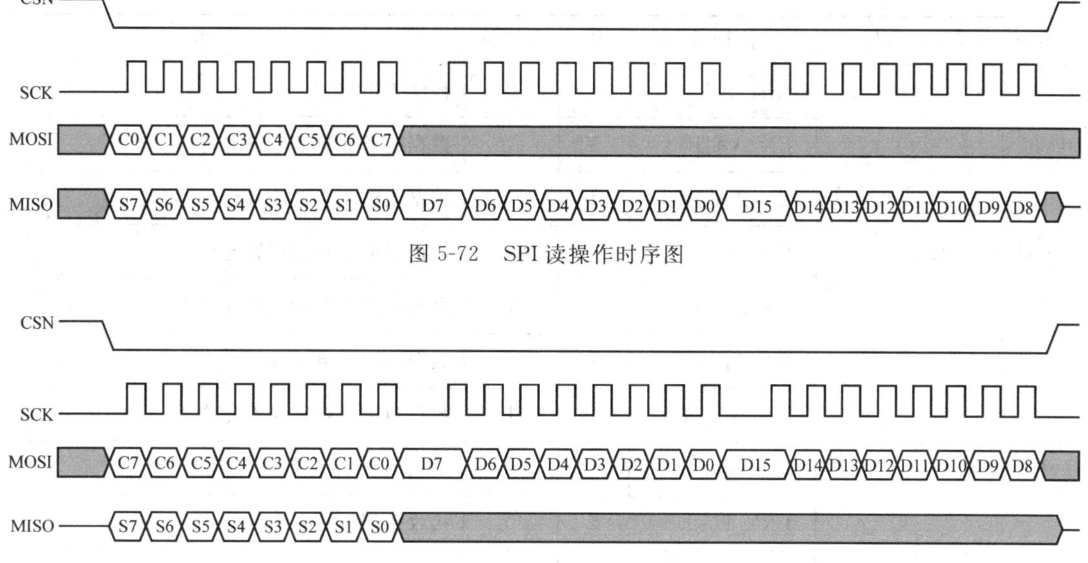

图 5-72 SPI 读操作时序图

图 5-73 SPI 写操作时序图

表 5-25 CONFIG 寄存器的位描述

地址	寄存器名	位 符 号	位	复位值	描 述
00H	CONFIG	Reserved	7	0	默认为'0'
		MASK_RX_DR	6	0	可屏蔽中断 RX_ DR 1：IRQ 引脚不产生 RX_ DR 中断 0：RX_ DR 中断产生时 IRQ 引脚为低电平
		MASK_TX_DS	5	0	可屏蔽中断 TX_DS 1：IRQ 引脚不产生 TX_DS 中断 0：TX_DS 中断产生时 IRQ 引脚为低电平
		MASK_MAX_RT	4	0	可屏蔽中断 MAX_RT 1：IRQ 引脚不产生 MAX_RT 中断 0：MAX_RT 中断产生时 IRQ 引脚为低电平
		EN_CRC	3	1	CRC 使能。如果 EN_AA 中任意一位为高，则 EN_CRC 强迫为高
		CRCO	2	0	CRC 模式 '0'—8 位 CRC 校验 '1'—16 位 CRC 校验
		PWR_UP	1	0	1：上电；0：掉电
		PRIM_RX	0	0	1：接收模式；0：发射模式

(2) 通道设置寄存器

通道设置寄存器包括"自动应答"设置寄存器 EN_AA、接收地址允许寄存器 EN_RXADDR、地址宽度设置寄存器 SETUP_AW 和"自动重发"设置寄存器 SETUP_RETR。每个寄存器的位定义见表 5-26。

表 5-26 各通道设置寄存器的位描述

地址	寄存器名	位符号	位	复位值	描 述
01H	EN_AA	Reserved	7:6	0	默认为'00'
		EN_AA_P5	5	1	数据通道 5 自动应答允许
		EN_AA_P4	4	1	数据通道 4 自动应答允许
		EN_AA_P3	3	1	数据通道 3 自动应答允许
		EN_AA_P2	2	1	数据通道 2 自动应答允许
		EN_AA_P1	1	1	数据通道 1 自动应答允许
		EN_AA_P0	0	1	数据通道 0 自动应答允许
02H	EN_RXADDR	Reserved	7:6	0	默认为'00'
		ERX_P5	5	0	接收数据通道 5 允许
		ERX _P4	4	0	接收数据通道 4 允许
		ERX _P3	3	0	接收数据通道 3 允许
		ERX _P2	2	0	接收数据通道 2 允许
		ERX_P1	1	1	接收数据通道 1 允许
		ERX_P0	0	1	接收数据通道 0 允许
03H	SETUP_AW	Reserved	7:2	00000	默认为'00000'
		AW	1:0	11	接收/发送地址宽度 '00'—无效； '01'—3B 宽度 '10'—4B 宽度； '11'—5B 宽度
04H	SETUP_RETR	ARD	7:4	0000	自动重发延时 '0000'—等待 250μs； '0001'—等待 500μs； '0010'—等待 750μs； ⋮ '1111'—等待 250μs； （延时时间是指一包数据发送完成到下一包数据开始发送之间的时间间隔）
		ARC	3:0	0011	自动重发计数 '0000'—禁止自动重发 '0001'—自动重发 1 次 ⋮ '1111'—自动重发 15 次

(3) 射频设置寄存器 RF_SETUP

射频设置寄存器 RF_SETUP 的位定义见表 5-27。

表 5-27　RF_SETUP 寄存器的位描述

地址	寄存器名	位符号	位	复位值	描　　述
06H	RF_SETUP	CONT_WAVE	7	0	高电平时使能连续载波传输
		Reserved	6	0	默认为'0'
		RF_DR_LOW	5	0	设置发射数据速率为 250kbps。参见 RF_DR_HIGH
		PLL_LOCK	4	0	锁相环允许，仅应用于测试模式
		RF_DR_HIGH	3	1	数据传输速率，与 RF_DR_LOW 一起设置[RF_DR_LOW，RF_DR_HIGH] '00'—1Mbps；　'01'—2Mbps '10'—250Kbps；　'11'—保留
		RF_PWR	2:1	11	发射功率： '00'—18dBm；　'01'—12dBm '10'—6dBm；　'11'—0dBm
		Obsolete	0		无定义

(4) 状态寄存器 STATUS

状态寄存器 STATUS 的位定义见表 5-28。

表 5-28　STATUS 寄存器的位描述

地址	寄存器名	位符号	位	复位值	描　　述
07H	STATUS	Reserved	7	0	默认为'0'
		RX_DR	6	0	接收数据中断。当收到有效数据包后置 1，写'1'清除中断
		TX_DS	5	0	数据发送完成中断。 数据发送完成后产生中断，如果工作在自动应答模式下，只有当接收到应答信号后此位置 1。 写'1'清除中断
		MAX_RT	4	0	重发次数溢出中断。写'1'清除中断。 如果 MAX_RT 中断产生则必须清除后系统才能进行通信
		RX_P_NO	3:1	111	接收数据通道号： 000～101：数据通道号 110：未使用 111：RX FIFO 寄存器为空
		TX_FULL	0	0	TX FIFO 寄存器满标志 1：TX FIFO 寄存器满 0：TX FIFO 寄存器未满，有可用空间

(5) 地址设置寄存器

nRF24L01+在接收模式下可以接收 6 路不同通道的数据，每一个数据通道使用不同的地址，但是共用相同的频率。每个数据通道拥有自己的地址并且可以通过寄存器来进行分别设置。地址设置寄存器包含数据通道 0～5 接收地址寄存器(RX_ADDR_P0～RX_

ADDR_P5)和发送地址寄存器 TX_ADDR。每个寄存器的位定义见表 5-29。

表 5-29　地址设置寄存器的位描述

地址	寄存器名	位	复位值	描　述
0AH	RX_ADDR_P0	39:0	0xE7E7E7E7E7	数据通道 0 接收地址。最大长度：5B(先写低字节，所写字节数量由 SETUP_AW 设定)
0BH	RX_ADDR_P1	39:0	0xC2C2C2C2C2	数据通道 1 接收地址。最大长度：5B(先写低字节，所写字节数量由 SETUP_AW 设定)
0CH	RX_ADDR_P2	7:0	0xC3	数据通道 2 接收地址。最低字节可设置。高字节部分必须与 RX_ADDR_P1[39:8]相同
0DH	RX_ADDR_P3	7:0	0xC4	数据通道 3 接收地址。最低字节可设置。高字节部分必须与 RX_ADDR_P1[39:8]相同
0EH	RX_ADDR_P4	7:0	0xC5	数据通道 4 接收地址。最低字节可设置。高字节部分必须与 RX_ADDR_P1[39:8]相同
0FH	RX_ADDR_P5	7:0	0xC6	数据通道 5 接收地址。最低字节可设置。高字节部分必须与 RX_ADDR_P1[39:8]相同
10H	TX_ADDR	39:0	0xE7E7E7E7E7	发送地址(先写低字节)，在增强型 ShockBurst™模式下，设置 RX_ADDR_P0 与此地址相等来接收应答信号

(6) 接收数据宽度设置寄存器

nRF24L01＋在接收模式下的有效数据宽度可设置为 1～32B，分别通过 RX_PW_P0～RX_PW_P5 寄存器来进行设置。每个寄存器的位定义见表 5-30。

表 5-30　接收数据宽度设置寄存器的位描述

地址	寄存器名	位符号	位	复位值	描　述
11H	RX_PW_P0	Reserved	7:6	00	默认为'00'
		RX_PW_P0	5:0	0	接收数据通道 0 有效数据宽度(1～32B) 0：设置不合法 1：1B 有效数据宽度 ⋮ 32：32B 有效数据宽度
12H	RX_PW_P1	Reserved	7:6	00	默认为'00'
		RX_PW_P1	5:0	0	接收数据通道 0 有效数据宽度(1～32B) 0：设置不合法 1：1B 有效数据宽度 ⋮ 32：32B 有效数据宽度
13H	RX_PW_P2	Reserved	7:6	00	默认为'00'
		RX_PW_P2	5:0	0	与 RX_PW_P1 的定义相同
14H	RX_PW_P3	Reserved	7:6	00	默认为'00'
		RX_PW_P3	5:0	0	与 RX_PW_P1 的定义相同

续表

地址	寄存器名	位符号	位	复位值	描　述
15H	RX_PW_P4	Reserved	7:6	00	默认为'00'
		RX_PW_P4	5:0	0	与 RX_PW_P1 的定义相同
16H	RX_PW_P5	Reserved	7:6	00	默认为'00'
		RX_PW_P5	5:0	0	与 RX_PW_P1 的定义相同

(7) FIFO 状态寄存器 FIFO_STATUS

FIFO 状态寄存器 FIFO_STATUS 的位定义见表 5-31。

表 5-31　状态寄存器的位描述

地址	寄存器名	位符号	位	复位值	描　述
17H	FIFO_STATUS	Reserved	7	0	默认为'0'
		TX_REUSE	6	0	若 TX_REUSE=1 则当 CE 为高电平时不断发送上一数据包。TX_REUSE 通过 SPI 指令 REUSE_TX_PL 设置，通过 W_TX_PALOAD 或 FLUSH_TX 复位
		TX_FULL	5	0	TX FIFO 寄存器满标志 1：TX FIFO 寄存器满 0：TX FIFO 寄存器未满，有可用空间
		TX_EMPTY	4	1	TX FIFO 寄存器空标志 1：TX FIFO 寄存器空 0：TX FIFO 寄存器非空
		Reserved	3:2	00	默认为'00'
		RX_FULL	1	0	RX FIFO 寄存器满标志 1：RX FIFO 寄存器满 0：RX FIFO 寄存器未满，有可用空间
		RX_EMPTY	0	1	RX FIFO 寄存器空标志 1：RX FIFO 寄存器空 0：RX FIFO 寄存器非空

5.6.4　数字温湿度传感器 DHT11

1. 数字温湿度传感器 DHT11 简介

DHT11 数字温湿度传感器是一款含有已校准数字信号输出的温湿度复合传感器。它应用专用的数字模块采集技术和温湿度传感技术，具有很高的可靠性与稳定性。DHT11 传感器包括 1 个电阻式感湿元件和 1 个 NTC 测温元件。DHT11 采用单线制串行接口，与单片机之间仅需通过一根 DATA 数据线相连，非常方便。DHT11 功耗极低，信号传输距离可达 20m 以上，抗干扰能力强，其基本指标如下：

(1) 全量程标定校准，单线数字输出；
(2) 湿度测量范围为 20%～90%RH；
(3) 温度测量范围为 0～50℃；
(4) 湿度测量精度为±5.0%RH；
(5) 温度测量精度为±1.0℃；
(6) 供电电压：3～5.5V。

2. DHT11 的引脚定义及接口电路

DHT11 采用 4 针单排引脚封装，各引脚的定义见表 5-32，接口电路如图 5-74 所示。图中 DATA 线用于单片机与 DHT11 之间的通信和同步，采用单总线数据格式，在 DATA 数据线和电源之间需加一个 4.7kΩ 的上拉电阻。每次通信时一次完整的数据传输为 40b，高位在前，低位在后，数据格式为：8b 湿度整数数据＋8b 湿度小数数据＋8b 温度整数数据＋8b 温度小数数据＋8b 校验和。数据分整数部分和小数部分，当前小数部分读出为零，用于以后扩展。

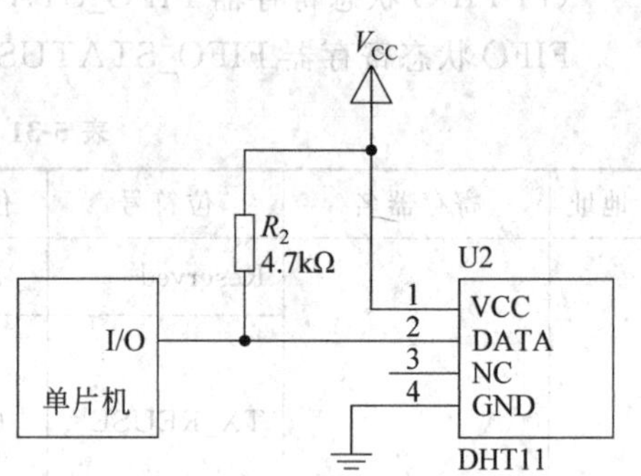

图 5-74　DHT11 接口电路示意图

表 5-32　DHT11 引脚定义

引脚名称	引脚号	引脚描述	引脚名称	引脚号	引脚描述
VDD	1	正电源：3～5.5V	NC	3	空脚，悬空
DATA	2	串行数据，单总线	GND	4	地

3. DHT11 通信时序说明

单片机作为主机发送一次起始信号后，DHT11 从低功耗模式转换到高速模式，等待主机起始信号结束后，DHT11 发送响应信号，并触发一次信号采集，送出 40b 的测量数据，用户可选择读取部分数据。DHT11 接收到主机的开始信号才触发一次温湿度采集，如果没有接收到主机发送起始信号，DHT11 不会主动进行温湿度采集，采集数据完成后 DHT11 进入低速模式。DHT11 与主机之间的通信时序图如图 5-75 所示。

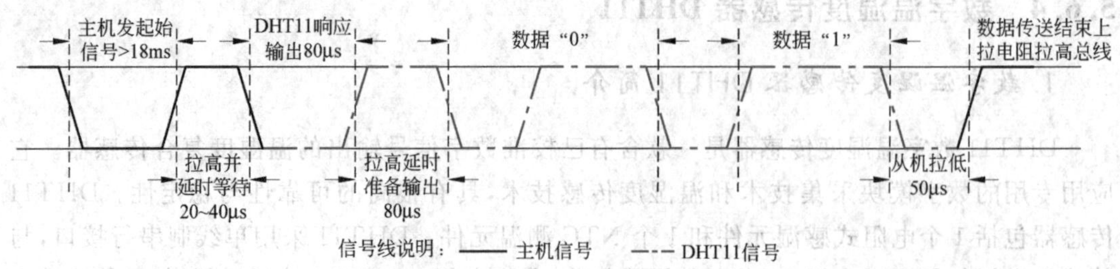

图 5-75　DHT11 通信时序图

DATA 总线空闲状态为高电平，需要读取 DHT11 的测量数据时，主机先发出起始信号，把 DATA 总线拉低至少 18ms 的低电平，以保证 DHT11 能检测到起始信号。当 DHT11 检测到总线上的起始信号时，在主机起始信号结束后发送 80μs 低电平的响应信号。主机发送完开始信号，延时等待 20～40μs 后，从总线读取 DHT11 的响应信号。如果读取响应信号为低电平，说明 DHT11 正常发送了响应信号；反之，则说明 DHT11 没有响应。

DHT11 发送完响应信号后，将总线拉高 80μs，准备发送数据。每一位数据都是以 50μs 的低电平时隙开始，以高电平的时长来区分数据位是“0”或是“1”，26～28μs 的高电平表示数据位“0”，70μs 的高电平表示数据位“1”。当最后一位数据传送完毕后，DHT11 拉低总线 50μs，随后总线由上拉电阻拉高进入空闲模式。数据“0”的信号表示方法如图 5-76 所示，数据“1”的信号表示方法如图 5-77 所示。

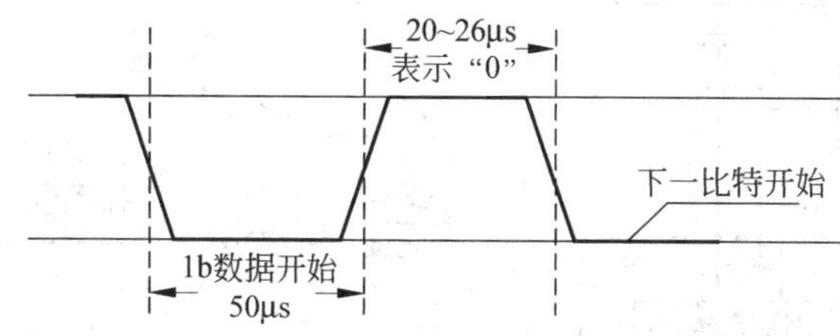

图 5-76 数据“0”信号表示方法

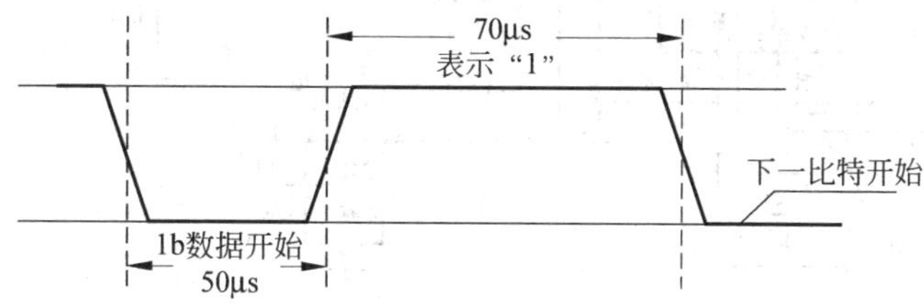

图 5-77 数据“1”信号表示方法

5.6.5 系统硬件电路设计

基于 2.4GHz 的无线多点温湿度检测系统包含一个监测终端（主机）和两个环境监测点（从机）。主机的硬件电路原理图如图 5-78 所示。

主机以单片机 P89V51RB2 作为主控单元，nRF24L01＋为 2.4GHz 无线数据收发芯片，该芯片工作电源采用 3.3V，工作时需外接 16MHz 的晶振。nRF24L01＋与单片机之间通过 SPI 串行接口传送数据，其中 CE 用于 nRF24L01＋工作模式的设置，CSN 为 SPI 片选使能，SCLK 为时钟信号，MOSI/MISO 为 SPI 串行数据输入/输出端，当一帧数据接收/发送完成时 IRQ 引脚输出低电平。通过 nRF24L01＋接收的从机温湿度数据经由单片机处理后发送至 12864 液晶显示屏显示，液晶显示屏和单片机之间采用串行的接口方式，可调电阻 RV1 和 RV2 分别用来调节液晶显示的对比度和背光。

AMS1117 是一个正向低压降稳压器，最高输出电流可达 800mA。由于 nRF24L01＋的工

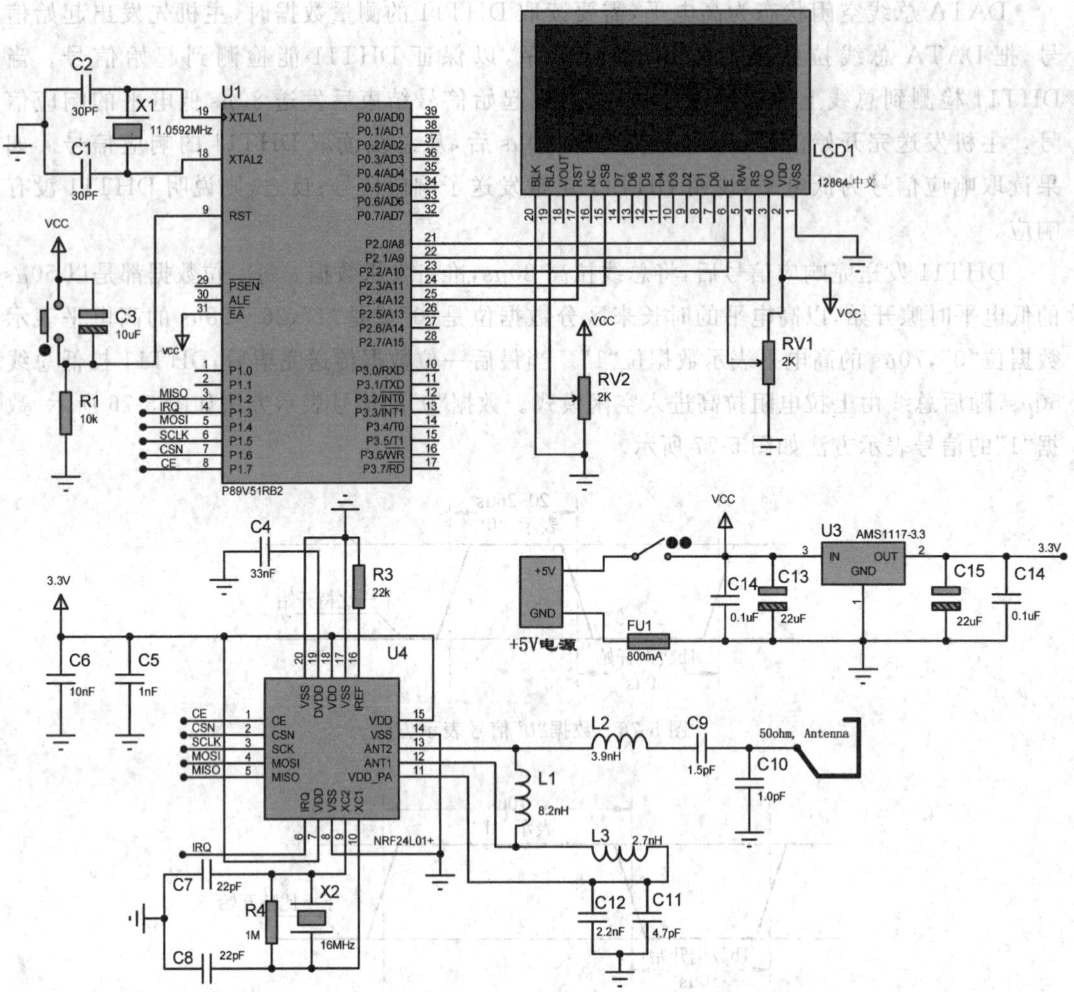

图 5-78　2.4GHz 无线多点温湿度检测系统主机原理图

作电压为 1.9～3.6V，所以采用 AMS1117 将 5V 转换为 3.3V 输出电压，用于给 nRF24L01＋芯片供电。

环境监测点从机 1 和从机 2 的硬件原理图一致，如图 5-79 所示。从机的主控单元采用 P89V51RB2 单片机，DHT11 为温湿度数字传感器，可同时采集环境的温度和湿度值，与单片机之间采用单总线接口方式，它们之间的数据交换只需通过 DATA 这 1 根信号线，既可传输时钟，又能双向传输数据，具有连线简单、硬件开销少、便于扩展和维护等优点。另外，在实际应用时，当 DATA 数据线长度小于 20m 时需加 4.7kΩ(R_2)的上拉电阻，当大于 20m 时可根据实际情况使用合适的上拉电阻。

从机 nRF24L01＋无线数据收发电路的设计与主机一致。系统工作时，不同的从机之间通过地址进行区分，单片机首先读取 DHT11 采集的温度和湿度值，经过处理后控制 nRF24L01＋将数据无线发送给主机。

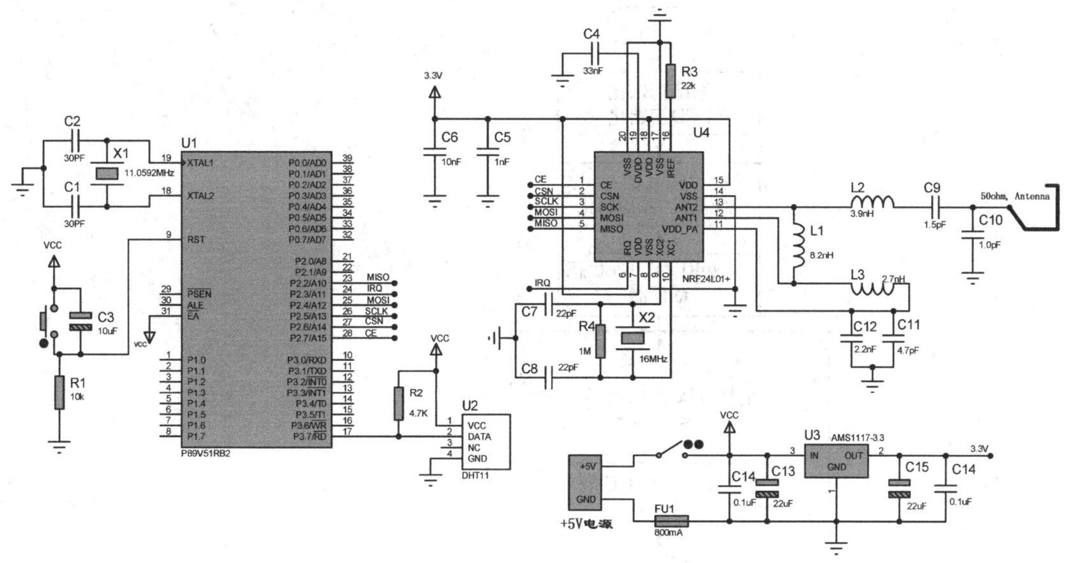

图 5-79　2.4GHz 无线多点温湿度检测系统从机原理图

5.6.6　系统控制程序设计思路

1. 主机控制程序设计

主机首先将 nRF24L01＋配置为接收模式，在接收模式下 nRF24L01＋可以接收 6 路不同通道（通道 0～通道 5）的数据，每一个数据通道使用不同的地址，但是共用相同的频率。也就是说 6 个不同的 nRF24L01＋设置为发送模式后可以与同一个设置为接收模式的 nRF24L01＋进行通信，而设置为接收模式的 nRF24L01＋可以对这 6 个发射端进行识别。

每一个数据通道的地址可通过寄存器 RX_ADDR_Px 来设置，数据通道 0 有 40 位可配置地址，数据通道 1～5 的地址为：32 位共用地址＋各自的地址（最低字节），通道 1～通道 5 地址的最低字节在配置时必须不同。主机程序中使能通道 0 和通道 1 分别接收从机 1 和从机 2 的数据，通道 0 地址配置为 0x0710104334，通道 1 地址配置为 0xB3B4B5B6F1，并通过寄存器 EN_AA 使能为自动应答，nRF24L01＋在确认收到数据后记录地址，并以此地址为目的地址发送应答信号。

nRF24L01＋接收到有效的数据包后，数据存储在 RX_FIFO 中，程序通过读取状态寄存器中的 RX_P_NO 位来判断数据是由哪个通道接收到的，并将通道 0 和通道 1 的数据分别存入数组 str1[]和 str2[]中。2.4GHz 无线多点温湿度检测系统主机控制程序流程图如图 5-80 所示。

2. 从机控制程序设计

2.4GHz 无线多点温湿度检测系统中从机 1 和从机 2 的控制程序除了发送地址不一样外，其他参数配置均一致。从机 1 和从机 2 都配置为发送模式，从机 1 的发送地址 TX_ADDR 配置为 0x0710104334，从机 2 的发送地址配置为 0xB3B4B5B6F1。在发送模式下，

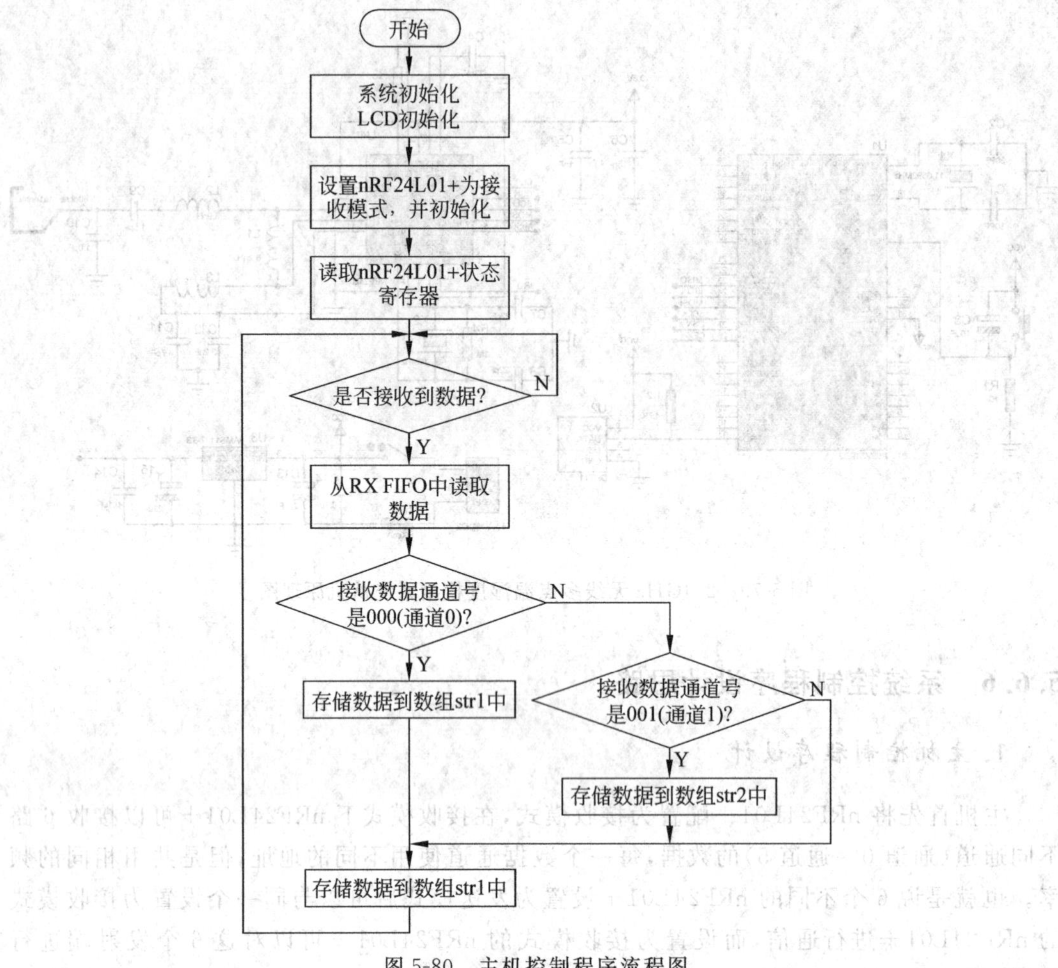

图 5-80 主机控制程序流程图

数据通道 0 被用作接收应答信号，因此，数据通道 0 的接收地址要与发送地址相等以便确保接收到正确的应答信号。2.4GHz 无线多点温湿度检测系统从机控制程序流程图如图 5-81 所示。

5.6.7 系统源程序清单

1. 主机源程序清单

```
//*****************************************************************************//
//  2.4GHz 无线多点温湿度检测系统主机控制程序
//  包含 RECEIVE.C,NRF24L01.C,NRF24L01.H,LCD_Display.H
//  P89V51RB2    11.0592MHz
//  主机通过 nRF24L01+无线模块接收从机 1 和从机 2 的温湿度数据,并由 LCD 液晶屏进行显示。
//*****************************************************************************//
//*****************************************************************************//
/*
nRF24L01+无线模块的 C51 驱动程序软件包由两个文件组成: NRF24L01.H 和 NRF24L01.C。头文
```

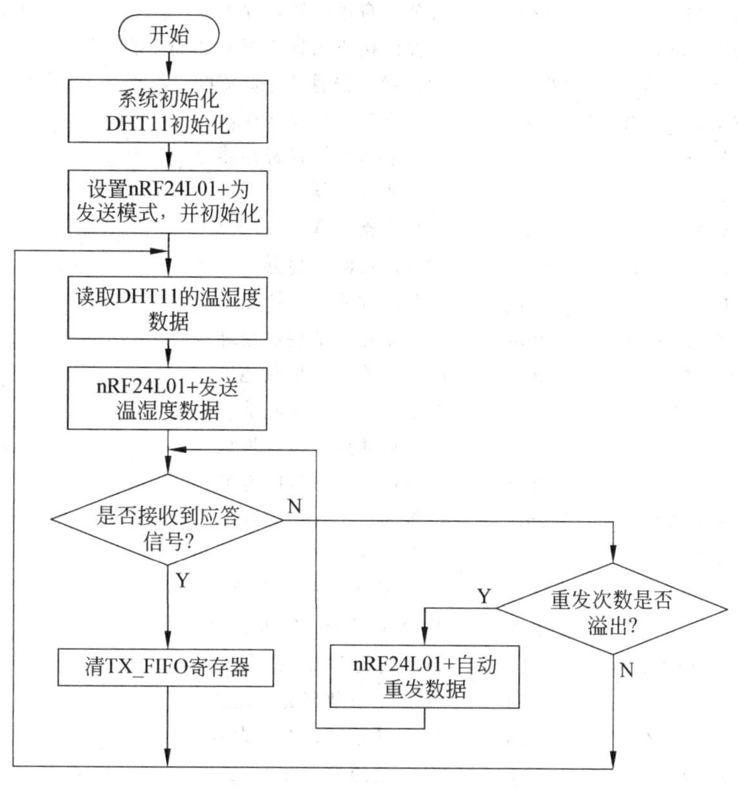

图 5-81 从机控制程序流程图

件 NRF24L01.H 包括了 nRF24L01+的寄存器定义和用户函数的声明，C51 语言文件 NRF24L01.C 是这些函数的具体实现。

```
*/
//************************************************************************//
//************头文件 NRF24L01.H************//
#define uchar unsigned char
#define uint unsigned int
#ifndef _NRF24L01_H_
#define _NRF24L01_H_
#define TX_ADDR_WITDH   5        //发送地址宽度设置为 5B
#define RX_ADDR_WITDH   5        //接收地址宽度设置为 5B
#define TX_DATA_WITDH   15       //发送数据宽度设置为 15B
#define RX_DATA_WITDH   15       //接收数据宽度设置为 15B
#define R_REGISTER      0x00     //读配置寄存器
#define W_REGISTER      0x20     //写配置寄存器
#define R_RX_PAYLOAD    0x61     //读 RX 有效数据
#define W_TX_PAYLOAD    0xa0     //写 TX 有效数据
#define FLUSH_TX        0xe1     //清除 TX FIFO 寄存器
#define FLUSH_RX        0xe2     //清除 RX FIFO 寄存器
#define REUSE_TX_PL     0xe3     //重新使用上一次发射的有效数据包
#define NOP             0xff     //空操作
#define CONFIG          0x00     //配置寄存器
```

```
#define EN_AA           0x01    //使能自动应答寄存器
#define EN_RXADDR       0x02    //使能接收数据通道 0~5 寄存器
#define SETUP_AW        0x03    //设置数据通道地址宽度寄存器
#define SETUP_RETR      0x04    //建立自动重发寄存器
#define RF_CH           0x05    //射频通道设置寄存器
#define RF_SETUP        0x06    //射频寄存器
#define STATUS          0x07    //状态寄存器
#define OBSERVE_TX      0x08    //发送检测寄存器
#define CD              0x09    //载波检测寄存器
#define RX_ADDR_P0      0x0a    //数据通道 0 接收地址
#define RX_ADDR_P1      0x0b    //数据通道 1 接收地址
#define RX_ADDR_P2      0x0c    //数据通道 2 接收地址
#define RX_ADDR_P3      0x0d    //数据通道 3 接收地址
#define RX_ADDR_P4      0x0e    //数据通道 4 接收地址
#define RX_ADDR_P5      0x0f    //数据通道 5 接收地址
#define TX_ADDR         0x10    //发送地址
#define RX_PW_P0        0x11    //P0 通道数据宽度设置
#define RX_PW_P1        0x12    //P1 通道数据宽度设置
#define RX_PW_P2        0x13    //P2 通道数据宽度设置
#define RX_PW_P3        0x14    //P3 通道数据宽度设置
#define RX_PW_P4        0x15    //P4 通道数据宽度设置
#define RX_PW_P5        0x16    //P5 通道数据宽度设置
#define FIFO_STATUS     0x17    //FIFO 状态寄存器
uchar NRF_RW_SPI(uchar date);
uchar NRF_Read_Reg(uchar RegAddr);
uchar NRF_Write_Reg(uchar RegAddr,uchar date);
uchar NRF_Read_RxFIFO(uchar RegAddr,uchar * RxDate,uchar DateLen);
uchar NRF_Write_TxFIFO(uchar RegAddr,uchar * TxDate,uchar DateLen);
uchar NRF_Rev_Date(uchar * RevDate);
void NRF_Init();
void NRFSetRXMode();
void Delay(uint t);
extern uchar bdata sta;
#endif
//************C51语言文件 NRF24L01.C***********//
#include "NRF24L01.h"
#include "reg52.h"
//******** nRF24L01+引脚定义 ********//
sbit CE =P1^7;                          //发送/接收模式选择端
sbit IRQ =P1^3;                         //中断输出端
sbit CSN =P1^6;                         //SPI 片选使能端,低电平有效
sbit MOSI=P1^4;                         //SPI 主机输出从机输入端
sbit MISO=P1^2;                         //SPI 主机输入从机输出端
sbit SCLK=P1^5;                         //SPI 时钟端
uchar code RxAddr1[]={0x34,0x43,0x10,0x10,0x07};    //从机 1 接收地址
```

```
uchar code RxAddr2[]={0xF1,0xB6,0xB5,0xB4,0xB3};      //从机 2 接收地址
uchar bdata sta;
sbit RX_DR=sta^6;                  //接收数据中断,当收到有效数据包后置 1。写"1"清除中断
sbit TX_DS=sta^5;                  //数据发送完成中断,如果在自动应答模式下,接收到应答
                                   //信号后置 1,写"1"清除中断
sbit MAX_RT=sta^4;                 //重发次数溢出中断,写"1"清除中断
//********延时函数********//
void Delay(uint t)
{
    uchar a,b;
    while(t--)
    {
        for(b=18;b>0;b--)
        for(a=152;a>0;a--);
    }
}
//********SPI 读写一字节函数********//
uchar NRF_RW_SPI(uchar date)
{
    uchar i;
    for(i=0;i<8;i++)               //循环 8 次
    {
        if(date&0x80)              //先输出一字节的最高位
            MOSI=1;
        else
            MOSI=0;
        date<<=1;
        SCLK=1;                    //拉高 SCK,nRF24L01+从 MOSI 读入 1 位数据,
                                   //同时从 MISO 输出 1 位数据
        if(MISO)
            date|=0x01;            //读 MISO 到一字节的最低位
        SCLK=0;                    //SCK 置低
    }
    return(date);                  //返回读出的一字节数据
}
//********nRF24L01+初始化函数********//
void NRF_Init()
{
    Delay(2);
    CE=0;
    CSN=1;
    SCLK=0;
    IRQ=1;
}
//******** SPI 读寄存器一字节函数********//
```

```
uchar NRF_Read_Reg(uchar RegAddr)
{
    uchar BackDate;
    CSN=0;
    NRF_RW_SPI(RegAddr);                    //写寄存器地址
    BackDate=NRF_RW_SPI(0x00);              //写读寄存器指令
    CSN=1;
    return(BackDate);                       //返回状态值
}
//******** SPI 写寄存器一字节函数********//
uchar NRF_Write_Reg(uchar RegAddr,uchar date)
{
    uchar BackDate;
    CSN=0;
    BackDate=NRF_RW_SPI(RegAddr);           //寄存器地址
    NRF_RW_SPI(date);                       //写入数据值
    CSN=1;
    return(BackDate);                       //返回状态值
}
//*********************************************************************//
// 读取 RX FIFO 寄存器数据值的函数:
// uchar NRF_Read_RxFIFO(uchar RegAddr,uchar * RxDate,uchar DateLen)
// RegAddr: 要读取的寄存器地址;
//  * RxDate: 存放数据单元的地址;
// DateLen: 读取的数据长度;
// 返回: 状态值。
//*********************************************************************//
uchar NRF_Read_RxFIFO(uchar RegAddr,uchar * RxDate,uchar DateLen)
{
    uchar BackDate,i;
    CSN=0;
    BackDate=NRF_RW_SPI(RegAddr);           //写入要读取的寄存器地址
    for(i=0;i<DateLen;i++)                  //读取数据
    {
        RxDate[i]=NRF_RW_SPI(0);
    }
    CSN=1;
    return(BackDate);
}
//*********************************************************************//
// 写入 TX FIFO 寄存器数据值的函数:
// uchar NRF_Write_TxFIFO(uchar RegAddr,uchar * TxDate,uchar DateLen)
// RegAddr: 要写入的寄存器地址;
//  * RxDate: 写入数据存放的地址;
// DateLen: 写入数据的长度;
```

```
//  返回：状态值。
//***************************************************************************//
uchar NRF_Write_TxFIFO(uchar RegAddr,uchar * TxDate,uchar DateLen)
{
    uchar BackDate,i;
    CSN=0;
    BackDate=NRF_RW_SPI(RegAddr);          //要写入的寄存器地址
    for(i=0;i<DateLen;i++)                 //写入数据
    {
        NRF_RW_SPI(* TxDate++);
    }
    CSN=1;
    return(BackDate);
}
//********设置 nRF24L01+接收模式并设置通道参数********//
void NRFSetRXMode()
{
    CE=0;
    NRF_Write_TxFIFO(W_REGISTER+RX_ADDR_P0,RxAddr1,TX_ADDR_WITDH);
                                 //写入通道 0 地址，和从机 1 的发送地址相同
    NRF_Write_TxFIFO(W_REGISTER+RX_ADDR_P1,RxAddr2,TX_ADDR_WITDH);
                                 //写入通道 1 地址，和从机 2 的发送地址相同
    NRF_Write_Reg(W_REGISTER+EN_AA,0x03);
                                 //使能接收通道 0 和通道 1 自动应答
    NRF_Write_Reg(W_REGISTER+EN_RXADDR,0x03);
                                 //使能接收通道 0 和通道 1 接收允许
    NRF_Write_Reg(W_REGISTER+RF_CH,0x40);     //选择射频通道
    NRF_Write_Reg(W_REGISTER+RX_PW_P0,RX_DATA_WITDH);
                                 //写入通道 0 有效数据宽度，和从机 1 的有效数据宽度相同
    NRF_Write_Reg(W_REGISTER+RX_PW_P1,RX_DATA_WITDH);
                                 //写入通道 1 有效数据宽度，和从机 2 的有效数据宽度相同
    NRF_Write_Reg(W_REGISTER+RF_SETUP,0x0f);
                                 //设置数据传输率 2Mbps，发射功率 0dBm，低噪声放大器增益
    NRF_Write_Reg(W_REGISTER+CONFIG,0x0f);
                                 // CRC 使能，16 位 CRC 校验，上电，接收模式
    CE =1;
    Delay(5);
}
//********nRF24L01+接收数据函数********//
uchar NRF_Rev_Date(uchar * RevDate)
{
    uchar RX_P_NO;               //定义接收数据通道号
    sta=NRF_Read_Reg(R_REGISTER+STATUS);      //读取状态寄存器值
    RX_P_NO=sta&0x0e;
    if(RX_DR)                    //判断是否接收到数据
```

```
    {
        CE=0;
        NRF_Read_RxFIFO(R_RX_PAYLOAD,RevDate,RX_DATA_WITDH);
                                                //从 RXFIFO 读取数据
    }
    NRF_Write_Reg(W_REGISTER+STATUS,0xff);
    //接收到数据后 RX_DR、TX_DS、MAX_PT 都为 1,通过写"1"来清除中断标志
    NRF_RW_SPI(FLUSH_RX);           //清除 RX FIFO 寄存器
    return(RX_P_NO);                //返回接收到数据的通道号
}
//***********************头文件 LCD_Display.H****************************//
//  头文件 LCD_Display.H 中为12864液晶显示驱动文件
//**********************************************************************//
#define uchar unsigned char
#define uint unsigned int
//******** 12864LCD 引脚定义 ********//
sbit LCD_RS=P2^0;                   //串行通信时为片选信号 CS: 高电平有效
sbit LCD_RW=P2^1;                   //串口数据口 SID
sbit LCD_EN=P2^2;                   //液晶串口时钟信号 SCLK,上升沿有效
sbit LCD_PSB=P2^3;                  //串/并方式控制,高电平为并行方式,低电平为串行方式
sbit LCD_RST =P2^4;                 //液晶复位端口 RST,低电平有效
//********函数声明********//
bit lcd_busy();
void lcd_wcmd(uchar cmd);
void lcd_init();
void lcd_clear();
void send(uchar DATA) ;
void lcd_wdis(uchar y_add ,uchar x_add ,uchar * str) ;
uchar cal_data_len(uchar * str);
//********延时函数********//
void lcd_delay(uint xms)
{
    uint i,j;
    for(i=xms;i>0;i--)
        for(j=110;j>0;j--);
}
uchar get_byte()
{
    uchar i,temp1=0,temp2=0;
    LCD_PSB=0;
    for(i=0;i<8;i++)
    {
        temp1=temp1<<1;
        LCD_EN =0;
        LCD_EN =1;
```

```
        LCD_EN =0;
        if(LCD_RW) temp1++;
    }
    for(i=0;i<8;i++)
    {
        temp2=temp2<<1;
        LCD_EN =0;
        LCD_EN =1;
        LCD_EN =0;
        if(LCD_RW) temp2++;
    }
    return ((0xf0&temp1)+(0x0f&temp2));
}
//********LCD是否空闲检查函数********//
void check_busy()
{
    do
    {
        send(0xfc);                    //0xfc: 读状态指令
    }
    while(get_byte()&0x80);            //判断 BF 位是否为忙
}
//********发送一字节数据函数********//
void send(uchar DATA)
{
    uchar i;
    LCD_PSB=0;                         //PSB=0: 串行
    for(i=0;i<8;i++)
    {
        LCD_EN=0;
        LCD_RW=(DATA&0x80)==0?0:1;
        DATA<<=1;
        LCD_EN=1;                      //SCLK上升沿有效
    }
}
//********发送指令函数********//
void lcd_wcmd(uchar cmd)
{
    check_busy();
    send(0xf8);                        //0xf8: 写指令命令
    send(cmd&0xf0);                    //发送指令的高 4 位
    send((cmd&0x0f)<<4);               //发送指令的低 4 位
}
//********发送数据函数********//
void lcd_wdata(uchar DATA)
```

```
{
    check_busy();
    send(0xfa);                         //0xfa：写数据命令
    send(DATA&0xf0);                    //发送数据的高 4 位
    send((DATA&0x0f)<<4);               //发送数据的低 4 位
}
//********LCD 串行初始化函数********//
void lcd_init()
{
    LCD_RS =1;
    LCD_PSB =0;                         //设置为串口方式
    LCD_RST =1;
    lcd_delay(5) ;
    lcd_wcmd(0x30);                     //8b 控制接口，基本指令集
    lcd_wcmd(0x0C);                     //整体显示，游标 off，游标位置 off
    lcd_wcmd(0x01);                     //清 DDRAM (将 DDRAM 填满"20H"(空格)代码，
                                        //并且设定 DDRAM 的地址计数器(AC)为 00H;
    lcd_wcmd(0x02);                     //DDRAM 地址归位
    lcd_wcmd(0x80);                     //设定 DDRAM 7 位地址 0000000 到地址计数器 A
}
//********清屏显示函数********//
void lcd_clear()
{
    lcd_wcmd(0x01);
}
//*******************************************************************//
//  显示位置定位函数：void lcd_pos(uchar y_add , uchar x_add)
//  y_add：第几行(1~4 行)
//  x_add：第几列(0~7 列)
//*******************************************************************//
void lcd_pos(uchar y_add , uchar x_add)
{
    switch(y_add)
    {
        case 1:
            lcd_wcmd(0X80|x_add);break;
        case 2:
            lcd_wcmd(0X90|x_add);break;
        case 3:
            lcd_wcmd(0X88|x_add);break;
        case 4:
            lcd_wcmd(0X98|x_add);break;
        default:
            break;
    }
```

```
}
//************************************************************************//
//  LCD 显示函数: void lcd_wdis(uchar y_add ,uchar x_add ,uchar * str)
//  y_add: 第几行(1~4 行)
//  x_add: 第几列(0~7 列)
//  str: 要显示数据的首地址
//************************************************************************//
void lcd_wdis(uchar y_add ,uchar x_add ,uchar * str)
{
    uchar i;
    lcd_pos(y_add , x_add);
    for(i=0;str[i]!='\0';i++)
    {
        lcd_wdata(str[i]);
    }
}
//************************主程序文件 RECEIVE.C****************************//
#include "reg51.h"
#include "intrins.h"
#include "NRF24L01.h"
#include "lcd_display.h"
#define uchar unsigned char
#define uint unsigned int
uchar str[8];
uchar wendu1[3]={0};
uchar shidu1[3]={0};
uchar wendu2[3]={0};
uchar shidu2[3]={0};
void delay_ms(uchar ms)
{
    unsigned char i;
    while(ms--)
    {
        for(i =0; i<150; i++)
        {
            _nop_();
            _nop_();
            _nop_();
            _nop_();
        }
    }
}
void main()
{
    uchar RX_NO;
```

```
    LCD_PSB=0;
    lcd_init();                          //LCD 初始化
    lcd_clear();
    delay_ms(10);
    NRF_Init();                          //nRF24L01+初始化
    delay_ms(10);
    while(1)
    {
        NRFSetRXMode();                  //设置 nRF24L01+为接收模式
        RX_NO=NRF_Rev_Date(str);
        if (RX_NO==0x00)                 //接收通道 0 接收的数据
        {
            shidu1[0]=str[0];
            shidu1[1]=str[1];
            wendu1[0]=str[3];
            wendu1[1]=str[4];
        }
        else if(RX_NO==0x02)             //接收通道 1 接收的数据
        {
            shidu2[0]=str[0];
            shidu2[1]=str[1];
            wendu2[0]=str[3];
            wendu2[1]=str[4];
        }
        lcd_wdis(1,0,"01 号湿度：  %RH");
        lcd_wdis(1,5,shidu1);
        lcd_wdis(2,0,"  温度：  ℃");
        lcd_wdis(2,5,wendu1);
        lcd_wdis(3,0,"02 号湿度：  %RH");
        lcd_wdis(3,5,shidu2);
        lcd_wdis(4,0,"  温度：  ℃");
        lcd_wdis(4,5,wendu2);
        delay_ms(100);
    }
}
```

2. 从机源程序清单

环境监测点从机 1 和从机 2 的控制程序的区别仅在于发送地址不一致，从机 1 的发送地址 TX_ADDR 配置为 0x0710104334，从机 2 的发送地址配置为 0xB3B4B5B6F1。下面以从机 1 为例，列出从机 1 的控制程序清单。

```
//*****************************************************************************//
//  2.4GHz 无线多点温湿度检测系统从机 1 控制程序
//  包含 TRANSLATE.C,NRF24L01.C,NRF24L01.H,DHT11.H
```

```
//  P89V51RB2  11.0592MHz
//  从机 1 通过 DHT11 采集环境的温度、湿度值,并由 nRF24L01+无线模块将采集
//  的环境温湿度数据发送给主机。
//***********************************************************************//
//************头文件 DHT11.H***********//
#define uchar unsigned char
#define uint unsigned int
sbit TRH =P3^7;                          //定义 DHT11 数据端
uchar TH_data,TL_data,RH_data,RL_data,CK_data;
uchar TH_temp,TL_temp,RH_temp,RL_temp,CK_temp;
uchar com_data,untemp,temp;
uchar count;
void delay_ms(uchar ms)
{
    uchar i;
    while(ms--)
    {
        for(i =0; i<150; i++)
        {
            _nop_();
            _nop_();
            _nop_();
            _nop_();
        }
    }
}
//********10μs 延时函数********//
void delay_10us(void)
{
    unsigned char a;
    for(a=3;a>0;a--);
}
//********读取 DHT11一字节数据函数********//
uchar receive()
{
    uchar i;
    com_data=0;
    for(i=0;i<=7;i++)
    {
        count=2;
        while((!TRH)&&count++);         //等待 1b 起始信号结束
        delay_10us();
        delay_10us();
        delay_10us();                    //延时 30μs
        if(TRH)                 //30μs 延时后判断 DATA 线(P3.7)如为高电平,则接收数据为 1
```

```
        {
          temp=1;
          count=2;
          while((TRH)&&count++);
        }
        else                            //DATA线(P3.7)如为低电平,则接收数据为0
        temp=0;
        com_data<<=1;
        com_data|=temp;
    }
    return(com_data);                   //返回接收的一字节数据
}
//********DHT11温湿度数据读取函数********//
void read_TRH(uchar * R_data)
{
    TRH=0;
    delay_ms(18);                       //DATA线(P3.7)拉低18ms
    TRH=1;
    delay_10us();
    delay_10us();
    delay_10us();
    TRH=1;                              //DATA线(P3.7)由上拉电阻拉高,延时30μs
    if(!TRH)                            //判断DHT11是否有低电平响应信号
    {
        count=2;
        while((!TRH)&& count++);
                                        //等待DHT11发出80μs的低电平响应信号是否结束
        count=2;
        while(TRH && count++);
                              //判断DHT11是否发出80μs的高电平,如发出则进入数据接收状态
        RH_temp =receive();             //接收湿度整数数据
        RL_temp =receive();             //接收湿度小数数据
        TH_temp =receive();             //接收温度整数数据
        TL_temp =receive();             //接收温度小数数据
        CK_temp =receive();             //接收校验和
        TRH=1;
        untemp=(RH_temp+RL_temp+TH_temp+TL_temp);
        if(untemp==CK_temp)             //判断校验和是否正确,如正确则存储温湿度数据
        {
            RH_data =RH_temp;
            RL_data =RL_temp;
            TH_data =TH_temp;
            TL_data =TL_temp;
            CK_data =CK_temp;
        }
```

```
    }
    R_data[0] =(0x30+RH_data/10);
    R_data[1] =(0x30+RH_data%10);
    R_data[2] =' ';
    R_data[3] =(0x30+TH_data/10);
    R_data[4] =(0x30+TH_data%10);
    R_data[5] =' ';
}
//************头文件 NRF24L01.H***********//
#define uchar unsigned char
#define uint unsigned int
#ifndef _NRF24L01_H_
#define _NRF24L01_H_
#define TX_ADDR_WITDH      5          //发送地址宽度设置为 5B
#define RX_ADDR_WITDH      5          //接收地址宽度设置为 5B
#define TX_DATA_WITDH      15         //发送数据宽度设置为 15B
#define RX_DATA_WITDH      15         //接收数据宽度设置为 15B
#define R_REGISTER         0x00       //读配置寄存器
#define W_REGISTER         0x20       //写配置寄存器
#define R_RX_PAYLOAD       0x61       //读 RX 有效数据
#define W_TX_PAYLOAD       0xa0       //写 TX 有效数据
#define FLUSH_TX           0xe1       //清除 TX FIFO 寄存器
#define FLUSH_RX           0xe2       //清除 RX FIFO 寄存器
#define REUSE_TX_PL        0xe3       //重新使用上一次发射的有效数据包
#define NOP                0xff       //空操作
#define CONFIG             0x00       //配置寄存器
#define EN_AA              0x01       //使能自动应答寄存器
#define EN_RXADDR          0x02       //使能接收数据通道 0~5 寄存器
#define SETUP_AW           0x03       //设置数据通道地址宽度寄存器
#define SETUP_RETR         0x04       //建立自动重发寄存器
#define RF_CH              0x05       //射频通道设置寄存器
#define RF_SETUP           0x06       //射频寄存器
#define STATUS             0x07       //状态寄存器
#define OBSERVE_TX         0x08       //发送检测寄存器
#define CD                 0x09       //载波检测寄存器
#define RX_ADDR_P0         0x0a       //数据通道 0 接收地址
#define RX_ADDR_P1         0x0b       //数据通道 1 接收地址
#define RX_ADDR_P2         0x0c       //数据通道 2 接收地址
#define RX_ADDR_P3         0x0d       //数据通道 3 接收地址
#define RX_ADDR_P4         0x0e       //数据通道 4 接收地址
#define RX_ADDR_P5         0x0f       //数据通道 5 接收地址
#define TX_ADDR            0x10       //发送地址
#define RX_PW_P0           0x11       //P0 通道数据宽度设置
#define RX_PW_P1           0x12       //P1 通道数据宽度设置
#define RX_PW_P2           0x13       //P2 通道数据宽度设置
```

```
#define RX_PW_P3          0x14          //P3 通道数据宽度设置
#define RX_PW_P4          0x15          //P4 通道数据宽度设置
#define RX_PW_P5          0x16          //P5 通道数据宽度设置
#define FIFO_STATUS       0x17          //FIFO 状态寄存器
uchar NRF_RW_SPI(uchar date);
uchar NRF_Read_Reg(uchar RegAddr);
uchar NRF_Write_Reg(uchar RegAddr,uchar date);
uchar NRF_Read_RxFIFO(uchar RegAddr,uchar * RxDate,uchar DateLen);
uchar NRF_Write_TxFIFO(uchar RegAddr,uchar * TxDate,uchar DateLen);
void NRF_Send_Date(uchar * TxDate);
void NRF_Init();
uchar CheckACK();
void Delay(uint t);
extern uchar bdata sta;
#endif
//************C51语言文件 NRF24L01.C************//
#include "NRF24L01.h"
#include "reg52.h"
//******** nRF24L01+引脚定义 ********//
sbit CE =P2^7;                      //发送/接收模式选择端
sbit IRQ =P2^3;                     //中断输出端
sbit CSN =P2^6;                     //SPI 片选使能端,低电平有效
sbit MOSI=P2^4;                     //SPI 主机输出从机输入端
sbit MISO=P2^2;                     //SPI 主机输入从机输出端
sbit SCLK=P2^5;                     //SPI 时钟端
uchar code TxAddr1[]={0x34,0x43,0x10,0x10,0x07};  //从机 1 发送地址
uchar bdata sta;
sbit RX_DR=sta^6;                  //接收数据中断,当收到有效数据包后置 1。写"1"清除中断
sbit TX_DS=sta^5;                  //数据发送完成中断,如果在自动应答模式下,接收到应答
                                   //信号后置 1,写"1"清除中断
sbit MAX_RT=sta^4;                 //重发次数溢出中断,写"1"清除中断
//********延时函数********//
void Delay(uint t)
{
    uchar a,b;
    while(t--)
    {
        for(b=18;b>0;b--)
        for(a=152;a>0;a--);
    }
}
//********SPI 读写一字节函数********//
uchar NRF_RW_SPI(uchar date)
{
    uchar i;
```

```
    for(i=0;i<8;i++)                //循环 8 次
    {
        if(date&0x80)               //先输出一字节的最高位
            MOSI=1;
        else
            MOSI=0;
        date<<=1;
        SCLK=1;                     //拉高 SCK,nRF24L01+从 MOSI 读入 1 位数据,
                                    //同时从 MISO 输出 1 位数据
        if(MISO)
            date|=0x01;             //读 MISO 到一字节的最低位
        SCLK=0;                     //SCK 置低
    }
    return(date);                   //返回读出的一字节数据
}
//********nRF24L01+初始化函数********//
void NRF_Init()
{
    Delay(2);
    CE=0;
    CSN=1;
    SCLK=0;
    IRQ=1;
    //下面配置有关寄存器
    NRF_Write_Reg(W_REGISTER+EN_AA,0x01);          //使能接收通道 0 自动应答
    NRF_Write_Reg(W_REGISTER+EN_RXADDR,0x01);      //使能接收数据通道 0 允许
    NRF_Write_Reg(W_REGISTER+SETUP_RETR,0x0a);
                                   //设置自动重发延时等待 250μs,自动重发 10 次
    NRF_Write_Reg(W_REGISTER+RF_CH,0x40);          //选择射频通道
    NRF_Write_Reg(W_REGISTER+RF_SETUP,0x0f);
                              //数据传输率 2Mbps,发射功率 0dBm,低噪声放大器增益
}
//******** SPI 读寄存器一字节函数********//
uchar NRF_Read_Reg(uchar RegAddr)
{
    uchar BackDate;
    CSN=0;
    NRF_RW_SPI(RegAddr);                           //写寄存器地址
    BackDate=NRF_RW_SPI(0x00);                     //写读寄存器指令
    CSN=1;
    return(BackDate);                              //返回状态值
}
//******** SPI 写寄存器一字节函数********//
uchar NRF_Write_Reg(uchar RegAddr,uchar date)
{
```

```
    uchar BackDate;
    CSN=0;
    BackDate=NRF_RW_SPI(RegAddr);                   //寄存器地址
    NRF_RW_SPI(date);                               //写入数据值
    CSN=1;
    return(BackDate);                               //返回状态值
}
//*********************************************************************//
//  写入 TX FIFO 寄存器数据值的函数:
//    uchar NRF_Write_TxFIFO(uchar RegAddr,uchar * TxDate,uchar DateLen)
//  RegAddr:要写入的寄存器地址;
//   * RxDate:写入数据存放的地址;
//  DateLen:写入数据的长度;
//  返回:状态值。
//*********************************************************************//
uchar NRF_Write_TxFIFO(uchar RegAddr,uchar * TxDate,uchar DateLen)
{
    uchar BackDate,i;
    CSN=0;
    BackDate=NRF_RW_SPI(RegAddr);                   //要写入的寄存器地址
    for(i=0;i<DateLen;i++)                          //写入数据
    {
        NRF_RW_SPI(* TxDate++);
    }
    CSN=1;
    return(BackDate);
}
//********nRF24L01+发送数据函数********//
void NRF_Send_Date(uchar * TxDate)
{
    CE=0;
    NRF_Write_Reg(W_REGISTER+CONFIG,0x0e);
                                    //设置发送模式,CRC使能,16位校验,上电
    NRF_Write_TxFIFO(W_REGISTER+TX_ADDR,TxAddr1,TX_ADDR_WITDH);
                                    //写入发送地址,地址长度为5B
    NRF_Write_TxFIFO(W_REGISTER+RX_ADDR_P0,TxAddr1,TX_ADDR_WITDH);
                                    //为了接收应答信号,设置接收通道0地址和发送地址相同
    NRF_Write_TxFIFO(W_TX_PAYLOAD,TxDate,TX_DATA_WITDH);
                                    //写入要发送的数据
    CE=1;                           //设置CE为高,启动发射,CE高电平持续时间最小为10μs
    Delay(5);                       //保持10μs以上
}
//********应答信号检测函数********//
uchar CheckACK()
{
```

```
    sta=NRF_Read_Reg(R_REGISTER+STATUS);      //读状态寄存器的值
if(TX_DS||MAX_RT)                  //数据正确发送且重发次数没溢出。TX_DS：数据
                                   //发送完成后产生中断,只有当接收到应答信号后此位置 1
      {
          NRF_Write_Reg(W_REGISTER+STATUS,0x3e);
                                   //清除 TX_DS 和 MAX_RT 中断标志
          CSN=0;
          NRF_RW_SPI(FLUSH_TX);            //清除 TX FIFO
          CSN=1;
          return(0);
      }
      else
          return(1);
}
//**********************主程序文件 TRANSLATE.C*************************//
#include <reg51.h>
#include <intrins.h>
#include "NRF24L01.h"
#include "DHT11.h"
#define uchar unsigned char
#define uint unsigned int
void main()
{
    uchar TRH_data[8];
    NRF_Init();                            //初始化 nRF24L01+
    while(1)
    {
        read_TRH(TRH_data) ;               //读取 DHT11 温湿度数据
        NRF_Send_Date(TRH_data);           //发送温湿度数据
        while(CheckACK());
        delay_ms(30);
    }
}
```

Proteus 中的元件库与常用元器件

Proteus 有着大量的元件，它按照不同的功能放在不同的库中。在选取元件时，Proteus 把元件按照大类、子类、制造商分组存放，用户可在输入关键字区输入关键字，也可直接先单击元件的大类项，再单击子类，然后在主窗口中选择相应的元件。

表 A-1 Proteus 中大类元件列表

大类元件名	中文说明
Analog ICs	各种模拟器件，其中主要有放大器、比较器、稳压器、电压参考源等
Capacitors	各种电容器
CMOS 4000 series	CMOS 4000 系列，各种逻辑器件
Connectors	连接器件
Data Converters	数据转换，各种 ADC 和 DAC 器件
Debugging Tools	调试工具，如逻辑指示器、可操作的逻辑信号源、实时电压、电流、逻辑中断发生器等
Diodes	二极管
ECL 10000 Series	ECL 10000 系列
Electromechanical	各种电动机、风扇等
Inductors	电感
Laplace Primitives	拉普拉斯变换模型
Mechanics	各种电动机
Memory ICs	存储器
Microprocessor ICs	微控制器，各厂家的各种单片机
Miscellaneous	杂项，如电池、晶振、保险丝(可设熔断电流，超过显示熔断)、可调光阻、动画式交通灯等
Modelling Primitives	各种基本仿真器件
Operational Amplifiers	运算放大器
Optoelectronics	各种发光器件，包括各种数码发光管、字符型和点阵型 LCD 显示器、光电耦合器等
PICAXE	PICAXE 系列单片机

续表

大类元件名	中文说明
PLDs&FPGAs	PLDs 与 FPGAs 器件
Resistors	电阻
Simulator Primitives	常用的模拟器件，有各种电压源和电流源、各种门电路、电池
Speakers & Sounders	喇叭与音响
Switches & Relays	开关与继电器
Switching Devices	开关器件，主要指单向、双向可控硅等功率器件
Thermionic Valve	热阴极电子管
Transducers	各种传感器，包括各种热电偶、压力传感器、数字式温度/湿度表
Transistors	晶体管，包括三极管和场效应管
TTL 74 series	TTL 74 系列芯片

提示：在元件模型处显示为"No Simulator Model"时，此元件不能进行仿真。

表 A-2　Proteus 中常用元器件列表

元器件名	中文说明	元器件名	中文说明
80C51	80C51 单片机	MOTOR-STEPPER	动态单极性步进电动机
AT89C51	Atmel 89C51 单片机	MOTOR-SERVO	伺服电动机
74HC00	四 2 输入与非门	COMPIN	COM 口物理接口模型
74HC138	3-8 译码器	CONN-D9M	9 针 D 型连接器
74HC164	8 位串入并出移位寄存器	CONN-D9F	9 孔 D 型连接器
74HC165	8 位并入串出移位寄存器	BUTTON	按钮
74HC244	8 同相三态输出缓冲器	SWITCH	带锁存开关
74HC245	8 同相三态输出收发器	SW-SPST-MOM	非锁存开关
74HC595	8 位串入并出移位寄存器	RELAY	继电器
6264	8KB×8 静态 RAM 存储器	ALTERNATOR	交互式交流电压源
24C02	4KB 位 I^2C E^2PROM 存储器	POT-LIN	交互式电位计
ADC0808	8 位 8 通道 A/D 转换器	CAP-VAR	可变电容
DAC0832	8 位 D/A 转换器	CELL	单电池
TLC549	8 位串行 A/D 转换器	BATTERY	电池组
MAX232	RS-232 驱动/接收器	AREIAL	天线
MAX487	RS-485/RS-422 收发器	PIN	单脚终端接插针
DS1302	日历时钟(SPI 接口)	LAMP	动态灯泡模型
PCF8563	日历时钟(I^2C 接口)	TRAFFIC	动态交通灯模型

续表

元器件名	中文说明	元器件名	中文说明
DS18B20	数字温度传感器	SOUNDER	压电发声模型
CRYSTAL	晶体振荡器	7805	5V、1A 稳压器
CERAMIC22P	陶瓷电容	78L05	5V、100mA 稳压器
CAP	电容	LED-GREEN	绿色发光二极管
CAP-ELEC	通用电解电容	LED-RED	红色发光二极管
RES	电阻	LED-YELLOW	黄色发光二极管
RX8	8 电阻排	MAX7219	串行 8 位 LED 显示驱动器
RESPACK-8	带公共端的 8 电阻排	7SEG-DIGITAL	7 段数码管
NOR	二输入或非门	7SEG-BCD	7 段 BCD 数码管
OR	二输入或门	7SEG-COM-CAT-GRN	7 段共阴极绿色数码管
XOR	二输入异或门	7SEG-COM-AN-GRN	7 段共阳极绿色数码管
NAND	二输入与非门	7SEG-MPX6-CA	6 位 7 段共阳极红色数码管
AND	二输入与门	7SEG-MPX6-CC	6 位 7 段共阴极红色数码管
NOT	数字反相器	MATRIX-5×7-RED	5×7 点阵红色 LED 显示器
4001	双 2 输入或非门	MATRIX-8×8-BLUE	8×8 点阵蓝色 LED 显示器
4052	双 4 通道模拟开关	AMPIRE128×64	128×64 图形 LCD
4511	BCD-7 段锁存/解码/驱动器	LM016L	16×2 字符 LCD
DIODE-TUN	通用沟道二极管	555	定时器/振荡器
UF4001	二极管急速整流器	NPN	通用 NPN 型双极性晶体管
IN4148	小信号开关二极管	PNP	通用 PNP 型双极性晶体管
MOTOR	简单直流电动机	PMOSFET	P 型金属氧化物场效应晶体管

C51中的关键字、运算符和结合性

表 B-1　C51 语言中常用的关键字

类　别	关键字	用　　途	说　　明
ANSIC 标准关键字	auto	存储种类说明	用以说明局部变量,默认值为此
	break	程序语句	退出最内层循环
	case	程序语句	Switch 语句中的选择项
	char	数据类型说明	单字节整型数或字符型数据
	const	存储种类说明	在程序执行过程中不可更改的常量值
	continue	程序语句	转向下一次循环
	default	程序语句	Switch 语句中的失败选择项
	do	程序语句	构成 do…while 循环结构
	double	数据类型说明	双精度浮点数
	else	程序语句	构成 if…else 选择结构
	enum	数据类型说明	枚举
	extern	存储种类说明	在其他程序模块中说明了的全局变量
	float	数据类型说明	单精度浮点数
	for	程序语句	构成 for 循环结构
	goto	程序语句	构成 goto 转移结构
	if	程序语句	构成 if…else 选择结构
	int	数据类型说明	基本整型数
	long	数据类型说明	长整型数
	register	存储种类说明	使用 CPU 内部寄存的变量
	return	程序语句	函数返回
	short	数据类型说明	短整型数
	signed	数据类型说明	有符号数,二进制数据的最高位为符号位
	sizeof	运算符	计算表达式或数据类型的字节数
	static	存储种类说明	静态变量

续表

类　别	关键字	用　　途	说　　明
ANSIC 标准关键字	struct	数据类型说明	结构类型数据
	swith	程序语句	构成 switch 选择结构
	typedef	数据类型说明	重新进行数据类型定义
	union	数据类型说明	联合类型数据
	unsigned	数据类型说明	无符号数据
	void	数据类型说明	无类型数据
	volatile	数据类型说明	该变量在程序执行中可被隐含地改变
	while	程序语句	构成 while 和 do…while 循环结构
C51 扩展 ANSIC 关键字	bit	位标量声明	声明一个位标量或位类型的函数
	sbit	位标量声明	声明一个可位寻址变量
	Sfr	特殊功能寄存器声明	声明一个 8 位特殊功能寄存器
	Sfr16	特殊功能寄存器声明	声明一个 16 位特殊功能寄存器
	data	存储器类型说明	直接寻址的内部数据存储器
	bdata	存储器类型说明	可位寻址的内部数据存储器
	idata	存储器类型说明	间接寻址的内部数据存储器
	pdata	存储器类型说明	分页寻址的外部数据存储器
	xdata	存储器类型说明	外部数据存储器
	code	存储器类型说明	程序存储器
	interrupt	中断函数说明	定义一个中断服务函数
	reentrant	再入函数说明	定义一个再入函数
	using	寄存器组定义	定义工作寄存器

表 B-2　运算符和结合性

优先级	运算符	含　　义	要求运算对象的个数	结合方向
1	()	圆括号		自左至右
	[ ]	下标运算符		
	−>	指向结构体成员运算符		
	.	结构体成员运算符		
2	!	逻辑非运算符	1(单目运算符)	自右至左
	～	按位取反运算符		
	++	自增运算符		
	−−	自减运算符		

续表

优先级	运算符	含　义	要求运算对象的个数	结合方向
2	-	负号运算符	1(单目运算符)	自右至左
	(类型)	类型转换运算符		
	*	指针运算符		
	&	取地址运算符		
	sizeof	长度运算符		
3	*	乘法运算符	2(双目运算符)	自左至右
	/	除法运算符		
	%	求余运算符		
4	+	加法运算符	2(双目运算符)	自左至右
	-	减法运算符		
5	<<	左移运算符	2(双目运算符)	自左至右
	>>	右移运算符		
6	<　<=　>　>=	关系运算符	2(双目运算符)	自左至右
7	==	等于运算符	2(双目运算符)	自左至右
	!=	不等于运算符		
8	&	按位与运算符	2(双目运算符)	自左至右
9	∧	按位异或运算符	2(双目运算符)	自左至右
10	|	按位或运算符	2(双目运算符)	自左至右
11	&&	逻辑与运算符	2(双目运算符)	自左至右
12	||	逻辑或运算符	2(双目运算符)	自左至右
13	?:	条件运算符	3(三目运算符)	自右至左
14	=　+=　-=　*=/=　%=　>>=　<<=　&=　∧=　|=	赋值运算符	2(双目运算符)	自右至左
15	,	逗号运算符(顺序求值运算符)		自左至右

ASCII 码字符表

表 C-1 ASCII 码字符表

低四位 \ 高三位	000	001	010	011	100	101	110	111
0000	NUL	DLE	SP	0	@	P	、	p
0001	SOH	DC1	!	1	A	Q	a	q
0010	STX	DC2	"	2	B	R	b	r
0011	ETX	DC3	#	3	C	S	c	s
0100	EOT	DC4	$	4	D	T	d	t
0101	ENQ	NAK	%	5	E	U	e	u
0110	ACK	SYN	&	6	F	V	f	v
0111	BEL	ETB	'	7	G	W	g	w
1000	BS	CAN	(	8	H	X	h	x
1001	HT	EM	)	9	I	Y	i	y
1010	LF	SUB	*	:	J	Z	j	z
1011	VT	ESC	+	;	K	[	k	{
1100	FF	FS	,	<	L	\	l	|
1101	CR	GS	—	=	M	]	m	}
1110	SO	RS	.	>	N	∧	n	~
1111	SI	US	/	?	O	—	o	DEL

参 考 文 献

[1] 张毅刚,杨智明,付宁. 基于 Proteus 的单片机课程的基础实验与课程设计[M]. 北京:人民邮电出版社,2012.

[2] 张毅刚,彭喜元,刘兆庆,等. 单片机原理及应用——C51 编程+Proteus 仿真[M]. 北京:高等教育出版社,2012.

[3] 徐爱钧,徐阳. 单片机原理与应用——基于 Proteus 虚拟仿真技术[M]. 2 版. 北京:机械工业出版社,2013.

[4] 徐爱钧,徐阳. Keil C51 单片机高级语言应用编程与实践[M]. 北京:电子工业出版社,2013.

[5] 楼然苗,李光飞. 单片机课程设计指导[M]. 2 版. 北京:北京航空航天大学出版社,2012.

[6] 周立功. 单片机实验与实践教程[M]. 北京:北京航空航天大学出版社,2006.

[7] 广州周立功单片机发展有限公司. I^2C 总线规范. http://www.zlgmcu.com.

[8] 蓝和慧,宁武,闫晓金. 全国大学生电子设计竞赛单片机应用技能精解[M]. 北京:电子工业出版社,2010.

[8] 张自红,付伟,罗瑞. C51 单片机基础及编程应用[M]. 北京:中国电力出版社,2012.

[9] 兰吉昌. 单片机 C51 完全学习手册[M]. 北京:化学工业出版社,2009.

[10] 姜志海,赵艳雷,陈松. 单片机的 C 语言设计与应用——基于 Proteus 仿真[M]. 2 版. 北京:电子工业出版社,2011.

[11] 邓红,曾屹,王嘉伟. 单片机实验与应用设计教程[M]. 北京:冶金工业出版社,2010.